国 家 级 职 业 教 育 规 划 教 材
人力资源和社会保障部职业能力建设司推荐
全国中等职业技术学校印刷专业教材

印后加工工艺

人力资源和社会保障部教材办公室组织编写

吴　鹏　主　编
涂　亮　副主编
严　格　主　审

中国劳动社会保障出版社

图书在版编目(CIP)数据

印后加工工艺/吴鹏主编. —北京：中国劳动社会保障出版社，2013
全国中等职业技术学校印刷专业教材
ISBN 978-7-5167-0588-9

Ⅰ.①印… Ⅱ.①吴… Ⅲ.①书籍装帧-中等专业学校-教材 Ⅳ.①TS88

中国版本图书馆 CIP 数据核字(2013)第 242430 号

中国劳动社会保障出版社出版发行
（北京市惠新东街 1 号　邮政编码：100029）

*

北京玥实印刷有限公司印刷装订　　新华书店经销

787 毫米×1092 毫米　16 开本　12.75 印张　292 千字
2013 年 10 月第 1 版　　2021 年 8 月第 2次印刷

定价：22.00 元

读者服务部电话：（010） 64929211/84209101/64921644
营销中心电话：（010） 64962347
出版社网址：http://www.class.com.cn
http://jg.class.com.cn

简 介

JIANJIE

本教材为全国中等职业技术学校印刷专业国家级规划教材，由人力资源和社会保障部教材办公室组织编写。教材以生活中常见的电影海报、广告宣传册、期刊、活页装台历、无线胶订书籍、精装书籍和包装盒等印刷品的印后加工过程为主线，介绍了闯纸、裁切、折页、配页、装订、上光、覆膜、烫金、模切和糊盒等印后加工工艺。教材以实际的生产情境为载体，学生学习的过程即是完成相应工作任务的过程，体现了“做中学、学中做”的理念。除第一章外，教材各章都配有“技能训练”，目的是使学生通过训练加深对相关知识的理解，提高实际操作能力。另外，教材穿插了“印后加工术语”“知识拓展”等栏目，每章后还设置了“思考练习题”，以帮助学生加深对知识的理解，并进一步巩固所学内容。教材配有电子课件，可登录 www. class. com. cn 在相应的书目下载。

本教材由吴鹏任主编，涂亮任副主编，张鹏参加编写，严格审稿。吴鹏编写第一、二、六章，涂亮编写第三、七章，张鹏编写第四、五、八章。

目录

MULU

第一章　印后加工基本知识

学习目标

掌握印后加工的概念，了解印刷品的分类，熟悉印后加工技术和设备的发展趋势。掌握平装书籍和精装书籍的结构及名称，掌握常见装订方式及工艺流程，熟悉印刷品表面整饰的特点。能够辨认印刷品常见表面整饰工艺，并说出其特点。

印刷工业不仅为人们提供书报等各种精神产品，而且为人们的日常生活提供精美的包装。印刷品已成为人们物质与精神生活的重要组成部分，而要获得一件成功的印刷品并不容易，它需要印前、印刷和印后的密切配合，其中，印后加工工艺对印刷品的最终效果有着很大的影响。

第一节　印后加工概述

印刷品的印后加工工序多，工艺复杂，这是因为印刷品的种类繁多，而且每种印刷品的印后加工各有特点。要较好地完成印刷品的印后加工工作，需要先进的设备，更需要优良的解决方案。

一、印后加工的概念

印刷品的制作过程主要包括印前图文处理、印刷和印后加工三大工序。生活中常见的印刷品有书刊、报纸和各类纸质包装盒等。书刊印刷品的印后加工包括对书刊的“订”和“装”以及对书刊封皮的整饰处理两个环节。使书刊印刷品获得所要求的形状和使用性能的生产工序，称为书刊装订工艺。为了满足消费者的使用效果及审美情趣，对印刷品表面所进行的装饰加工，称为表面整饰工艺。

书刊装订是将印刷好的半成品页张（包括图表、衬页等）经过裁切、折页、配帖等工序，再利用不同的连接材料，采用订、锁、粘的方法使其连接起来（“订”的过程），最后包上印刷好的封面（“装”的过程），并按规格尺寸切去三边，成为一本完整、可供阅读和保存的书刊。

印后加工不仅可以对书刊进行“装”和“订”，还可以对书刊、包装盒等印刷品进行整饰处理。在书刊封皮或其他印刷品上进行上光、覆膜、烫金、模切、压痕或其他加工处理，叫做表面整饰。表面整饰不仅提高了书刊、包装的表面效果，而且具有一定的保护作用。例如，在封面纸张上涂布一层无色上光油，可使高档杂志和书刊的封面具有较高的光泽度，且能保护封面上的图案和文字；在封面上压粘一层透明塑料薄膜（该工艺称为覆膜），达到了耐磨、防水、防污染的要求；还可将纸板通过模切、压痕加工成包装盒，并对其表面进行烫印、凹凸压印等处理，使其醒目、秀丽而富有立体感，不仅提高了印刷品的附加值，而且容易吸引消费者的注意，起到促销的作用。

综上所述，书刊的印制主要有三大工序，即印前处理、印刷和印后加工。其中印后加工阶段又包含了书刊装订和表面整饰两大工序，如图 1—1 所示。

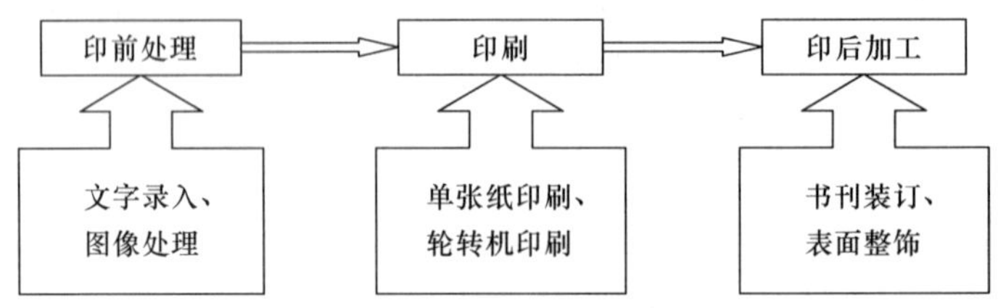

图 1—1　书刊印制的三大加工过程

二、印刷品的分类

不论是卷筒纸还是单张纸印刷的页张，经过印后阶段不同工序的加工，即成为样式各异的印刷品。因此，必须了解印刷品的不同种类，才能选择不同的印后加工工艺和生产流程。

1. 按照印刷品使用用途不同分类

根据使用用途不同，印刷品通常分为以下几类：

(1) 商务办公用品，包括信笺、发票、记事簿、表格（单张或连续式）、邮票、明信片等。

(2) 广告目录产品，包括宣传册、招贴画、各类商品目录等。

(3) 包装品，包括包装花色纸、纸袋、各种纸盒（食品、化妆品、药品）、烟包、CD 袋、纸文件夹、商品标牌等。

(4) 精、平装书籍，包括课本、画册、辞典、专业书籍、电话号码簿等。

(5) 报纸，包括日报、周报、政府简报等。

(6) 期刊，包括娱乐休闲期刊、专业期刊、学术期刊、儿童期刊等。

(7) 其他，包括各种日历、台历、记事本、贺卡、请柬、地图、儿童拼图等。

2. 按照印刷品加工工艺的特点不同分类

(1) 散页印刷品或纸叠，如宣传画、招贴画、电影海报、广告插页、产品说明书等。

(2) 折页印刷产品，如贺卡、请柬、报纸等。

(3) 需经订联的产品，如课本、期刊、字典等。

3. 书刊印刷品按照国家新闻出版行业标准分类

根据中华人民共和国新闻出版行业标准《书刊印刷产品分类》(CY/T 1—1999) 的分类方法，书刊印刷品按其印后加工的形式可分为精装产品、平装产品、骑马订装产品、古线装产品和其他印后加工产品，而按最终产品的形式又可分为图书、期刊、报纸和其他产品。

由于印后加工工艺的多样性和复杂性，几乎没有一家印刷企业能够独立制作和加工上述所有的印刷品。大多数印刷企业都会根据市场情况、客户结构，以及自身的技术和设备条件，专攻若干种产品的制作和加工，形成企业的产品特色，企业间的分工越来越细。有的企业专门为学校印制各类教科书和教辅材料，成为国家和省级的定点书刊印刷厂，由于这类产品印量较大，为保证交书周期，大多数企业都拥有高速胶订联动线和骑马订生产线；有的印刷企业专门为烟草行业印制烟包，这类企业则拥有很专业的表面整饰设备，如全自动模切机、高速烫金设备等；有的企业主要加工制作各类包装盒，如各类包装纸盒、瓦楞纸箱等；还有的企业主要为金融、工商、税务等部门印制各类票据、有价证券、证件等。

三、印后加工技术和设备的发展趋势

1. 印后加工技术的发展趋势

胶印增值、数码印刷、纳米技术在印刷技术与工艺中的运用越来越广泛，而要让这些技术最终实现商业价值，更需要与印后加工匹配的更卓越的解决方案。在国际上，印后加工工艺已紧跟技术潮流，提供了更优化的技术方案。印后加工技术的发展趋势主要表现为以下几个方面：

（1）数字化

通过读取前期工序设定的数据，实现可变印后，可以进行不同活件的同批处理。数字化受到所有印后一线国际品牌供应商的关注，在商业印后、包装印后、书刊印后方面，均有相关的解决方案，为短版印刷、个性化印刷和网络印刷提供了技术保障。

（2）自动化

触屏操作，所见即所得，实现印后全流程自动化；配置自动检测系统，规避个性化印后加工工艺可能出现的错误，提高自动化配置的精准度；自动打包，减少人工干预，降低人工成本。

（3）模块化

模块化可实现不停机操作，客户也可以根据需求对设备进行个性化定制，并有效实现联动。

（4）联动性

印后加工设备的混搭联动和各种形式的嫁接，将数字化技术与自动化技术相结合，甚至可将印刷至印后全线工序整合在一起，最大程度实现高效率、低成本，提升印刷企业的竞争力和生产能力。

2. 印后加工设备的发展趋势

2012 年在德国召开的德鲁巴印刷展会上，各大设备生产商均展出了最新的印后加工设备，在不断创新的基础上，这些印后加工设备不断给行业带来惊喜，彰显出先进印后加工设备飞速发展的步伐。

新型的切纸机以创新的方式结合了高生产率、操作简便性、一流的网络功能和多种可选功能，配备的彩色显示屏及触摸屏支持过程可视化和自动编程，确保了自动化工作流程的顺利进行。新增的用户界面支持图形动画观看，并可以显示出纸张在裁切过程中的真实画面。

新型的数字印后设备将折页机和骑马订联动线对接，加工速度可达 8 000 订/h。通过提高设备的自动化水平，进一步降低了空订概率，大幅提升了生产效率，生产成本也得到了有效控制；同时，新设备在可加工印件的幅面上也进行了一定的拓展，非常适合按需印刷市场的需求。

新型的数字印后系统如图1—2所示，它改变了传统的图书装订方式，可以装订完成具有不同内容和不同数量，而且页数具有较大变化的图书。

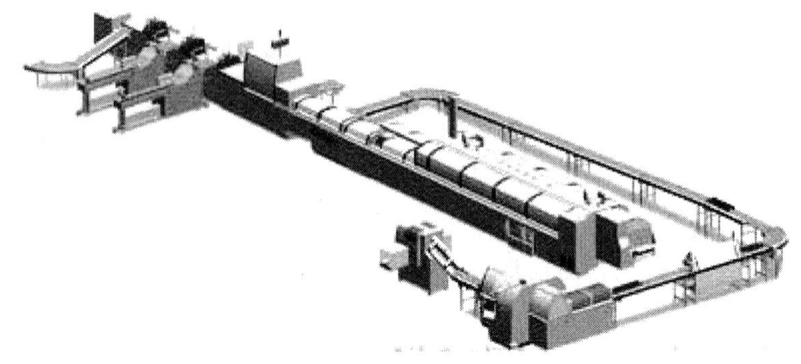

图1—2 新型数字印后系统

综合来看，印后加工已经进入了数字化时代，各种各样的印后加工工艺，既与传统印刷有机结合，也补充了数字印刷的印后加工工艺需求。无论是在传统印刷领域，还是在数字印刷领域，印后加工将与印刷同在，具有很强的生命力。

第二节 书刊装订工艺

书籍从古至今经历了较长的发展演变，如今常见的书籍种类较多，但结构大部分都比较简单，使用、携带、储存都比较方便。不同装订形式的书籍，其加工流程和方法各有特点，但都顺应装订技术的发展趋势。

一、书籍结构及术语

1. 书籍的基本组成部分

普通书籍主要由两部分组成，即书芯和封面。

（1）书芯

书芯是书籍的主要组成部分，是整本书主要内容和信息的载体。将折好的书帖（或单页）按顺序配成册并订联起来，称为毛本书芯。平装书籍的书芯连同封面一起进行三面裁切；精装书籍的书芯加工则是先按照成品尺寸进行三面裁切后，再与封面黏合。

（2）封面

封面也称为封皮、书壳，具有保护和装饰书芯的作用。封面又分为平装书籍封面和精装书籍封面（又称为封壳），它们的加工形式不同。封面的形式繁多，样式各异，如普通纸质封面、精装硬壳封面、活页装封面、塑料封面等。封面包括封一、封二、封三、封四和书背部分，封面是上述各部分的总称。

2. 平装书籍结构及术语

平装书籍结构简单，常采用胶订、铁丝平订、锁线订等订联形式。现以无线胶订书籍为例来介绍其基本结构，如图1—3所示，其各结构名称所对应含义见表1—1。

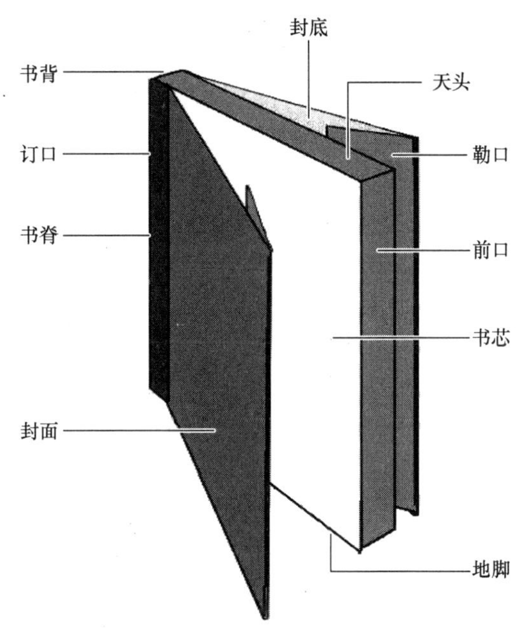

图 1—3 平装书籍结构名称

表 1—1 平装书籍结构名称及含义

名称	含 义
天头	版心上边沿至成品边沿的空白区域
地脚	版心下边沿至成品边沿的空白区域
前口	也称口子边、书口。指书刊的翻阅口，即订口的相对面
订口	书页装订部位的一侧，从版边到书背的白边
切口	书页（线装书除外）除订口边外的其他三边
书背	书刊封面、封底连接的部分，相当于书芯厚度
书脊	书的表面（含封一和封四）与书背连接后突出的棱线。平装书籍的书脊不高出书芯，而精装书籍的书脊要高出书芯的平面
勒口	封面和封底在翻口处向里折转的延长部分（前者称“前勒口”，后者称“后勒口”），其宽度一般不少于 30 mm

3. 精装书籍结构及术语

精装书籍主要是在书的封面和书芯的脊背、书角上进行各种造型加工后制成的。精装书籍加工的方法和形式多种多样，如书芯加工就有圆背（起脊或不起脊）、方背、方角和圆角等，封面加工又分整面、接面、方圆角、烫箔、压烫花纹图案等。精装书籍结构名称如图 1—4 所示，各结构名称的含义见表 1—2。

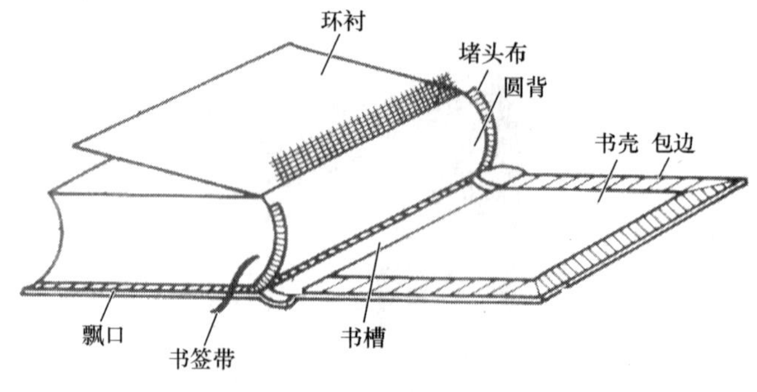

图 1—4 精装书籍结构名称

表 1—2 精装书籍结构名称及含义

名称	含义
环衬	连接书芯和封皮的衬纸
书槽	又称书沟或沟槽，指精装书籍套合后，封面和封底与书脊连接部分压进去的沟槽
堵头布	也称花头布，粘贴在精装书籍书芯书背上下两端，起装饰作用
圆背	精装书籍书背制作成一定弧度的圆弧面
书壳	一般用纸或织品等材料与硬质纸板糊制而成，作为精装书封面
飘口	精装书经套合加工后，书封壳大出书芯的部分。三面飘口一般为 3 mm，其作用是保护书芯，使书籍外形美观
包边	书壳表面材料的四边沿书壳纸板边回折并包粘在纸板的部分
书签带	既可以作为书签使用，又可以使书籍更加美观，提升精装书籍的档次

二、书刊装订的发展历史

随着我国文字的进化，最原始的书籍形式出现了，即“龟册”。我国书籍装订的形式大致上是由龟册、简策的简单装订开始，经过卷轴装、经折装，再发展成为旋风装、蝴蝶装、包背装、线装等古代装订形式。现代装订主要包括平装、骑马订装、精装、活页装等形式。每一种装订形式又因当时的经济文化条件、书籍的制作方法、使用材料不同而各具特色。

1. 龟册装

龟册装是我国最早的装订形式，是将刻有文字的甲骨（乌龟骨）、牛羊的肩胛骨扎缀成册的装订方法。它产生于公元前 1500 年～公元前 1100 年（殷商时期），持续到西周初年。龟册装如图 1—5 所示。

2. 简策装

简策装是将刻写有文字的竹片（简）和木片（牍），用皮条或藤、丝编排扎连起来的装订方法。简用于记载篇幅较长的文字，而牍可画大幅图或记录篇幅较短的文字，它们的尺寸规格为现代书刊的开本尺寸奠定了基础。简策装如图 1—6 所示。

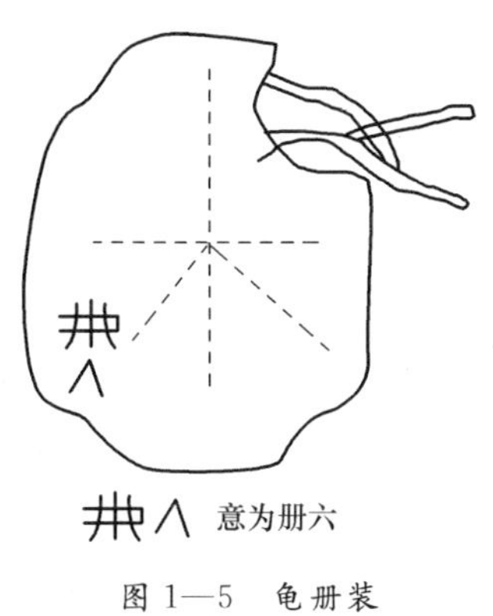

图 1—5　龟册装

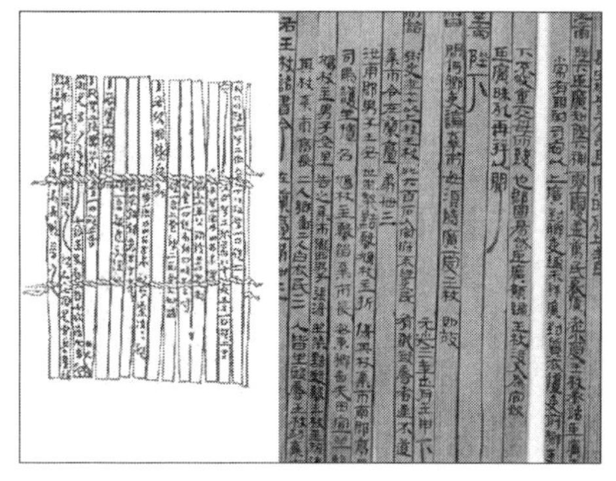

图 1—6　简策装

3. 卷轴装

卷轴装是将记录文字和图像的丝织品（帛书）或纸张，从尾向前卷起，两端黏结于圆木或其他棒材轴上卷成束，并用丝带绑扎的装订方法。卷轴装如图 1—7 所示。

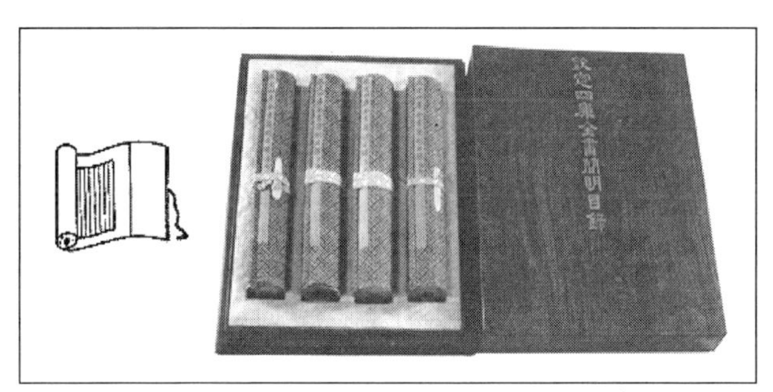

图 1—7　卷轴装

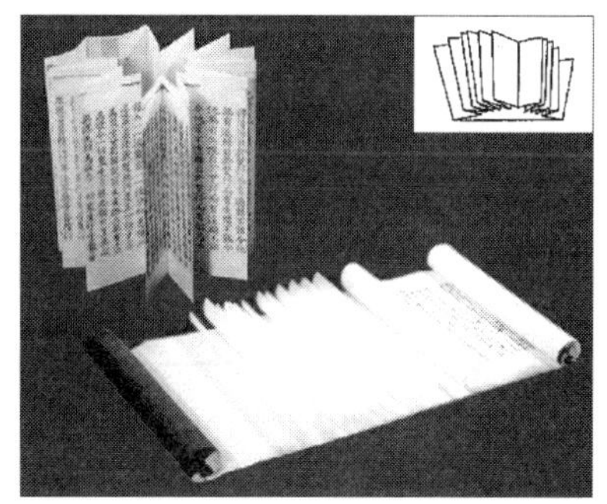

图 1—8　旋风装

4. 旋风装

旋风装是将长幅纸张折叠的书页前后（即首尾）用糨糊粘连在一起，或将书页错开排列，重叠地粘在卷上，阅读时展开一张张地翻阅，存放时可卷起。旋风装书籍在阅读时若遇到风，中间的纸页必然兜开，其形状如同旋风，故由此得名。由于这种装订法装成的书打开后书页掀口部分如同龙鳞，所以又称龙鳞装。旋风装如图 1—8 所示。

5. 经折装

经折装是指将印页裱接后，按一定的规格和页码顺序向左右反复折叠，并在其前后两边裱上硬纸板或较好的纸张作为封面和封底，阅读时只要拉开就行。经折装由于始用于佛经的装订而得名。经折装如图 1—9 所示。

6. 蝴蝶装

蝴蝶装是先将单面印有图文的纸面对面对折成筒子页书帖，再把书帖的折缝按页码的顺序粘贴在包背纸上的装订方法。因为书页的折缝中间没有线缝，这样装成的书翻阅时摊得平，阅读方便。蝴蝶装盛行于宋代和元代，直到今天，比较精美的画册及重要的地图册仍在采用蝴蝶装。蝴蝶装如图 1—10 所示。

图 1—9　经折装

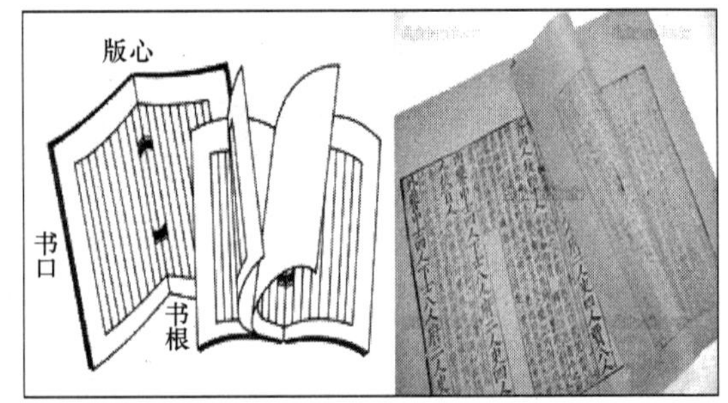

图 1—10　蝴蝶装

7. 和合装

和合装是在蝴蝶装之后发展起来的一种书芯和封皮、封底可以分开来的装订方法。其内芯可以更换，而封皮、封底由于用硬纸板做成，所以坚固耐用，现在还常用来做账本。和合装如图 1—11 所示。

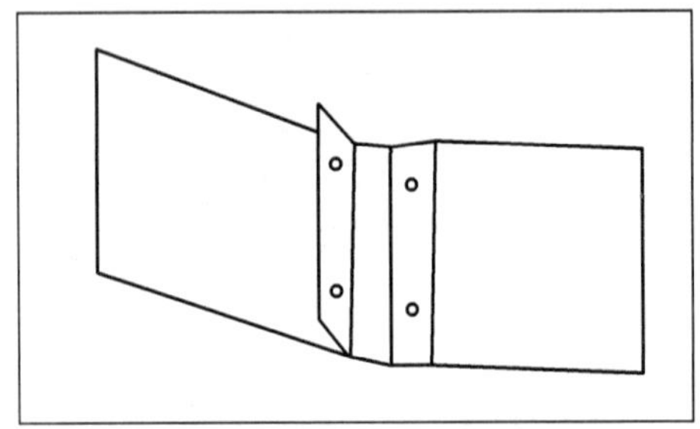
图 1—11　和合装

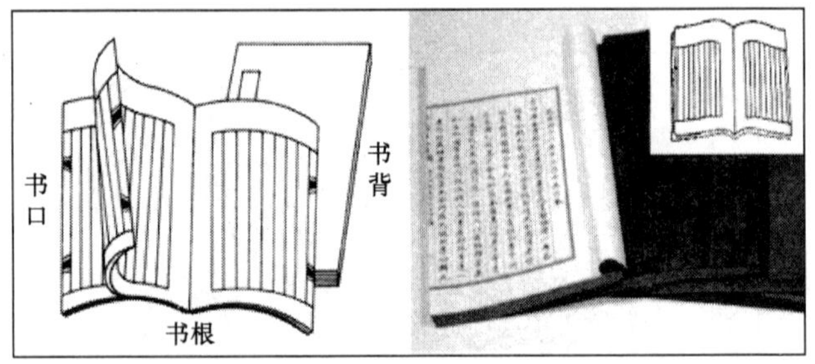

图 1—12　包背装

8. 包背装

包背装与蝴蝶装完全相反，把印好的书页白面朝里，图文朝外对折，配页后将书页折缝边撞齐压平，再将折口对面的纸边粘好，包上封面。包背装盛行于元代。包背装如图 1—12 所示。

9. 线装

线装的折页方法与包背装相同，折好后配页撞齐，然后裁切打洞并用纸捻串牢，再用线串起来，在封面上贴上签条，印好书名就成为线装书籍了。这种装订方式具有独特的民族艺术风格，至今还在古典书籍装订中广为使用。线装如图 1—13 所示。

10. 平装

平装是现代书籍常用的一种装订方式，也是我国应用最普遍的装订形式，以纸质软封皮为特征。平装将大幅面页张折叠成书帖，再配成册，多采用胶订形式，包上封面后切去三面毛边。平装如图 1—14 所示。

11. 骑马订装

骑马订装是用金属丝从书帖折缝中穿订的装订方式，把书贴和封面套合后跨骑在订书架上，通过铁丝从书刊的书脊折缝外面穿进里面，并弯脚将书页订牢。骑马订装如图 1—15 所示。

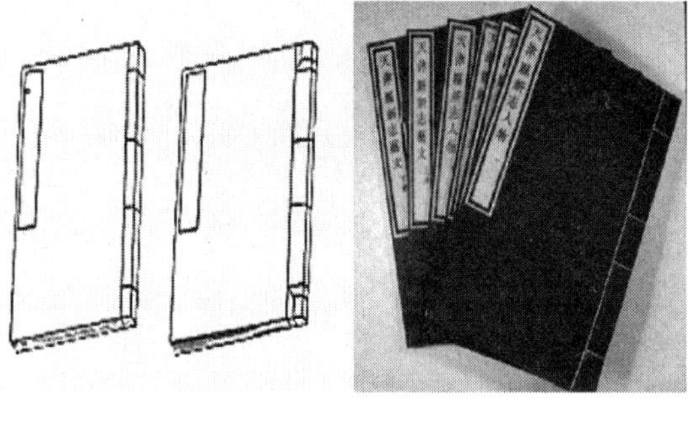

图 1—13　线装

图 1—14　平装

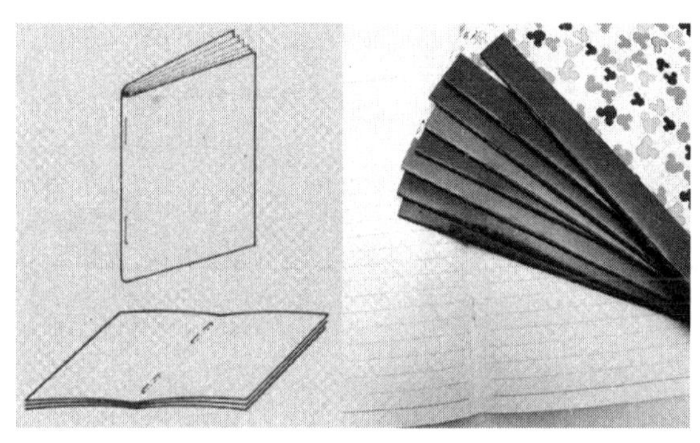

图 1—15　骑马订装

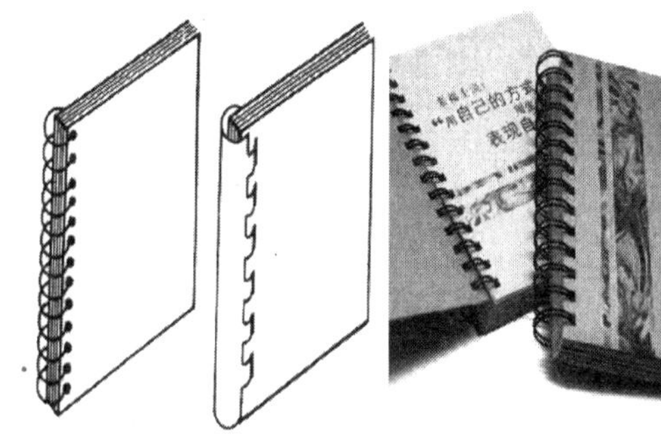

图 1—16　活页装

12. 活页装

活页装是以夹、扎、粘等形式将散页连在一起的装订方式，如图 1—16 所示。

13. 精装

精装是书籍的一种精致的装订方法，以装潢讲究和耐折、耐保存的装饰材料作封面为特征。精装书籍主要是在书的封面和书芯的脊背、书角上进行各种造型加工。精装如图 1—17 所示。

图 1—17　精装

图 1—18　立体书

14. 立体书

立体书的用户群体主要是儿童，故又被称为儿童立体书，如图 1—18 所示。

三、现代印刷品装订方式及工艺流程

为了便于装订从业人员理解和掌握基本概念，增强本书的技能性和实操性，按照职业技能培训要求，在接下来的各章中将以印刷复制生产中常见具体印刷品的印后加工工艺为例进行介绍：

1. 电影海报

电影海报属未经折页的散页印刷品（还包括各种招贴画、广告插页、产品说明书等），如图 1—19 所示。电影海报的印后加工工艺流程较为简单，主要为：

计数、质检 → 闯页 → 裁切或模切 → 质检、包装

图 1—19　电影海报

2. 广告宣传册

广告宣传册属于无需“订”和“联”的折页印刷品（还包括贺卡、请柬、说明书，以及各类地图等），如图 1—20 所示。广告宣传册的印后加工工艺流程主要为：

裁切 → 折页 → 质检 → 计数、包装

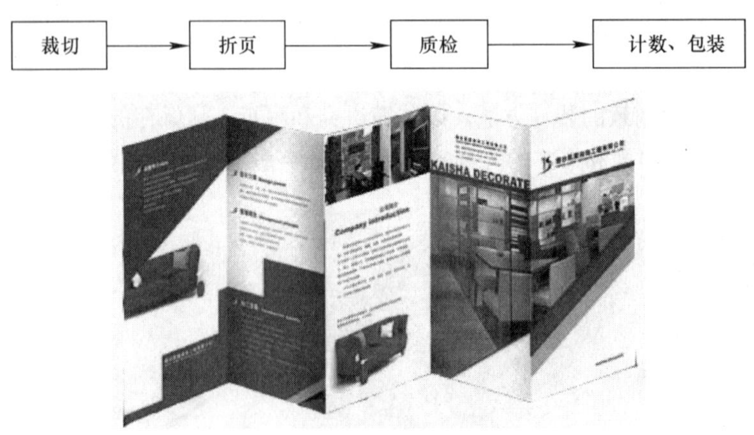

图 1—20　广告宣传册

印后加工术语

折页：折页是指将印刷页按页码和版面的顺序和要求，折叠成规定幅面尺寸的过程。

3. 活页记事本

如图 1—21 所示，活页记事本属于活页装订方式（包括各种便签本、单据、介绍信、账册等），即在书背部（装订线）打一列小孔，穿过用金属或塑料制成的线圈订联成册。活页记事本的印后加工工艺流程为：

阅页、裁切 → 配页 → 订联（打排孔） → 质检、计数、包装

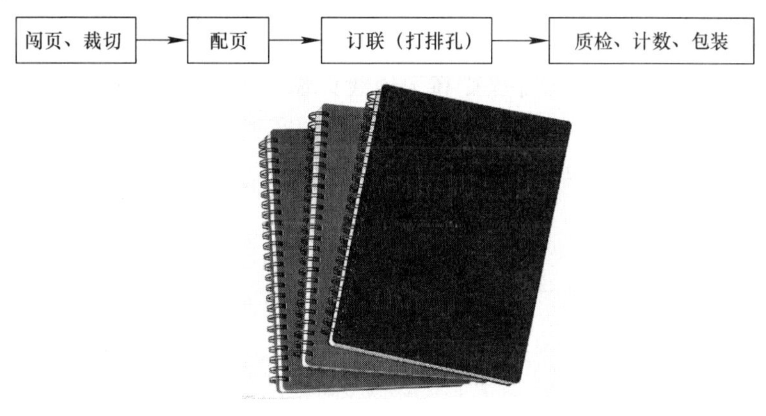

图 1—21　活页记事本

印后加工术语

配页：配页是书刊成册的一道中间工序，是指将零散的各帖按顺序组成册。

4. 锁线订书籍

锁线订书籍的装订方式是锁线订，是指将配好的书帖逐帖以线串订成书芯，再包上封面，用切书机将三边裁切整齐。这种装订方式的订位位于书帖的折缝处，如图 1—22 所示，因此，书本能够较好地摊平，便于阅读。同时，由于锁线订是逐帖串订，因此适宜于厚本平装书籍和精装书籍内文的订联，如辞典、电话号码簿、专业字典、经典著作等。受生产效率和成本因素的限制，我国平装书籍较少采用这种订联方式。锁线订书籍背部经多种处理后，牢固度大大提高，所以较多地用于精装书籍的书芯制作。平装锁线订的加工工艺流程主要为：

阅页、裁切 → 折页 → 配页 → 订书 → 包封面 → 三面裁切

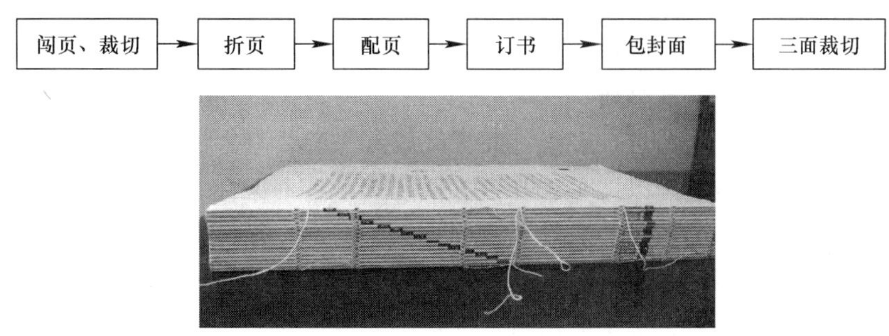

图 1—22　锁线订书籍

5. 胶订书籍

胶订书籍如图 1—23 所示。无线胶黏订是目前出版行业最常用的一种书籍订联形式。该工艺主要用于平装书籍、期刊、年度报告和商品目录、手册等印刷品。它将配成册的书芯在书背上进行铣削开槽，使书帖中各页张散开，再使用黏合剂将散开的书页粘连成册，最后包上轧有两道或四道压痕线的封面，三边裁切齐整。这种装订方式由于使用了热熔胶作为黏合剂，固化时间短，可以实现从配页、订联、包本到切书的联动加工，解决了过去常用的铁丝平订存在的锈蚀书页的问题，同时也提高了锁线订加工书籍的效率。它加工出的书籍成型好、质量高，但书芯不宜过厚，否则不易摊平。目前我国有 60%以上的图书采用无线胶黏订工艺，而且这个比例还会继续增长。

无线胶黏订的主要加工工艺流程为：

图 1—23 胶订书籍

6. 塑料线烫订书籍

塑料线烫订书籍的书芯如图 1—24 所示，该工艺最早诞生于 20 世纪 60 年代的德国，目前是国外平装书籍加工中较为常用的一种订联方式。

塑料线烫订在折页机的塑料线烫订联机单元中进行。书帖在进行最后一折前，与骑马订订书类似，沿折缝由内至外穿出一根特制的可加热熔融的塑料线，成为带线的折帖；之后，通过加热烫平将这一塑料线订脚熔化，使书帖各页连接起来；最后经配页、包封面、烫背、压紧成型、三面裁切成为一本书册。

这种工艺方法综合了骑马订、锁线订和无线胶订三种装订方法的特点，装订出的书芯结实牢固，经久耐用，整本书可以摊平放开，方便阅读，易于保存。此外，采用塑料线烫订工艺不需要对书背进行特殊处理（若采用无线胶订工艺，则必须将书帖经铣背加工成散页才能刷胶），经配页后即可进行无线胶订。同时，塑料线烫订将锁线技术融入胶订工艺中，解决了胶订书籍不宜过厚的矛盾。该工艺前道工序可以采用现代高速折页机加工，后道工序利用高速无线胶订联动线，大大提高了书籍的装订质量和生产效率。

塑料线烫订的主要加工工艺流程为：

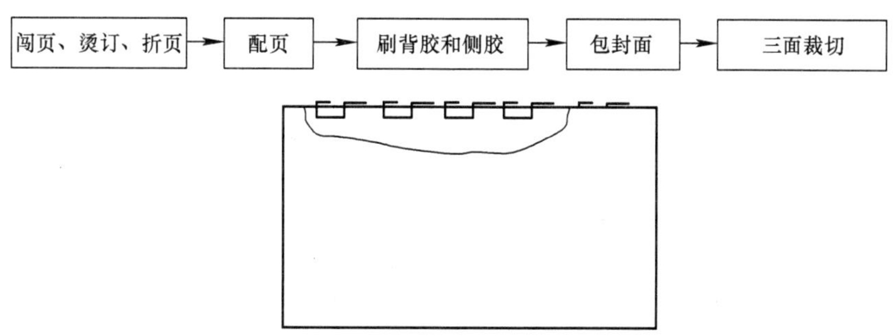

图 1—24 塑料线烫订书籍的书芯

7. 骑马订书籍

骑马订书籍如图 1—25 所示。这是一种简单的书籍装订形式，主要用于装订各类图书、期刊、薄本、说明书等印刷品，加工时封面和书芯各帖配套在一起成为一册，经铁丝订联、裁切后即可成书。由于订书时书芯是“骑”在订书机上装订的，形似骑马状，故称骑马订装。

目前，印刷企业大多采用配页、订书、裁切三工位结合的骑马联动生产线进行骑马订加工，生产效率高，成本低。由于骑马订订位位于书背折缝上，因此，采用这种方法订联的书芯容易摊平，阅读方便。骑马订的弊端与铁丝平订类似，铁丝容易锈蚀和破坏书页，装订出来的产品不能长期保存，并且书芯的厚度受到限制，过厚的期刊不易采用这种方式装订。采用单机时，骑马订的主要加工工艺流程为：

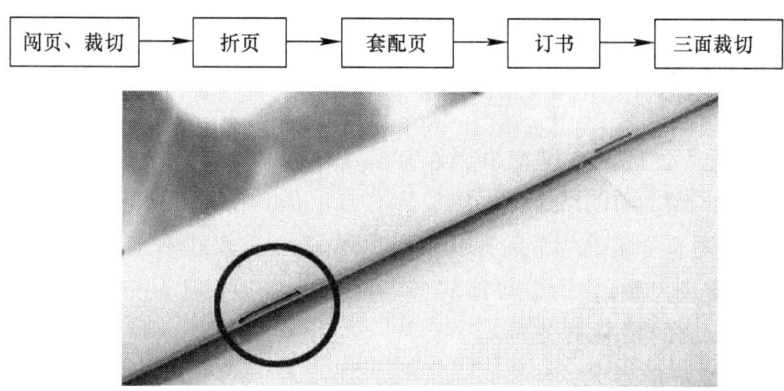

图 1—25 骑马订书籍

8. 精装书籍

我国对于经典著作、学术著作、重要史料、画册、图集、工具书等具有保存价值的图书多采用精装的装订方式。精装书籍如图 1—26 所示。

精装书籍美观大方、设计精致，具有较强的艺术效果。它的生产工艺比平装书籍复杂，主要分为书芯的加工、封面的制作和上封面三个环节。精装书籍的加工方法和形式多种多样，如书芯加工就有圆背（真脊、假脊）、方背和圆角等，封面加工又可分为整面、接面、烫箔、方圆角等。精装书籍有坚硬的书壳，有的还加护封，对书芯有较好的保护作用。

精装书籍加工工序多。目前，除较大型印刷企业使用联动化设备完成书芯的加工和封面的制作外，大部分企业仍使用手工操作和单机作业制作精装书籍。随着人民生活水平的提高，对精装书籍的需求日益提高，精装书籍的制作必将迈上一个新的台阶，成为我国书籍消费的又一个亮点。

图 1—26　精装书籍

四、我国装订技术的发展趋势

进入 21 世纪以来，短版书刊、精装书籍、异形特殊加工出版物和采用新材料的精致出版物逐渐增多，装订工艺技术正向高、精、尖方向发展："高"指高档书籍加工增多，"精"指精细材料使用增多，"尖"指新型产品加工增多。

1. 精装书籍装订加工数量增大

据不完全统计，20 世纪 90 年代以后精装书籍的加工量比过去增加了将近 40 倍。原来一些没有精装加工的边远地区，现在也制作精装书籍，而且增长速度很快。各地区随着精装书籍加工量的增多和工艺技术的提高，几乎都有自己的珍品与代表作。比较典型的有北京的《二十四史》《中国美术全集》，江苏出版、深圳装订的《敦煌石窟艺术》，南京的《圣经》，上海的《世界绘画珍藏大系》，山东等地的《四库全书》，以及云南的《东巴经》等，都是用较精细的技术加工而成的精装书籍。

2. 书籍本册用纸定量增大

过去，书籍本册书芯用纸长期以 52 g/m^{2}新闻纸和凸版纸为主，近几年，为满足市场需求，正文纸张的定量逐渐上升为 60～80 g/m^{2}的胶版纸和部分铜版纸（国际上，用纸定量呈下降趋势，即从 75 g/m^{2}以上下降到 65 g/m^{2}左右，与我国发展基本相符）。比较典型的是印量最大的学生教材和各种期刊的用纸，学生教材过去长期使用 52 g/m^2 凸版纸为书芯正文用纸，近几年已改为 60～70 g/m^{2}的胶版纸，一些期刊大部分改用胶版纸和铜版纸。由于彩色印刷增多，书籍封面用纸也从过去常用的 120～150 g/m^{2}胶版纸改为 200～250 g/m^{2}铜版纸或胶版纸。纸张定量的增大，使书籍、本册的质量同时增加，给装订加工带来很大挑战。

3. 纸张幅面变大，开本尺寸纳入国际标准

我国书籍本册用纸规格过去几十年均以 787 mm×1 092 mm 和 850 mm×1 168 mm 为主。近几年，为向国际标准靠拢，许多书籍使用的纸张规格都改为国际用纸幅面，即 880 mm×

1 230 mm或889 mm×1 198（1 240）mm。因此，书籍开本尺寸也改为新规格，16开由260 mm×184 mm或262 mm×187 mm改为现在的297 mm×210（208）mm；32开由184 mm×130 mm或203 mm×140 mm改为现在的210 mm（208）mm×147 mm。这种开本尺寸常称为A型尺寸，大致分为以下几种：A3（8开）为420 mm×397 mm、A4（16开）为297 mm×210（208）mm、A5（32开）为210（208）mm×147 mm、A6（64开）为147 mm×105 mm，其他许多书籍的开本尺寸也已经或正在改为这种国际标准规格。

4. 豪华装和异形装订加工增多

豪华装采用精细的装帧材料和复杂的工艺技术进行加工，如滚金口、烫赤金箔、装假脊、加里衬等，如图1—27所示。

20世纪90年代中期出版的豪华装本《二十四史》一书，封面用一整张羊皮筛选削切后制成一个书壳（16开），所烫印的字迹和天头滚的金口均用24 K赤金箔，赤金箔的厚度只有3～4 μm，加工难度极大，稍有疏忽就会造成很大浪费。这套书加工得十分精致，具有很高的阅读和保存价值。南京印装的《圣经》一书，封面选用了真皮，并加拉链将书芯封闭，书芯三面切口滚电化铝金边，并在前模切半圆形翻阅口，非常精致。

异形装订指书籍本册等在加工中使用不规范的开本尺寸和加工形式，如图1—28所示。异形装订加工方法的出现，也是受国际潮流的影响。如现在平装书封面内加纸板硬衬，封面折大前口（即折进的前口宽度与书的宽度几乎相同），用模切手段加工各种样式、形状的儿童读物等。又如一些期刊中的“刊中刊”，选用了平装无线胶订，并在封三位置上加粘一册骑马订薄书刊。

豪华装与异形装订的产品，其加工与其他采用一般装订形式的书籍有很大区别，加工时不但要有精确合理的工艺设计和高超的技术水平，还要具备对各种装订形式、方法的了解和材料配备与使用的经验，否则将前功尽弃，还会造成不应有的浪费。

图1—27　豪华装书籍

图1—28　异形装书籍

5. 平装中无线胶订占主流

我国目前的平装书籍中，无线胶订书籍占主流。如学生教材已全部采用无线胶订形式进行装订，绝大多数的平装书籍也都采用无线胶订形式装订成册，但由于我国生产热熔胶的时间较短，质量还不稳定，所以无线胶订书籍的产品质量还不稳定。

第三节　表面整饰工艺

表面整饰是指在书刊、包装盒等印刷品表面进行的上光、覆膜、烫金、凹凸压印或其他装饰加工工艺的总称。这些工艺的应用，不仅增加了印刷品表面的光泽度、耐光性、耐水性、耐磨性等性能，还美化了印刷品表面，提高了印刷品档次。

一、表面整饰工艺的种类和特点

1. 上光

上光是指在印刷品表面涂（或喷、印）上一层无色透明的涂料，经流平、干燥、压光、固化后在印刷品表面形成一种薄而匀的透明光亮层，起到增强载体表面平滑度，保护印刷图文的作用，如图1—29所示。上光不仅可以增强载体表面平滑度，保护印刷图文，而且不影响纸张的回收再利用，因此被广泛应用于包装纸盒、书籍、画册、招贴画等印刷品的表面加工。纸印刷品的上光加工工艺，包括涂料上光、UV上光和珠光颜料上光等。

图1—29　封面上光的书籍

2. 覆膜

覆膜是用透明塑料薄膜通过热压黏附到书封表面，使其具有耐摩擦、耐潮湿、耐光、防水和防污的性能，并且增加其光泽，如图1—30所示。覆膜所用的塑料薄膜有高光泽型和亚光型两种，高光泽型薄膜使书籍表面光彩夺目，富丽堂皇，亚光型薄膜则显得书籍古朴、典雅。目前覆膜使用的塑料薄膜是不可降解的物质，对环保不利。现在大量的书籍都在使用这一工艺，一般局部UV上光，也都是在覆完膜的书籍封面上进行的。国外的书籍一般不覆膜，国内也有许多出版社开始放弃覆膜而使用成本较低并环保的UV上光方式进行封面整饰。

图1—30　封面覆膜的书籍

3. 烫金

烫金是在木板、皮革、织物、纸张或塑料等材料制作的图书封面上，用金色、银色、红色或其他颜色的电化铝箔或粉箔（无光）通过加热来印上书名、图案或线框等，如图 1—31 所示。图书封面经色箔烫印后显得高贵华丽，可增强印刷品的闪烁感。过去常在精装书籍的书壳和书背上烫金、烫银，而现在在平装书籍封面及书背上烫金、烫银也越来越多。有的平装书籍还在环衬、扉页上烫金、烫银，因为金银印在环扉的彩色纸上，能产生韵味独特的效果。

4. 凹凸压印

凹凸压印又叫压凹凸、压凸、起凸，是利用相互匹配的凹型和凸型钢模或铜模，压出呈凹凸立体状的整个图形或印纹图案的外轮廓。在书籍装帧中，凹凸压印主要用来印制函套，以及封面文字、图案或线框，以增强印刷品的立体感，也可以在凹凸压印后印上油墨或局部 UV 上光，使图文更加突出。这种工艺也大量地应用在精装书或简装书的封壳或封面上，如图 1—32 所示。

图 1—31 封面烫金的书籍

图 1—32 封面压纹的书籍

5. 模切、压痕

模切是用钢刀片排成模切版，在模切机上把印刷品或纸张轧切成一定形状，它可以将印刷品轧切成弧形或其他复杂的外形，也可以对印刷品进行冲孔或镂空等处理，如图 1—33 所示。压痕又叫压痕线或压线，它利用钢线，通过压印在印刷品上压出痕迹，或留下供弯折的槽痕。一般较厚书籍在封面左边翻折处都要进行压痕处理。

模切、压痕工艺广泛地应用于包装印刷品中，如纸盒、纸箱、商标、贺卡等，如图 1—34 所示，采用模切、压痕处理后，印刷品的使用价值、艺术价值、产品档次都得到了提高。

二、正确选择书刊表面整饰工艺

1. 书刊表面整饰工艺设计要结合书刊内容和读者需求

珍藏类书刊、富有价值的学术书刊、成套大型工具书可采用凹凸压印等工艺。普及型礼品书可使用烫金、银箔的工艺，使书刊显得更具艺术效果。儿童类书刊选择的材料和工艺既要耐磨耐污，又能呈现鲜艳的色彩。大众书刊的装帧不宜多用高档材料和特殊印制工艺，以控制成本及定价，适应大部分读者的购买力。

图 1—33　封面经模切、压痕的书籍

图 1—34　经模切、压痕的包装盒

2. 书刊表面整饰工艺应与材料匹配

特种纸张因多有不同于一般纸张的肌理触觉效果，选择时应考虑其与设计方案中艺术要素的精细程度是否适配。网点过于细密的图像，就不宜采用肌理触觉效果较强的艺术纸，因为纸张的肌理效果会影响印刷时的网点转移率，从而导致图像失真。又如，准备使用织物材料的设计方案应采用简洁的表现形式，并采用凹凸压印和烫金工艺等。

3. 书刊表面整饰工艺的选择应考虑生产成本

书刊表面整饰工艺的工价通常比较昂贵，会增加书刊的成本。书刊表面整饰工艺运用得当，能提升书刊的质量和品位，增强市场竞争力；过度使用，不仅徒增成本，造成浪费，而且往往还显得庸俗，反而降低市场竞争力。对书刊装帧生产成本的控制，通常要根据其在书刊生产总成本中所占的比例来考虑。

实践操作题

1. 参观一家书刊印刷企业，重点了解印后加工部门的各类设备。
2. 利用手边的材料制作一种装订产品（如卷轴装、蝴蝶装等）。
3. 分小组收集不同订联方式的平装书籍，说出其特点。
4. 通过网站、专业杂志了解我国装订技术的发展趋势。

思考练习题

1. 常见印刷品的分类有哪些？
2. 写出一本无线胶订书籍的印后加工流程。
3. 写出平装书籍、精装书籍各组成部分的术语，并进行解释。
4. 简述常见表面整饰工艺的种类和特点。

第二章　散页印刷品印后加工

学习目标

掌握海报等散页印刷品的印后加工流程，掌握常见的裁切工作类型，掌握单面切纸机的结构及功能，了解裁切的工作原理，了解影响裁切质量的主要因素。能够根据产品需要设计裁切顺序，掌握计数和手工闯纸的技能，能够判断印刷页的规矩边，能够正确使用单面切纸机，能够检验印刷品是否符合裁切质量要求。

散页印刷品在日常生活中很常见，如电影海报、宣传单、年画、吊牌等。以电影海报为例，如图 2—1 所示，它作为一种时尚、主流的影片宣传方式，深得影迷特别是年轻影迷的青睐。散页印刷品的印后加工流程如图 2—2 所示。

图 2—1　电影海报

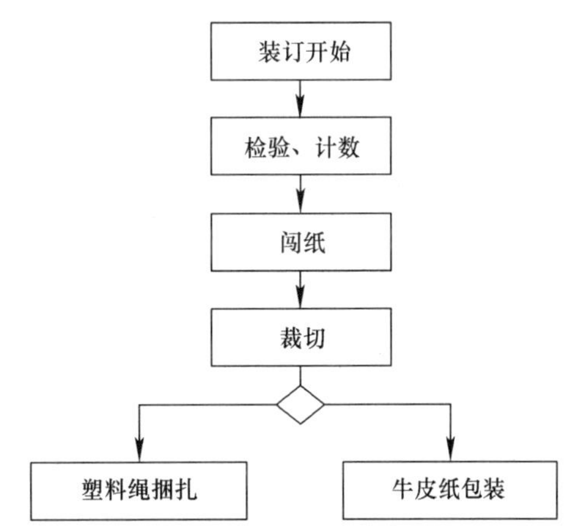

图 2—2　散页类印刷品的印后加工流程

散页类印刷品的印后加工比书籍、包装盒等印刷品的印后加工简单，主要工序为检验、计数、闯纸、裁切、包装等，本章将围绕这几种工作过程进行阐述。下面以某电影海报订单（《蝙蝠侠 3》电影海报）的生产制作为例，详细介绍散页印刷品的印后加工流程。这批海报用 157 g/m^{2}的铜版纸印刷，总印数 5 000 张，未裁切的印刷幅面尺寸为 610 mm×860 mm，成品尺寸为 600 mm×840 mm。

第一节　检验与计数

电影海报在印刷车间印刷完成后，还不是成品，必须进入下道工序——装订，进行计数、裁切、包装等印后加工，然后才能交付客户。

一、印刷品检验

电影海报在进入装订工序之前，还必须由车间质检人员对照施工单，按照印刷品质量要求进行检验。检验印刷品时主要完成以下三个方面的工作：

1. 质量检验

印刷企业都有严格的质量检验制度对所生产的半成品、成品进行检查和验收。装订工序的质量检验在实际运用中一般有自检、专检和上下工序互检，这种检验制度也称作三检制，是我国印刷企业长期质量检验工作的经验总结，非常行之有效。

自检是指操作人员按照施工单要求、工艺及技术标准对自己所加工的印刷半成品或成品自行进行检验，并做出是否合格的判断。通过自检，操作者可以充分了解自己生产的产品在质量上存在的问题，寻找出现问题的原因，进而采取改进的措施。

专检则是由专业的质量检验员，在定时或不定时的情况下对操作人员所生产的成品或半成品进行抽数、检查。专检是印刷企业现代化生产劳动分工的客观要求，它是互检和自检所不能代替的。三检制中必须以专检为主导，这是由于现代生产中，检验已成为专门的工种和技术，专职检验人员的工艺知识和检验技能都比生产工人熟练，所用检测量仪也比较精密，检验结果比较可靠，检验效率也比较高。其次，由于生产工人都有严格的生产定额，定额又同奖金挂钩，所以容易产生错检和漏检，有时，操作者的情绪也会影响检测结果。所以，印刷企业的各个车间一般都配备有专职的质量检验员。

所谓互检就是生产工人之间相互进行检验。互检主要包括下道工序对上道工序流转过来的产品进行抽检，同一生产线、同一工序交接班时进行相互检验，以及工段长或班组长对本小组工人加工出来的产品进行抽检等。互检不仅有利于保证加工质量，防止疏忽大意造成成批地出现废品，也有利于加强工人之间良好的协作关系。

印刷品质量检验主要包括以下几个方面的内容：

（1）印刷品油墨和上光涂料是否完全干燥。

（2）已印好的印刷品里是否有破损、折损、背面蹭脏的情况。

（3）印刷品版面应干净，无脏迹、墨迹；整版墨色也应基本一致，没有缺色露印、套印不准的情况。

（4）如果是书刊内文印刷页，则必须检查书页的文字是否完整、清楚，版心位置是否准确，正反两面的页码位置是否对齐等。

车间质检人员除检查以上各项是否符合质量要求外，还应检查印刷页上的装订标记是否完整。印刷页上各种装订标记及其含义如图 2—3 所示。

质量是任何一个企业生存和发展的首要问题，是企业的生命，印刷企业也不例外。质量问题应解决在半成品加工中，不要等到印后加工结束或出厂后才发现有质量问题，每道工序都应有严格的产品质量控制，才能保证印后加工后的所有印刷品都是合格品。

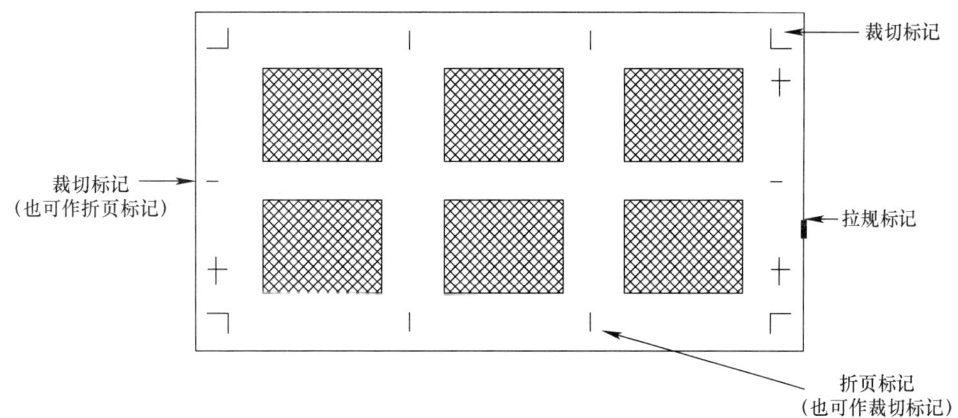

图 2—3　印刷页上各种装订标记及其含义

2. 数量检验

数量检验主要检查印刷车间移交的半成品数量是否能够加工出订单要求的成品数。

印刷工序移交给印后加工工序的印刷页数量不应以成品数为准，还应包含一定的加放量。加放量是为了保障成品数量达到要求，提前补偿的纸张损耗数量。举例来说，客户向企业定制一定数量的印刷品，企业要满足客户的要求，准备的纸张数量必须要超出成品纸张的数量，具体原因有以下几点：开机正式印刷前的调试（如调节水墨平衡、调整印刷规矩等）需要耗费一定的纸张；印后加工中各工序会发生一定的合理损耗，如折页、裁切、烫金、模切等；企业制作样本需要增加一些印量。如果不将这些因素考虑进去，就会造成印后加工后的成品数量不足。准确计算纸张的加放数是印刷企业生产中必不可少的环节，也是强化成本核算的重要步骤。

此外，装订工作中还会涉及尾数。尾数的发生可能是由于装订车间内某工序造成的损耗过大，也可能是由于上道工序印刷车间本身移交的数量不够。因此，接收时应依据企业规定的加放量比例计算总的接收数量，并做好记录，办理好两个车间印刷页的移交手续。

印后加工术语

尾数：某一品种的书册在装订加工中，由于某种原因造成其中某个或多个书帖未能加工出应有的册数，而需最后到印刷车间单独补印的数字。

假设，企业规定印刷这批电影海报的印刷加放数为每色 4‰，装订加放数为 7‰ ，对于这批印数 5 000 份的电影海报，则：

印刷车间的加放数为：5 000×4‰×4＝80 张

装订车间的加放数为：5 000×7‰＝35 张

因此，印刷车间从仓库应领取的印刷纸张为 5 000+80+35=5 115 张。

而印刷车间应移交给装订车间的正品数量至少为 5 035 张。

3. 毛本检查

毛本检查只用于装订需订联的书籍。

毛本检查的程序如下：在组成书籍内文的各印刷页中，分别抽取 1～2 张，按规定的开本大小，手工折叠成书帖；然后再依封面、插图、内文等构成一本书的所有部分，配齐成一本毛本书籍；对照装订施工单检查毛本书的封面、插页，以及各个书帖是否齐全，页码是否连续，内容是否正确。

毛本检查是装订开始前极为重要的工作。装订车间往往会同时加工制作不同种类的产品，有的书籍内容接近，有时会加工套装书，如果没有严格的毛本检查，很容易造成书帖的张冠李戴。例如，一家书刊印刷企业同时印刷第一册和第二册的《代数》教材，若印刷车间同时将以上两本书的印刷页移交给装订车间，如果不进行毛本检查，就有可能将第一册的书帖"装"进第二册书中，造成重大质量事故。由此可见，细心、认真、严格、规范的毛本检查能够保障后续工序的顺利进行。

对于这批电影海报的检查，因无需订联，装订车间只需进行质量检查和数量检查，主要检查质量是否合格以及是否缺数。

印后加工术语

毛本：三面未切光的书芯称为毛本。

书帖：在印装书册的过程中，为了简化加工工艺，把若干个单页集合成一个独立的集合体，这个集合体叫做书帖，即书册是由多个书帖构成的。

二、印刷品计数

纸张在印刷机上印刷时，通过机器自带的计数装置，可以获得大致的印刷数量。但由于正式印刷前的工艺调试和印刷过程中随机进行的抽样检查都需要用到页张，因此通过计数器显示的印数是不准确的。上下工序在进行半成品移交时，还需要重新计数。实际生产中，计数的方法主要有两种：

1. 精确计数

首先用右手捏起一叠印刷页，然后向左手方向将纸叠披开成扇面，页与页之间彼此错开。左手摊开，压住散开的页张，用右手拇指或其他工具每隔 5 张为一组进行计数，如图 2—4 所示。计数完成后，将印刷页按规定的计数单位用纸片隔开。

2. 估算法

若不要求十分准确的数量，则可以采用估算法。先量取一定厚度单位的印刷页，准确数出其中的页张数量，然后测量印刷页的总厚度，乘以单位厚度上的页张数量，即可得出印刷页的大致数量。也有一些印刷企业采用电子秤称量计数。

采用这些方法均可以很快地推算出印刷页的大致数量，大大节省了计数时间。

图 2—4　精确计数

第二节　闯　　纸

印刷过的这批电影海报半成品移交到装订车间后，质检人员要进行检验和计数，这就会造成纸堆中的印刷页参差不齐，到达装订工序后，根据工艺流程，如果直接进入裁切工序，就会造成整批印刷品尺寸歪斜或大小不一，而闯纸就是为了避免这种情况的发生。事实上，除了进入装订工序需要闯纸以外，上机印刷前也同样需要将纸张理齐，因为纸张经过运输、搬运、拆卸后，边缘不会很齐，这样的纸张如果直接上机印刷，会造成规矩不准确，图案位置不一致。所以，在印刷和装订前，都需要通过闯纸这道工序将纸张理齐，达到印刷和裁切的要求。

印后加工术语

闯纸：闯纸也称“闯页”或“撞纸”，是通过人工或机器的作用将散乱的纸张抖松，使空气进入纸张间隙形成一个空气层，利用纸张间的自由滑动，通过碰撞纸堆边缘，使其整齐的工作过程。

一、闯纸的方法

闯纸分为手工闯纸和机械闯纸。手工闯纸需要操作人员具有较好的体力和一定的工作经验。现在一些印刷企业已采用了机械闯纸，配有专门的闯纸机或由上纸、闯页、裁切和堆纸机构组成的裁切生产线。

1. 手工闯纸

手工闯纸是装订常见工作，主要依靠人工将纸张抖松后通过碰撞使纸张撞齐整。依据纸张的种类和幅面大小不同，手工闯纸可以采用错动法或撞击法，如图 2—5 和图 2—6 所示，也可以两种方法同时使用。

图 2—5　错动法闯纸

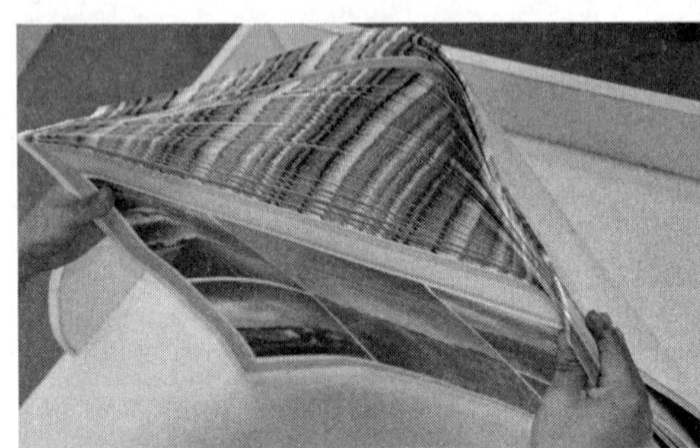

图 2—6　撞击法闯纸

（1）错动法

错动法适用于幅面较大而纸质较软、较薄的纸张。操作时两手分别捏住纸叠的两角，大拇指按压在纸叠上方，食指和中指放于纸叠下方，同时用适当的力将纸叠捻开，边捻边放，使纸叠上紧下松，便于空气进入纸张间隙。最后，将纸叠的两条规矩边对准工作台上相互垂直的两个挡板轻轻撞动，直到撞整齐为止。结束后，将纸张间的空气挤压出去，然后将纸叠轻放在工作台上，留待下一步加工。

（2）撞击法

撞击法适用于铜版纸等挺度较大的纸张。操作时，双手提起纸叠两角，使纸叠垂直于桌面，拇指与食指、中指配合用力，将纸叠捻开并使纸面微微向内弯曲。然后将纸叠垂直撞击工作台，撞击时捏住纸边的双手要稍微松开，并使纸张同时前后下落，不可捏紧硬撞硬碰，以免造成纸张边缘破损。最后将纸叠的规矩边对齐工作台两个挡板撞齐，挤出空气，留待下一步加工。

2. 机械闯纸

用于闯纸的设备称为闯纸机，如图 2—7a 所示。机械闯纸大大地减轻了工人的劳动强度，提高了生产效率。机械闯纸的原理和手工闯纸基本相同，首先将纸叠的两条规矩边靠齐工作台上两块相互垂直的挡板，如图 2—7b 所示。吹风装置将页张吹松，页张间产生空隙，然后利用机械的振动和工作台的左右倾斜将印刷页闯齐。工作台的振动主要向两个方向：与桌面垂直的振动将纸张抖松，与桌面平行的振动将纸叠撞向工作台的挡板，达到将纸叠逐渐撞齐的目的。

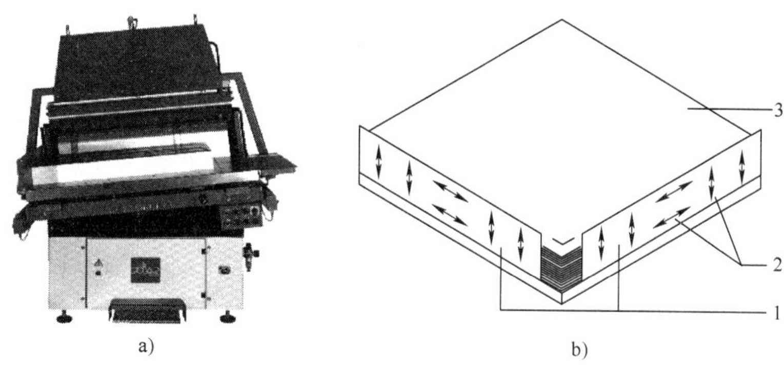

图 2—7　闯纸机

a）闯纸机（德国 Polar）　b）闯纸机工作原理

1—挡板　2—振动方向　3—标有规矩角的纸叠

工作台振动强度的合理调节应遵循下列原则：

（1）重的、表面较粗糙的纸张，振动强度应大。

（2）轻的、表面光滑的纸张，振动强度应小。

闯齐后的纸张在裁切前必须将纸张间的空气排出。闯纸机配置有排除空气的辊子，这一操作可以自动完成。

二、闯纸前的准备工作——辨别印刷页的规矩边

手工闯纸和机械闯纸均需要将印刷页上的两个规矩边（即前规边和侧规边）与工作台边或机器台边撞理齐整。那么如何辨别印刷页的规矩边呢？

要确定印刷规矩边，首先要了解印刷机的定位装置。纸张由传送机构进入印刷机组前，必须经过定位装置进行横向和纵向的定位，才能确保进入印刷机组的每一页张相对于印版的位置是确定的，从而保证印刷品的套印精度。印刷机中纸张的定位装置由前规和侧规组成，前规位于纸张前行的方向，用以保证纸张纵向定位的准确性，横向定位则由侧规决定。单张纸印刷机的侧规有两个，分别位于印刷机的操作侧（拉规）和传动侧（推规），每个印刷过程只允许使用一个侧规。前规和所使用的侧规所形成的夹角就构成了印刷页的规矩角，相对应的两边则为印刷页的规矩边，如图 2—8 所示。

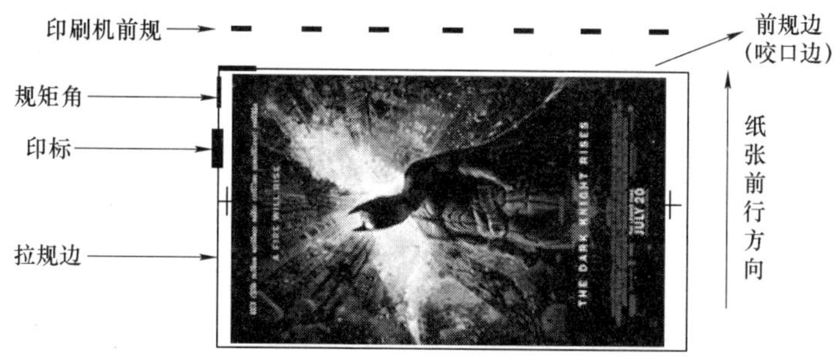

图 2—8　纸张在印刷机中的定位及规矩角

规矩边的识别通常采用四种方法：

1. 根据印标进行判断

印前晒制印版时，在色版拉规一侧作上一个实地色块，色块随同页面图文一同印刷。印刷结束后，会在纸边拉规侧留下一个墨色的标记，这个墨色标记称为印标。同时，整个纸叠的拉规边一侧也会留下清晰的、深浅一致的墨色印迹，如图 2—9 所示。根据这个印迹的位置可以很容易判别规矩角，确定拉规边和前规边。

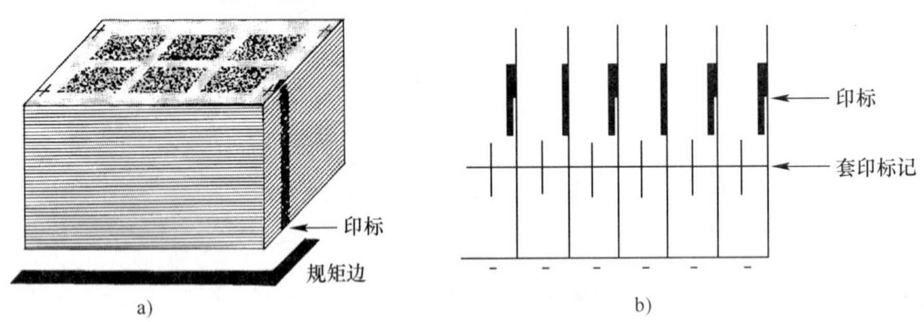

图 2—9 印刷页上的拉规

a）印刷页上的拉规标记 b）拉规拉纸不到位，印标宽度不一致

2. 根据印刷页上的咬牙印（前规边）和印刷中“正拉反推”原则判断

印刷时，纸张首先被压印滚筒上的叼牙（前规）叼住，再传递进印刷机中进行压印，因此会在印刷页的咬口边留下一排叼牙的痕迹。通过寻找这个痕迹，也能帮助判断出印刷页的前规边。侧规的判断则要依据印刷中的“正拉反推”原则，即正面印刷用拉规（位于操作侧），反面印刷用推规（位于传动侧）。

但是，采用这种方法识别前规边和拉规边也容易出现判断差错。尤其是当页张印刷完成后，不能马上进入下道工序加工，半成品堆放时间过长或者纸张过硬，咬牙（压纸）痕迹不明显；或者操作者印刷时并未遵循此项原则，正面印刷使用了推规；或先印刷反面又未及时告知下道工序。这些都会给装订工人判断规矩边造成困难，在装订过程中应特别注意。

3. 根据记号判断

印刷结束后，操作人员及时在纸堆最上面的一张印刷页上做规矩角记号，方便装订工人裁切或折页时依据此记号判定前规边和拉规边。

4. 根据页码判断

这种方法适用于书刊内文印刷页的规矩角判断。目前，书刊印刷企业中的折页工作大部分由折页机完成，且多采用垂直交叉法折叠书页。由于折页机自身条件的限制，印刷页的规矩角应与折页机所要求的规矩角相一致，否则就会造成折不准或页码不对，只能采用手工折页。

判断书刊内文页张的规矩角有一定的规律性，见表 2—1。

表 2—1 竖开本书刊内文页张规矩角的判断

折数	一折 4 面	二折 8 面	三折 16 面	四折 32 面
规矩角	第 1、2 面间（地脚）或第 3、4 面间）天头	第 3、4 面间	第 5、6 面间	第 11、12 面间

例如，一张印刷页垂直交叉折叠三次，成为 8 页 16 面的书帖，则该张印刷页的第 5 面和第 6 面页码所在的夹角两边就是印刷时的两个规矩边。若印刷页进行四次折叠，成为 16 页 32 面的书帖，则规矩边位于第 11 面和第 12 面夹角所对应的两边。

本批电影海报通过印标就可以快速判别规矩边，然后将规矩边与工作台挡边对齐进行闯纸。

第三节　裁　　切

裁切是印刷和印后加工中一项十分重要的工作，它是指通过机械作用将被裁切物笔直分开的过程。用于裁切纸张或纸板等材料的机器称为切纸机。

在印刷开始前，就需要将大幅面的纸张分切成印刷机允许的印刷幅面尺寸。印刷结束后，进入印后加工工序，如果在一张印刷页上排印有多个相同的版面，如图 2—10 所示，则必须依据成品尺寸要求进行分切（形状不规则的需要模切）。各种练习册、平装书籍，以及精装书籍的书芯也都需要进行三面裁切才能成为成品，如图 2—11 所示。

图 2—10　需要分切的印刷品

图 2—11　需要三面裁切的印刷品

除此之外，还有一些图案出血的印刷页需要进行四边裁切，不留空白，如图 2—12 所示。四边裁切和三面裁切至少应保证 3 mm 的切去量。本章中的这批电影海报未裁切的尺寸为 610 mm×860 mm，成品尺寸为 600 mm×840 mm。

图 2　12　需要四边裁切的海报

印后加工术语

出血：通常情况下，单张纸印刷品上的图文和书刊内文版心的四边都会留出一定的空白部分，若经裁切后不留空白部分，称为图文出血，出血尺寸一般为 3 mm，如图 2—13 所示。

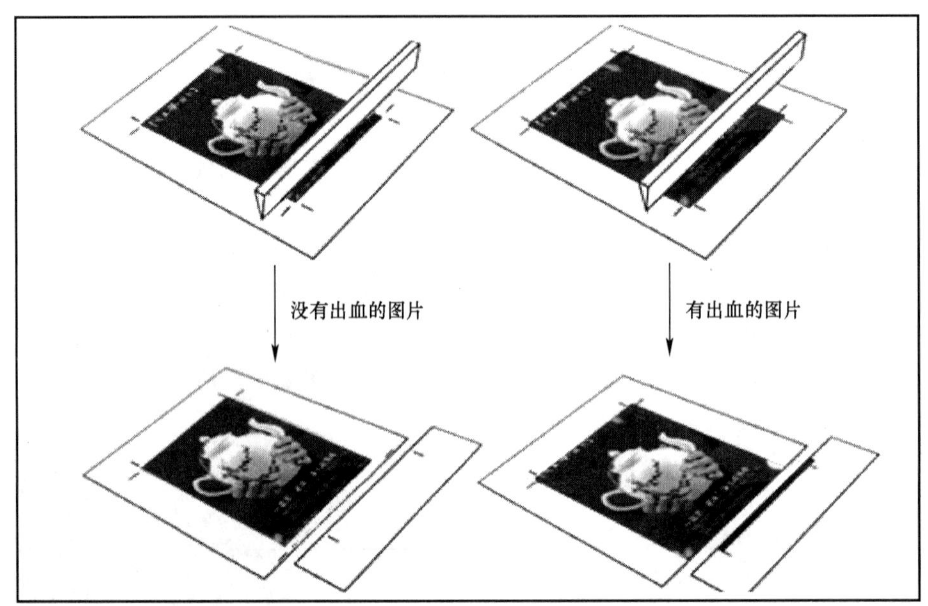

图 2—13　出血效果

一、常见裁切工作的类型

1. 四边裁切

四边裁切是指纸张或印刷页的四边被切去一段窄条边，裁切后，页张四边相互垂直，如图 2—14a 所示。四边裁切的应用领域如下：

(1) 当纸叠中出现尺寸不齐，或同一叠纸，规格虽相同，但由于运输、仓储、搬运、检查等原因造成纸叠有毛边或不齐，为了保证纸叠的平整，以及上机印刷和折页的精确性，必须进行四边裁切，使裁切后的各边相互垂直。

(2) 对于印刷好的单张印刷页，应按要求切去页张空白处的各种规矩线、色标、信号条和多余的白边，才能成为成品，如电影海报、广告宣传单的四边裁切。

2. 分切

根据工艺要求及规格尺寸，将闯齐后的大幅面纸张裁切成所需要幅面的工作过程，称为分切，又称开料。例如，海德堡小胶印机 GTO52 的最大印刷幅面为 520 mm×360 mm，若使用 787 mm×546 mm 幅面的对开纸张印刷，则必须事先将纸张分切成适宜上机印刷的幅面大小。此外，若一张印刷页上排印有多个相同版面，如图 2—14b 所示的封面、插图等的印刷，也必须按尺寸要求将其分切成单个页张。

3. 三面裁切

三面裁切又称切书。已订联成册并包上封面的半成品书籍，如各种平装书籍、骑马订装订的练习册和期刊等，由于书芯中折帖在天头、地脚、前口边缘处页张相连，所以应各自切去大约 3 mm 的纸边，才能成为成品。精装书籍的书芯也必须先进行三面裁切才能与封面套合。三面裁切多使用专门的三面切书机，也可使用单面切纸机分次裁切完成，如图 2—14c 所示。

4. 铣背

铣背主要用于胶订工艺中对书芯书背的加工处理。经折叠后的书帖在每一折缝处页张相连，若直接在书背上刷胶只能使帖与帖黏结，而每一折帖中的单张页并没有与胶液接触。铣背就是将书芯中各折帖在折缝处铣切掉一部分，使书帖分散成为单张页，下道工序刷胶时书芯中的每个页张都能接触到胶液，保证了整个书芯页张的黏结。铣背如图 2—14d 所示。

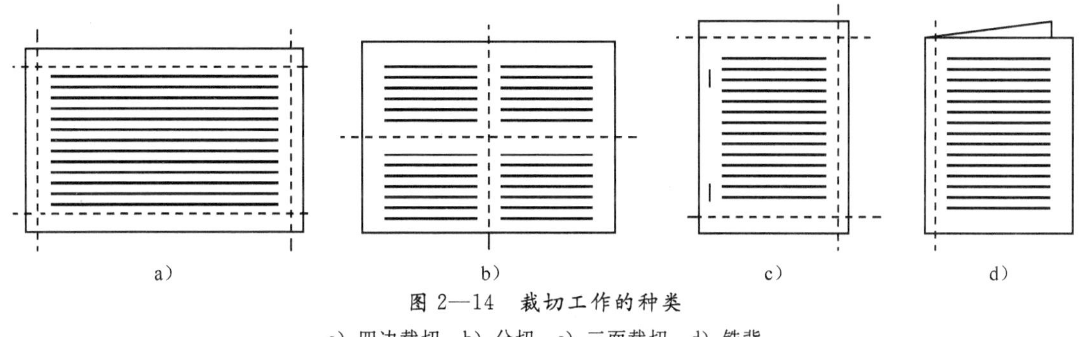

图 2—14　裁切工作的种类

a）四边裁切　b）分切　c）三面裁切　d）铣背

印后加工术语

开数和开本：开数指一张全张纸能排印出的版面数或裁切出的单张纸数量，即全张纸的几分之一。将一张全张纸开裁成多少小张或者多少页，就叫做开多少开。如图 2—15a 所示的纸张开数即为 20 开。最常用的开法，是按 2 的整数次幂来计算，全张对折一次，即为对开，再对折一次，即为四开，以此类推，如图 2—15b 所示。书籍幅面的尺寸称为开本，与其所使用的纸张开数相对应，多为 16 开和 32 开。书籍的开本尺寸（即书籍装订裁切后的实际尺寸）取决于印刷的纸张幅面。例如，使用 787 mm×1 092 mm 幅面的全张纸装订裁切后的 16 开尺寸为 184 mm×260 mm；而使用 880 mm×1 230 mm 幅面的全张纸装订裁切后的 16 开尺寸为国际开本尺寸，即 210 mm×297 mm。

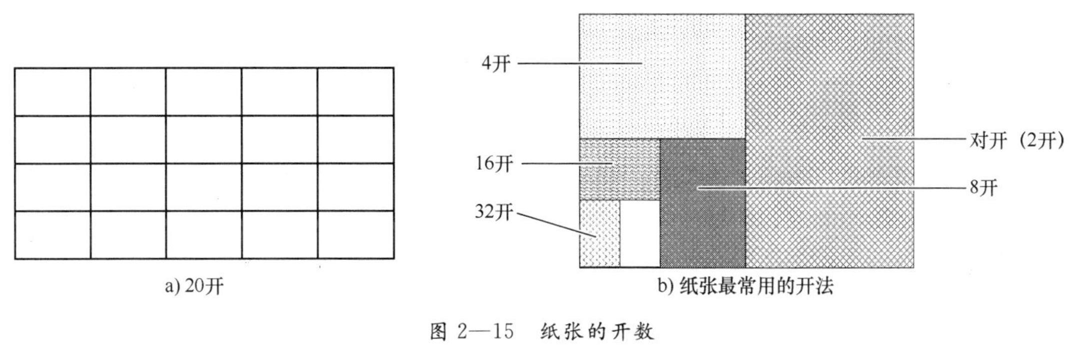

图 2—15　纸张的开数

二、裁切的工作原理

利用裁切设备可以将被裁切物裁切成所要求的尺寸。在裁切工作中主要利用了两种基本工作原理，如图 2—16 所示。

1. 刀式裁切

原理：　　　裁刀←——→刀条（垫刀板）

应用实例：单面切纸机、三面切书机等。

2. 剪式裁切

原理：　　上刀←——→下刀（固定不动）

应用实例：骑马三面切书机、纸板裁切机（见图 2—17）。

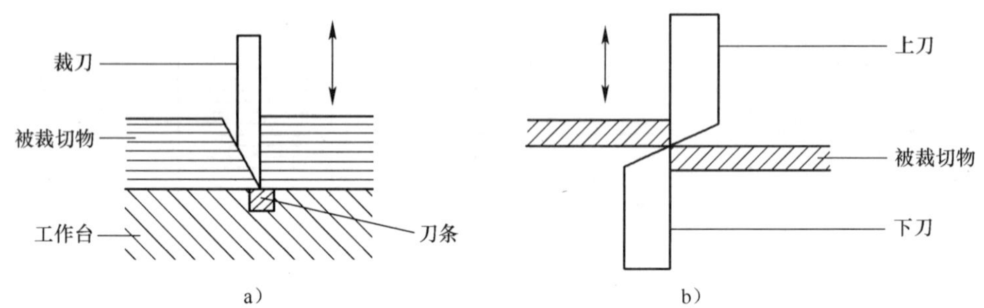

图 2—16　裁切原理

a）刀式裁切原理　b）剪式裁切原理

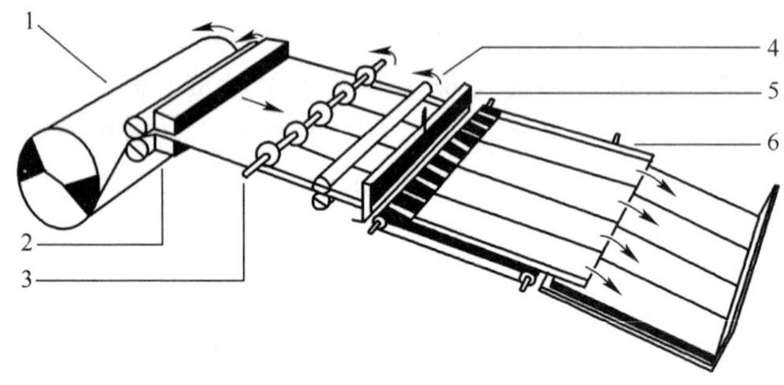

图 2—17　应用剪式裁切原理的纸板裁切机

1—纸（板）卷　2—绷紧装置　3—圆裁刀　4—输送辊　5—横裁刀　6—收纸装置

三、单面切纸机的结构及工作原理

切纸机是印刷企业的必备设备，广泛应用于印刷出版、造纸、包装、装饰装潢等多个行业。得益于近年来印刷业的迅猛发展，传统的单面切纸机已经经历了从磁带控制的高速切纸机到计算机控制的程控切纸机，再到由纸堆提升、装载、闯纸、裁切、卸纸等设备组成的全自动裁切生产线的数代更新。近几年，已经出现了带彩色显示、全图像操作引导、可视化处理过程，以及计算机辅助裁切、外部编程和编辑生产数据的裁切系统。

切纸机可分为单面切纸机和三面切书机两大类。此处主要介绍单面切纸机的结构及工艺流程，三面切书机的基本构造将在后面的章节中介绍。

1. 单面切纸机的结构

单面切纸机主要由气垫工作台、切纸器、压纸器、推纸器、刀条、侧规、安全保护装置和控制面板等部分组成，如图 2—18 和图 2—19 所示。

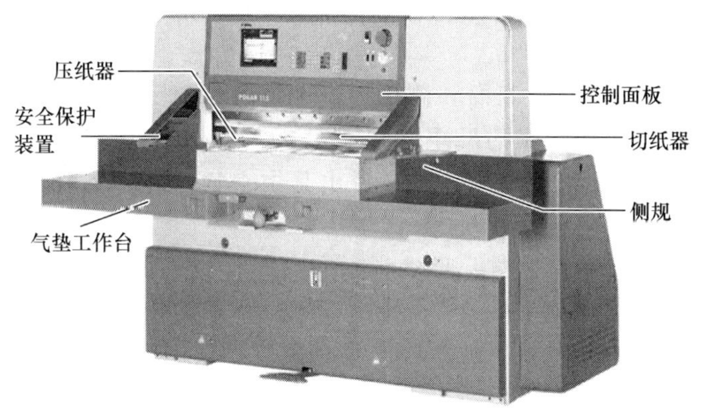

图 2—18　单面切纸机

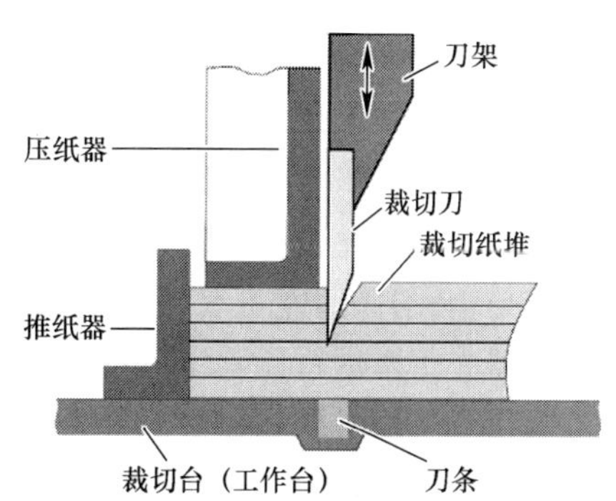

图 2—19　单面切纸机的裁切机构

(1) 气垫工作台

大型切纸机普遍采用气垫工作台（工作台面上有规律地排列着气垫钢球），当工作台上有纸叠时，钢球被压下，压缩空气从孔中溢出，将纸叠托起，大大减少了纸叠与工作台面的摩擦力，使纸叠能被轻松地推动，减轻了操作者的劳动强度。

(2) 切纸器

切纸器由刀架、裁切刀和传动装置组成。裁切刀固定在刀架上，随着刀架一起上下运动，将被裁切物切断，同时将切断的被裁切物推挤向前方。

(3) 压纸器

压纸器用于排除页张间的空气，减少裁切过程中纸叠对裁刀的撞击力，同时将被裁切物压紧定位，使其在裁切过程中不发生移动，保证裁切精度。要满足这些要求，压纸器的压力大小必须适当，起落时间和行程都必须和裁切刀保持一致。

(4) 推纸器

推纸器又叫送纸器，它根据裁切尺寸要求推送被裁切物，使其定位，并作为规矩使用。在工作中，若推纸器发生歪斜，则会导致裁切产品作废。

(5) 刀条

刀条又叫垫刀板，安装在裁切刀下的工作台凹槽内。在裁切刀下压裁切过程中，刀条将刀片托垫住，保护刀口，并使下层的纸张被切断。

(6) 侧规

侧规位于工作台左右两侧，与裁切刀位置垂直，作用是保证所裁切纸张相邻边呈直角。

2. 单面切纸机的操作步骤

(1) 闯纸

从待切的纸堆中拿取一定厚度的纸叠，放入闯纸机中闯齐或手工闯齐。

（2）上纸

将闯齐的纸叠放到切纸机工作台上。

（3）裁切

1）输入裁切数字。根据被裁切纸张尺寸输入裁切数字，推纸器位置移动后确定裁切前后位置。需要说明的是，所输入的数字应为推纸器位置确定后，推纸器的最前端到裁切刀下落刀口的直线距离，即裁切刀里端的纵向距离。

2）尺寸定位。将已经闯齐的纸叠紧靠推纸器前表面和侧挡板，进行纸张初定位，再使推纸器按尺寸要求将纸叠推送到裁切线上，完成纸张的尺寸定位。

3）压紧定位。脚踩踏板，压纸器下落，将纸叠紧紧压住，排出其中空气，进行压紧定位，防止纸叠在裁切过程中位置发生移动，影响裁切质量。

4）裁切。用左右双手同时点动按钮，裁切刀下落，将纸叠切断（在连续切纸过程中，压纸器先下降进行压紧定位，稍后裁切刀再下落裁切纸张）。裁切完毕，裁切刀上升，返回初始位置，而后压纸器也上升复位。

5）清除纸边。及时清除工作台上的纸边。

（4）卸料

1）将裁切后的纸叠移至工作台上的堆纸区域。

2）将切好的产品整齐地码放在堆纸板上，等待下一个工序。

3. 单面切纸机的裁切顺序

切纸机在裁切纸叠时，应该有一个裁切过程的设计，即先切哪一边，后切哪一边，裁切尺寸分别为多少，要充分考虑需要多少次裁切才能完成任务。尤其是一些复杂的分切、分切套四边切，在裁切之前，一定要设计好最佳裁切顺序，算好每一刀的尺寸，然后编程，系统地输入到切纸机控制面板中，而不是在控制面板中输完某一个裁切数字就立刻进行裁切。总地来说，裁切顺序应遵循如下原则：

（1）将纸张的两条规矩边与切纸机上的规矩对齐，先裁切印刷页的非规矩边。

（2）尽量先进行长边的裁切，目的是下一裁切过程中长边能与侧规尽可能靠齐。

（3）尽量减少裁切过程中纸叠移动和转动的次数，每次转动角度限制为90°。

（4）同一方向上的多次平行裁切，应尽可能在推纸器的一次移动过程中完成，避免中间转动纸叠。

下面以本批电影海报的裁切过程为例，设计裁切顺序。海报未裁切的印刷幅面尺寸为610 mm×860 mm，成品尺寸为600 mm×840 mm，裁切顺序如图2—20所示。

1）第一刀：设定推纸器移动尺寸为605 mm，先进行非规矩长边的裁切。

2）第二刀：顺时针转动，裁切短边，设定尺寸为850 mm。

3）第三刀：顺时针转动，设定尺寸为600 mm。

4）第四刀：最后裁切短边，设定的尺寸为840 mm。

至此，完成这批电影海报的裁切工作。

4. 单面切纸机安全保护装置及操作注意事项

单面切纸机的技术水平首先表现在安全性能上，包括操作者的人身安全和机器运行过程的安全，其次才是裁切精度、自动化程度和操作便利性等。新型单面切纸机普遍设置有完善

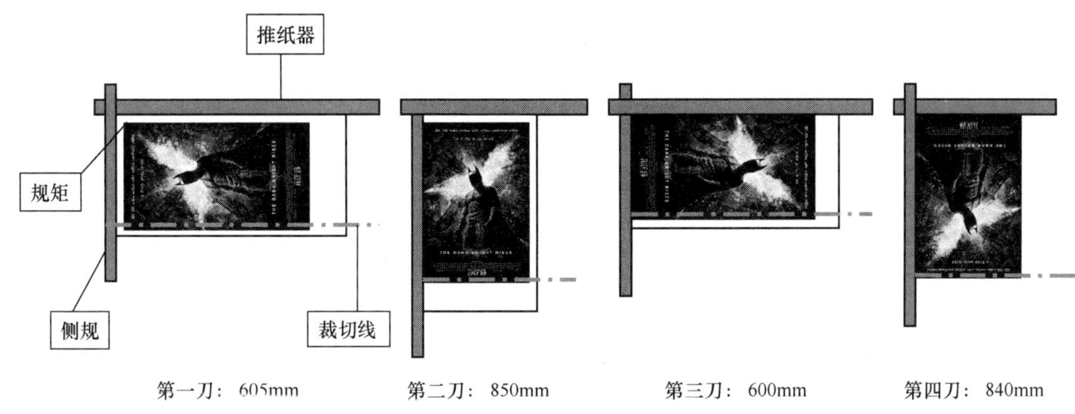

图 2—20　本例电影海报的裁切顺序

的安全保护系统，如压纸器的防坠落装置、双手联动保护控纽、红外线光电保护和内置式电子锁等安全保护装置。但仅有这些安全保护装置是不够的，操作者必须从思想上明确安全操作的重要性，使用单面切纸机时必须严格遵守操作规程，消除侥幸心理。

操作规程：

（1）单人操作设备时其余人员不得靠近工作区域。

（2）只有裁切刀和压纸器回到顶端静止位置时，才能清除纸边。

（3）换刀工作只能由受过专门培训的人员完成。

（4）设备运行反常或者觉察存在事故隐患时，应立即报告，不得私自拆卸、维修。

（5）不允许随意打开电气部分的盖板和安全装置的护板。

（6）在对设备进行日常保养、检修或拆卸时，一定要先关闭设备。以上工作结束后，要对安全装置进行检测。

四、影响裁切质量的主要因素、常见裁切误差及修正方法

实际生产中几乎不可能获得绝对完美的裁切质量，每一次裁切或多或少都会产生误差。在书籍的制作过程中，位于工作流程最前端的开料所造成的误差会导致后端（折页、精装书壳制作、装订）的误差成倍加大；位于最后端的三面裁切所造成的误差又会使印前、印刷所有的工作报废。此外，对于商标、有价证券以及纸币的裁切，准确性要求则更高。

1. 裁切质量的检验

对首批产品的全面检查和批量裁切中的抽检工作都十分重要。对本例这批电影海报主要应进行以下几个方面的质量检查：

（1）检查整体尺寸、规格是否符合施工单要求。

（2）检查相邻两条裁切线是否垂直。

（3）检查产品的图文部分是否被裁切掉或与切口边太近。

（4）检查裁切截面是否光滑，有无刀花、连刀和豁口。

（5）检查是否存在上下尺寸不一致，即“上下刀”。

印后加工术语

刀花：裁切纸叠时，由于裁刀不锋利或有缺口，造成所切纸叠的切口截面不光滑且有凹凸不平的花纹，这种花纹称作刀花。

连刀：裁切书芯时，相连页张未被切断，使书籍无法翻阅。

2. 影响裁切质量的主要因素

裁切误差产生的原因很复杂，有时不是单个因素的影响，而是多个因素的共同作用。影响裁切质量的因素主要有以下几个方面：

（1）操作者自身原因

如纸叠事先未闯齐、上纸时印刷页的规矩边未与切纸机的规矩靠齐、尺寸计算或输入有错误、压纸器压力设置错误、一次裁切纸叠过厚等人为因素，都会影响裁切质量。

裁切产品的高度对成品规格的准确性影响很大。随着纸叠高度的增加，裁切尺寸的误差随之加大。因为纸叠越高，压纸器的压力就要随之加大，纸叠的抗切力也会相应增大，更易变形弯曲，容易产生纸叠上下尺寸不一致的误差，因此，裁切产品的高度应该小于该机器所规定的有限高度。

裁切工作虽然并不是一项十分复杂的工作，但需要操作者严格遵守规范，依据裁切原则进行裁切，尽可能减少由于人为因素造成的裁切误差。

（2）设备的性能

裁切刀垂直下落时，纸叠所受的撞击力较大。因此，目前切纸机裁切刀的运动形式多采用复合式下落方式，如图 2—21 所示。

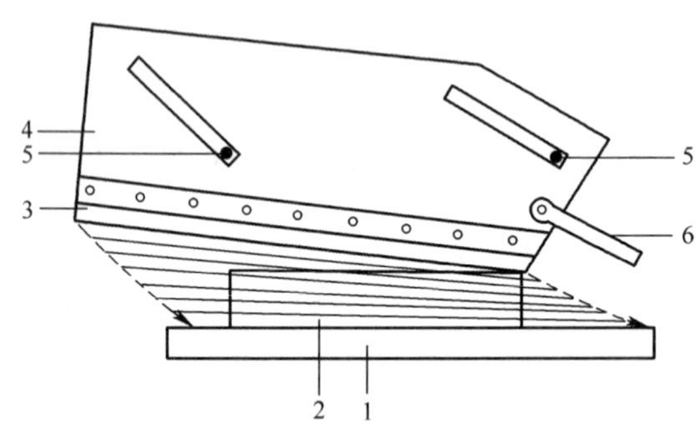

图 2—21　裁刀的运动形式

1—工作台　2—被裁切物　3—裁切刀　4—刀床　5—摆杆　6—压纸杆

裁切刀下落时，既有移动，又有微小的转动。裁切刀开始时并不平行于工作台面，刀刃与工作台有一个微小的夹角。在裁切过程中，刀片做微小的转动，使夹角逐渐减小。当裁切刀与刀条接触时，夹角减小到 0°，将最下层纸张切断，这时刀刃与工作台平行。这种下落方式，由于刀刃与被裁切物并不是全长接触，因此减少了被裁切物抗切力和对刀刃的冲击力，裁切时上层纸叠不易被拉出；同时，被裁切的纸叠对刀刃的碰撞小，机器工作稳定，裁切整齐、准确。

（3）刀刃的锋利程度

刀刃磨削越锋利，裁切时被裁切物对裁切刀的抗切力就越小，机器磨损和功率消耗就越小，被切的产品越整齐，切口越光洁。反之，刀刃磨削不锋利，裁切质量和裁切速度就会下降，裁切时就容易把纸叠上面的纸张拉出，出现上下刀口不一致的现象。

（4）压纸器的压力

压纸器必须沿纸张的裁切线压紧。在裁切过程中，压力过小，裁切刀下落时容易造成纸叠中上层纸张脱出；压力过大，纸叠被压得过紧，又会对刀刃造成极大的冲击力，产生误差，损伤刀片。

（5）刀条的品质

刀条材质过软会造成纸叠的最后一张裁不透，过硬则会损坏裁切刀刀锋。

（6）被裁切物的特性

1）纸张的种类。裁切不同种类纸张时，应采用与之相适应的压纸器压力和刀刃角度。一般认为，裁切质软而薄的纸张时，压纸器压力应大些。如果压力过小，纸叠上面的纸张会产生弯曲变形，纸叠上层的变形大，裁切后出现“上长下短”的现象。裁切质硬而平滑的纸张时，压纸器压力应小些。如果压力过大，在裁切刀进入纸叠时刀刃就容易向压力小的一面偏离，裁切后的纸叠出现“上短下长”的现象。在裁切硬质纸张时，裁切刀的刀刃角度应大些，否则，由于刀刃薄，克服不了纸张的抗切力，形成纸叠下部切不足或崩刃的现象，影响裁切质量。

2）纸叠内部存在着高度差。如裁切骑马订书册，由于铁丝订联会使书背处高出书册前口；另外，若印刷图案局部上光或烫金，也会使纸叠高度不均匀。

纸张的性质差异是造成各种误差的主要因素，而纸张的紧密度又是其中最重要的因素。一般情况下，铜版纸的纸张紧密度比胶版纸高，因此在同样条件下，胶版纸较铜版纸更容易出现裁切误差。

3. 常见裁切误差及其修正方法

常见的裁切误差主要有三种：

（1）上长下短

上长下短即裁切后纸叠的上部比下部长，如图 2—22 所示。上长下短误差的原因和排除方法见表 2—2。

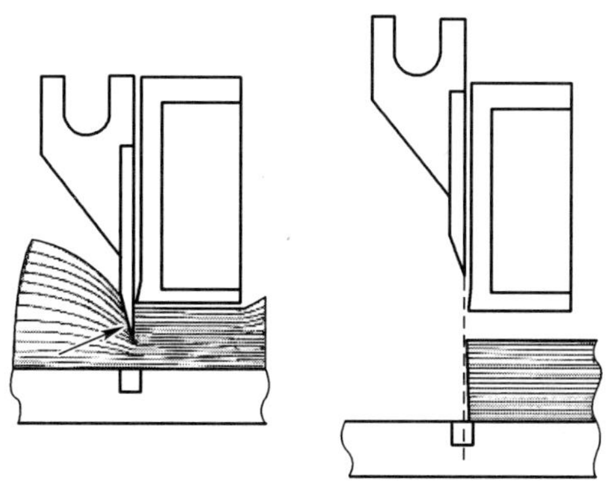

图 2—22　上长下短

表 2—2　　上长下短误差的原因和排除方法

误差产生原因	误差排除方法
压纸器压力过小	增大压力
刀刃角度错误	换裁切刀，改变刀刃角度
纸张表面粗糙或不平（如烫金、上光或上胶后的纸张）	调节压力或降低裁切高度
推纸器位置错误	调节推纸器与工作台垂直

(2) 上短下长

上短下长即裁切后的纸叠上部比下部短，如图 2—23 所示。上短下长误差的原因和排除方法见表 2—3。

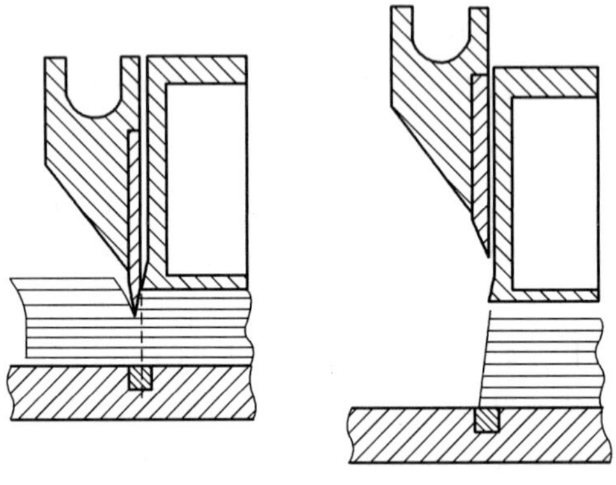

图 2—23　上短下长

表 2—3　　上短下长误差的原因和排除方法

误差产生原因	误差排除方法
压纸器压力过大	减小压力
裁切刀钝	换裁切刀或重新磨刀
刀刃角度错误（过小）	换裁切刀，改变刀刃角度
推纸器位置错误	调节推纸器与工作台垂直

切纸机长期使用后，会造成推纸器与工作台不垂直，应经常检查。

(3) 蘑菇边

蘑菇边即裁切后的纸边上端弯曲，如图 2—24 所示。蘑菇边误差的原因和排除方法见表 2—4。

实际生产中还可能发生其他裁切质量问题，如裁切后的纸边呈阶梯状、波浪形，以及裁切面凹陷等。因此，裁切工作中，操作人员一定要强化对首批裁切品的质量检查力度，避免盲目大批量施工造成损失。

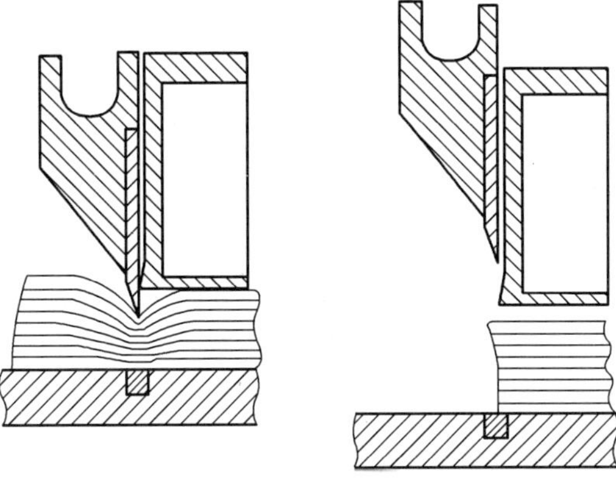

图 2—24　蘑菇边

表 2—4　蘑菇边误差的原因和排除方法

误差产生原因	误差排除方法
压纸器压力未作用到纸张的裁切边	在压纸器上增加附属装置，安装垫板
压纸器压力还未完全施加到纸叠，裁切刀已下落	再一次使用压纸器
压纸器压力过小	增大压力

第四节　产 品 包 装

这批电影海报的印后加工在经过了计数、闯页、裁切等过程后，还需经过成品包装，才能送交到客户的手中。对于不同的产品，应根据它的特性和客户的要求，采用不同的包装形式，以方便运输、销售和保管。实际生产中，常见的包装方法主要有塑料绳捆扎、牛皮纸小包装、塑料袋单本包装和装箱包装等几种形式，如图 2—25 所示。针对电影海报这类散页产品的特性，实际生产中客户常要求塑料绳捆扎或牛皮纸小包装。

一、塑料绳捆扎

将裁切完成后的书册或散页印刷品整齐地摞在一起，称为包件。包件的上下两面分别垫有尺寸相同的草纸板或黄纸板，防止包件蹭脏，同时也能避免塑料绳在印刷品上留下印迹。草纸板表面较粗糙，呈黄色，现常用于平装书的打包。黄纸板呈烟黄色，与牛皮纸颜色相近，表面平滑、坚硬，刚度好，现常用于制作装订封套，也用于制作精装书封壳。

在包件上面的纸板上还要贴上封签。封签上标明了每包内的成品数量、名称、定价，以及包装日期、送书单位等，包件内印刷品的数量以客户要求为准。为了避免运输、销售、保管包件时发生损坏、破裂等，每个包件的高度不宜过高。

摆好后的书册压紧，并使用专门的捆书机或人工方法捆扎成“井”字形，放在专用的堆书板上。

a）

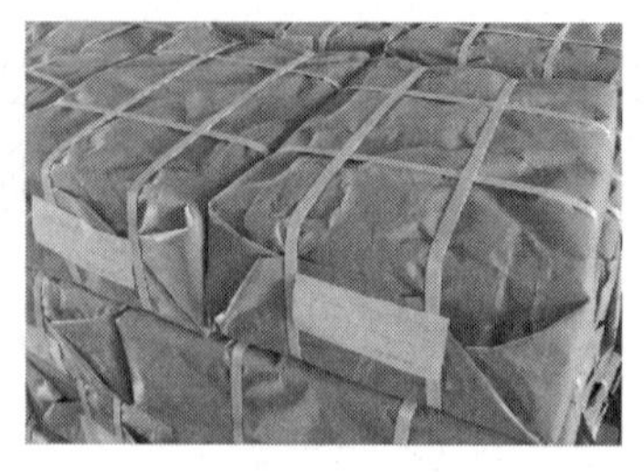

b）

c）

d）

图 2—25 常见的印刷品包装方式

a）塑料绳捆扎 b）牛皮纸小包装 c）塑料袋单本包装 d）装箱包装

二、牛皮纸小包装

一些较为精致的印刷品，如精装书籍、画册等，则多使用牛皮纸小包装。牛皮纸纸面呈黄褐色，质地坚韧，强度大，主要用于制作小型纸袋、文件袋和工业品、纺织品、日用百货的包装，是高强度包装纸。包装书籍常选用牛皮纸，主要是因为此类纸张有韧性，不脆，且不易破裂。精装书籍要求使用较厚（80 g/m^2 以上）的牛皮纸包装，而平装书籍及一般产品较多使用 70 g/m^2 左右的牛皮纸包装。

包装时，将书册整齐地摆放在牛皮纸上，从左右两边向中间折叠，使包件的棱角分明，包装纸的搭口位于包件两边书口处，并用黏结剂粘牢，封签贴在搭口上。根据需要，可以使用塑料绳等对包件再进行捆扎加固。牛皮纸打包操作如图 2—26 所示。

a）

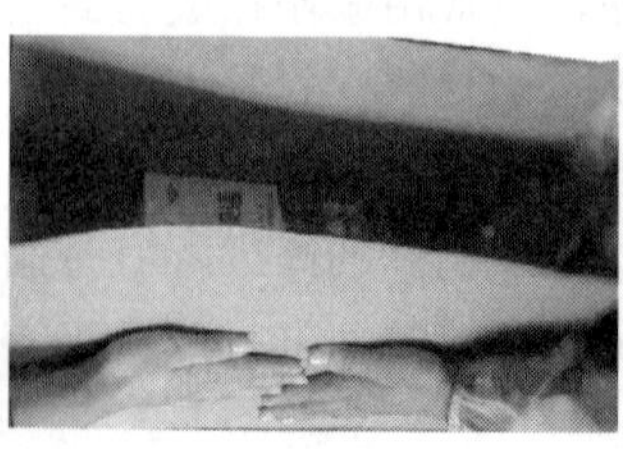

b）

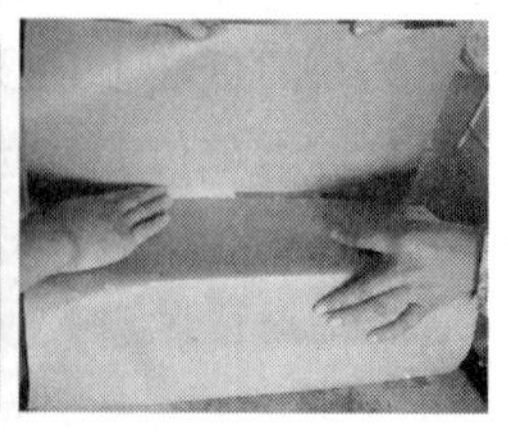

c）

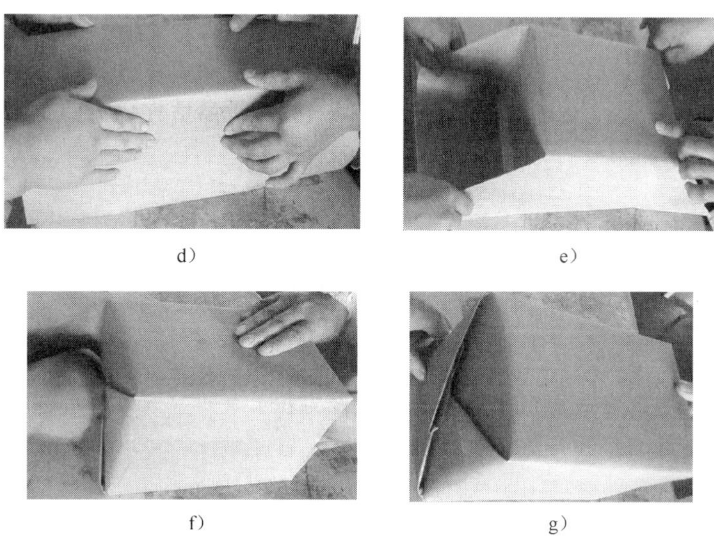

图 2—26　牛皮纸打包操作

三、机械化包装

随着装订机械化程度的提高，劳动强度大、生产效率低的手工包装方法已逐渐被机械包装所替代。在胶订和骑马订联动生产线上一般都配有专门的捆扎机械，企业也可以自行选择配置全自动打包机，如图 2—27 所示。

图 2—27　全自动打包机

全自动打包机是对物品进行捆扎的专用设备，其捆扎的方式与人工捆扎完全相同，采用活结结束，松结方便，并且可以自由调节捆扎松紧程度。全自动打包机所用捆绑材料为合成纤维和具有伸缩性的PE塑料绳，整机使用方便，故障率低，经济可靠，适用于印刷品、食品、衣物等各类商品的捆扎，目前广泛应用于印刷厂、书店、百货公司等企业。

虽然已有机器代替人工完成包装及捆扎，但一些小批量活件仍需要手工完成。捆扎技能仍是装订操作人员和图书发行人员的一项基本职业技能。

技能训练

单面切纸机操作

一、目的和要求

1. 了解单面切纸机的结构及功能。

2. 掌握用单面切纸机裁切纸张的基本原则及方法。

3. 掌握裁切质量的检验方法。

二、设备和材料

1. 设备

对开单面切纸机一台。

2. 材料

四边不齐整的印刷页或废书页；437 mm×612 mm尺寸（4开）的纸张，纸张种类不限（印刷后的废品也可以）。

三、认识切纸机各部分的名称及功能

带有气垫球的工作台、刀架及裁切刀、压纸器、推纸器和侧挡规、刀条、脚踏板及双手同步联动按键、操作面板基本操作键、安全装置。

四、注意事项

1. 开机前，应先检查压纸器是否在正确的位置，光电管安全装置是否灵敏、安全、有效。

2. 根据所裁切产品的尺寸，检查尺寸输入是否有误。

3. 裁切前，先将推纸器退至后端，使其慢速前进。

4. 操作时，学生应单人完成，除指导教师外，其余人员不得接近工作区域。

5. 每完成一次裁切，应先等裁切刀上升后再松开脚踏板和两按键，否则会损坏裁切刀。

6. 注意安全清除纸边。

7. 牢记裁切工作应遵循的原则并加以应用。

五、裁切

1. 裁切四边不整齐的纸叠

当纸叠四边均不整齐时，先将纸叠平放在工作台上，如图2—28所示，进行下列步骤的操作：

（1）裁切纸叠长边，切去一段窄条。

（2）切好的长边顺时针转动90°，并与左侧规靠齐，进行短边的裁切。

（3）确定短边的裁切尺寸：通过控制面板上的数字键输入尺寸或利用工作面上的标尺确定推纸器移动的距离。尺寸确定后，将纸叠的长边和短边分别与推纸器和侧规靠齐。

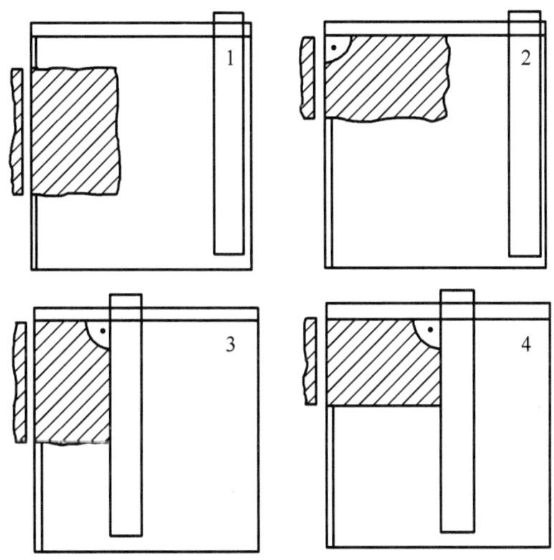

图 2—28 不规则纸叠的四边裁切

（4）切完的纸叠再次顺时针转动，与短边的裁切方法相同，完成最后一边的裁切。

2. 散页印刷品的四边裁切

未裁切印刷品的幅面尺寸为 61.0 cm×86.0 cm，成品尺寸为 60.0 cm×84.0 cm。裁切过程如图 2—29 所示：

（1）第一刀：纸叠的两个规矩边与切纸机的推纸器和侧规对齐。设定推纸器移动尺寸为 60.5 cm，先进行长边的裁切。

（2）第二刀：顺时针转动，裁切短边，设定尺寸为 85.0 cm。

（3）第三刀：顺时针转动，设定尺寸为 60.0 cm。

（4）第四刀：最后裁切短边，设定的尺寸为 84.0 cm。

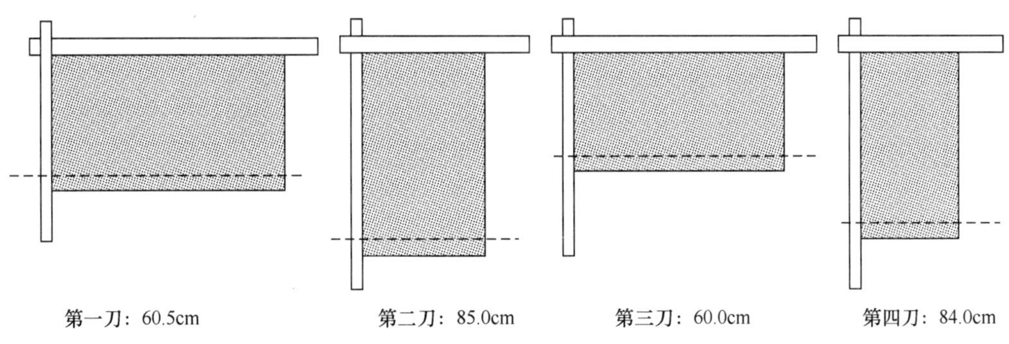

图 2—29 散页印刷品的四边裁切

3. 散页印刷品的分切

未裁切印刷品的幅面尺寸为 437 mm×612 mm，成品尺寸为 210 mm×297 mm，裁切过程如图 2—30 所示。

（1）打开切纸机主开关，等待安全装置自检结束，调节设置压纸器压力为中等。

（2）取 30～40 mm 高的纸叠放置在工作台上，印刷页的规矩边对准切纸机的推纸器和侧规。

（3）先裁切长边，输入裁切尺寸，试移推纸器，确定其移动的前后位置。本例产品将推纸器位置设定于 43.0 cm 处。

（4）将纸叠紧靠推纸器和侧挡规。

（5）踩下脚踏板，放下压纸器将纸叠压紧，定位。

（6）双手按住工作台前方的左右键，裁切刀下落，完成一次裁切。

（7）松开脚踏板，裁切刀上升离开纸叠，随后压纸器上升，返回初始位置。

（8）清除切纸留下的碎纸屑。

（9）将纸叠顺时针转过 90°，执行第二刀：60.2 cm。

（10）执行第三刀：42.0 cm。

（11）执行第四刀：21.0 cm，然后将分切后的两叠纸叠放在一起，顺时针旋转 90°。

（12）执行第五刀：59.4 cm。

（13）执行第六刀：29.7 cm。

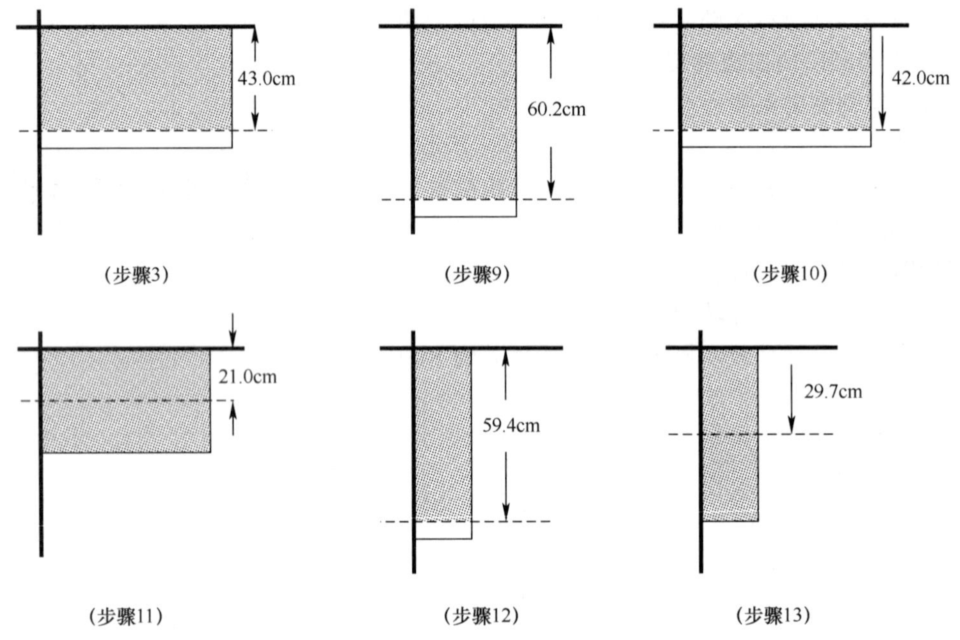

图 2—30　散页印刷品的分切

知识拓展

裁切设备的现状及技术发展

裁切设备目前广泛用于印前承印材料的准备、印后印张的分切，以及其他纸类和非纸类产品的开料加工。随着市场竞争的日益加剧，用户对质量和产能提高的需求越来越强烈，促使了裁切设备供应市场的繁荣。

一、单面切纸机技术变革

切纸机的技术发展经历了一系列的变革，从机械式到液压式，再到计算机程控式，技术含量和自动化程度都越来越高，一直沿着生产准备时间更短、裁切精度更高、劳动强度更低、操作更安全的方向发展。

1. 切纸机的结构性能不断改良和提高

最早的普通机械切纸机，虽然结实耐用，但由于没有高精度的尺寸定位系统和尺寸设置装置，所以裁切精度低，不能满足高档印刷品的裁切要求，且机器噪声大。目前采用的液压式切纸机，压力大且恒定，压纸器的压力调节范围加大，能适应不同种类纸张的裁切要求，裁切过程更稳定，裁切质量得到保证。此外，数控电动机驱动在切纸机上的运用使得推纸器的运行更加平稳、轻快，定位更加准确，且噪声更低，大大提高了裁切精度。如今，切纸机的自动化水平不断提高，液压驱动、程控和计算机控制的切纸机已经成为市场的主流。

2. 切纸机的安全性逐步完善

切纸机是印刷企业中操作安全性要求较高的设备之一。早期的普通机械式切纸机冲击力大，安全机构可靠性低，安全保护性受到限制。随着技术的发展，切纸机的安全性已经得到不断的改进和完善，裁切安全装置也由一层保护发展到多层保护，如多回路红外线光电保护装置、双手同步联动保护按钮、刀体防跌落安全内置式电子锁和压纸器防坠落装置等。有些机型还配有裁切过载保护装置，对操作者和机器进行更为全面的安全保护。

3. 功能不断扩展，操作更加人性化

普通机械式切纸机没有自动送纸机构，操作时工人的劳动强度大，生产效率低，不能适应大批量业务的加工，而且由于存在安全隐患，导致工人操作时有较大的精神压力。现代新型的切纸机不仅在切纸精度上稳步提高，同时功能不断扩展，操作方式上更加智能化和人性化。例如，液压无级调整系统能帮助操作者根据所要裁切原材料的特性选择合适的压力，提高裁切精度；程控式切纸机能储存数十种常见印刷品的裁切尺寸及程序，供操作者随时调出，提高了裁切速度和效率，并有效地减少了人为差错。切纸机在外观设计及功能、操作性方面也有较大的改善。例如，有的切纸机能根据人体工程学的原理设计操作界面，配有彩色显示屏，提供自我诊断功能，缓解操作者的精神疲劳；有的切纸机的模块化结构设计为维护和保养提供了方便。此外，新型的切纸机还配置有自动清废装置，操作者在裁切过程中不需要人工清除纸边，当裁切中出现废纸边时，打开切纸机的前工作台，纸边就可以自动落入下面的废料箱中，这个功能可以提高生产效率30%。

二、裁切生产线的发展

当今的裁切设备技术含量越来越高，裁切过程也越来越经济。为满足大批量、高效化、自动化的裁切需要，目前已有由纸堆提升、中转堆纸、装载、缓冲、闯纸、裁切、传送和卸纸等工位组成的裁切生产线，供从事快速印刷、商业印刷的企业，以及专业印后加工企业选用。

以如图2—31所示的德国Polar（波拉）公司生产的裁切系统为例，各个工位采用模块式组合，排列位置和方向可以根据要求灵活设计安排，合理利用空间，在裁切机的四周排列着纸堆提升、闯纸和卸纸装置。

纸堆提升机能将材料提升或降低到所要求的工作高度，即到达对操作员工作比较理想的

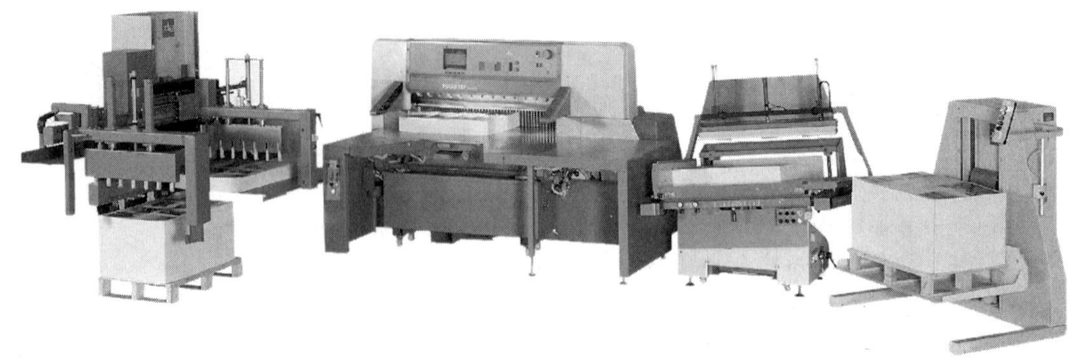

图 2—31　Polar（波拉）裁切系统
从右至左：纸堆提升机、闯纸机、切纸机和卸纸机

高度而不需要人工搬运。它可以安装在切纸机左侧或右侧，整机可移动，在提升过程中可以自由停站，提升能力可达 1 000 kg。采用提升机对切纸机装纸或卸纸可提高生产效率15％～20％。

生产线中的垛齐装置则采用闯纸机。理纸时，自动闯纸机会将纸张完全闯齐，它是确保裁切质量的一个重要环节。闯纸机的工作原理在前面已有介绍，不再赘述。

借助自动卸纸装置，经过裁切的纸堆就会被夹紧，然后自动沿着气垫平台移动到堆纸台上，操作人员可以不停顿地裁切下一叠纸张，非常适合批量大的印刷品的印后加工。

据统计，普通单面切纸机的有效裁切时间只有 20％左右，即每 100 min 的工作时间只有 20 min 真正用于切纸，其余时间主要用于为裁切做准备，如上纸、码齐、卸纸和堆放等。采用裁切生产线后，有效的裁切工作时间能提高到 80％左右。

裁切生产线的出现使裁切生产准备时间更短，大大提高了生产效率和裁切精度，降低了劳动强度，同时也有效地降低了人力成本。

随着印刷业的高速发展，裁切设备作为印后加工的主要设备之一，在机械性能和安全性能不断提高和完善的同时，在数字化、自动化、智能化和集成化方面也发展迅速。今后，会有越来越多的新技术应用于现代裁切设备的制造中。

实践操作题

1. 拿一张全张纸，画出 12 开 、20 开、32 开的大小。
2. 拿一张印刷页，说明怎样判断规矩边。
3. 取 300 张左右的铜版纸或胶版纸，尝试手工闯纸和计数操作。
4. 参观工厂的单面切纸机，观察其主要结构。
5. 试样未裁切尺寸为 610 mm×860 mm，成品尺寸为 210 mm×297 mm。在图 2—32 中标出裁切顺序，并写出推纸器设定的尺寸。
6. 按照上题设计的裁切顺序，在教师的帮助下完成纸叠的裁切工作。
7. 观察一些裁切质量不佳的印刷品，分析问题出在哪里。

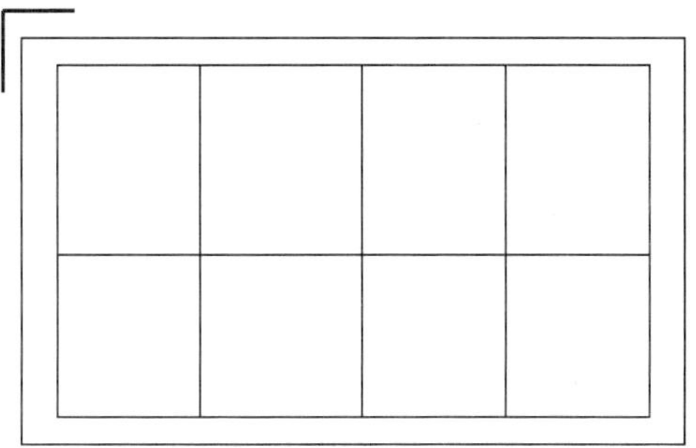

图 2—32 裁切顺序

思考练习题

1. 散页印刷品的印后加工流程是什么?
2. 裁切工作可分为哪几种类型?
3. 单面切书机应用了何种裁切原理?
4. 压纸器和推纸器的主要作用是什么?
5. 安排裁切顺序时要遵循哪些原则?
6. 常见的裁切误差有哪些? 应如何减少或避免?

第三章　折页宣传册印后加工

学习目标

掌握折页宣传册的印后加工流程，掌握单张纸折页机的结构，认识常见的几种折页方式，了解折页机的工作原理，了解栅栏式折页机与刀式折页机的特点。掌握手工折页的方法，能正确折出几种常见的平行折、垂直交叉折、混合折折帖。能够正确调节栅刀混合式折页机的输纸部分。能够根据折页辊排列图示正确选择使用的栅栏，并调节折页挡规的位置。能够正确调节折页辊的间距。能够检验折页产品是否符合质量要求。

上一章主要介绍了散页印刷品的印后加工，而在实际生活中，很多印刷品（如广告宣传册、产品说明书等）都会按照其版式的要求，折叠成各种样式，如图 3—1 所示。此外，常见的各类书籍的书芯，也是由不同数量的印刷页经折叠组成的。可见，不论是广告宣传册的印后加工，还是书籍内文的印后加工，都需经过折页这道工序。这种将印刷页按要求折叠成规定幅面的工作过程叫做折页，单张印刷页经折页后的半成品叫做折帖。

图 3—1　各种折页样式

作为一种投入少、针对性强的宣传方式，广告宣传册得到了越来越广泛的应用，其印后加工工艺流程如图 3—2 所示。本章以某品牌汽车广告宣传册的生产制作为例，如图 3—3 所示，介绍折页宣传册产品的印后加工工艺流程。

这批宣传册共需印制 6 000 份，用 128 g/m^{2}的铜版纸在四开印刷机上印刷，未裁切的印刷幅面尺寸为 610 mm×470 mm，折叠后的成品尺寸为 99 mm×210 mm。

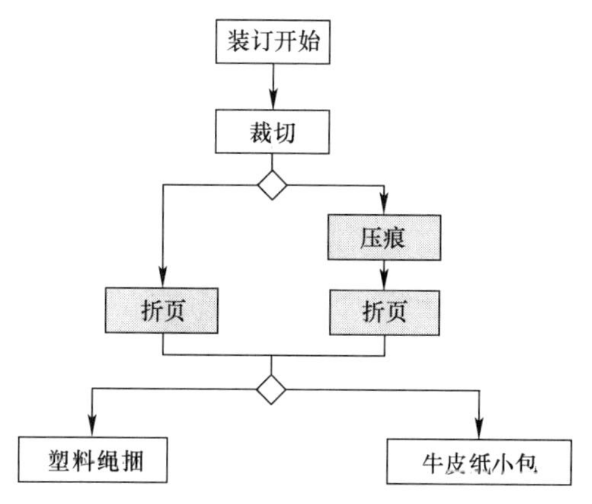

图 3—2 折页宣传册的印后加工工艺流程

图 3—3 某品牌汽车广告宣传册

第一节 手工制作折帖

汽车广告宣传册在印刷车间印刷完成后，首先需要检查并验数，然后进行裁切，如图 3—4 所示。另外，考虑须切除印刷品净尺寸线以外的废料边，所以还要进行四边裁切。裁切后的尺寸为 210 mm×297 mm。此部分内容在前一章中已有详细介绍，此处不再赘述。

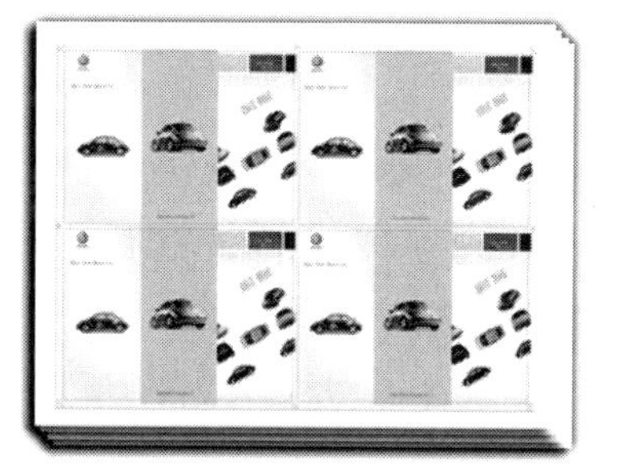

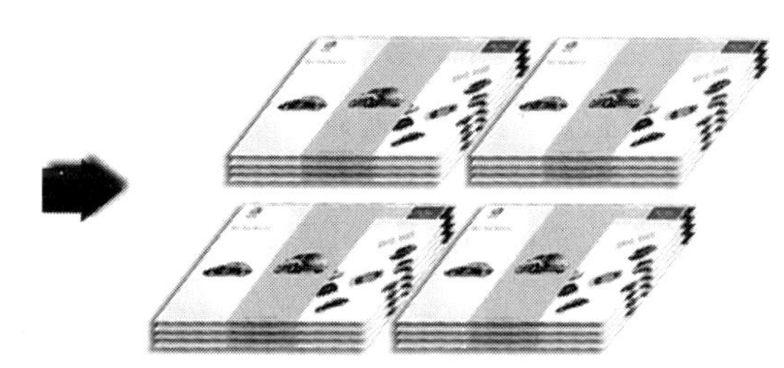

图 3—4 汽车广告宣传册裁切工序

汽车广告宣传册裁切工序完成后，需要依据折页标记线或图文内容进行折页。折页的方法有手工折页和机器折页两种。无论采用哪种折页方法，都需要首先学习并掌握折帖和折页的基本知识。

一、折帖样式类型

1. 根据“横边”与“竖边”的比例关系分类

不论是书刊还是宣传册，经多道工序加工成成品后，都有“横”与“竖”两条边。习惯上将与版面中文字排列平行的一边称为“横边”，而与之相垂直的另一边称为“竖边”（古线装书除外）。规格尺寸描述时也是先写横边再写竖边，如 210 mm×297 mm，说明 210 mm 这条边与版面中文字的排列方向平行。

根据“横边”与“竖边”的比例关系，宣传册的成品形式主要有以下几种，如图 3—5 所示。

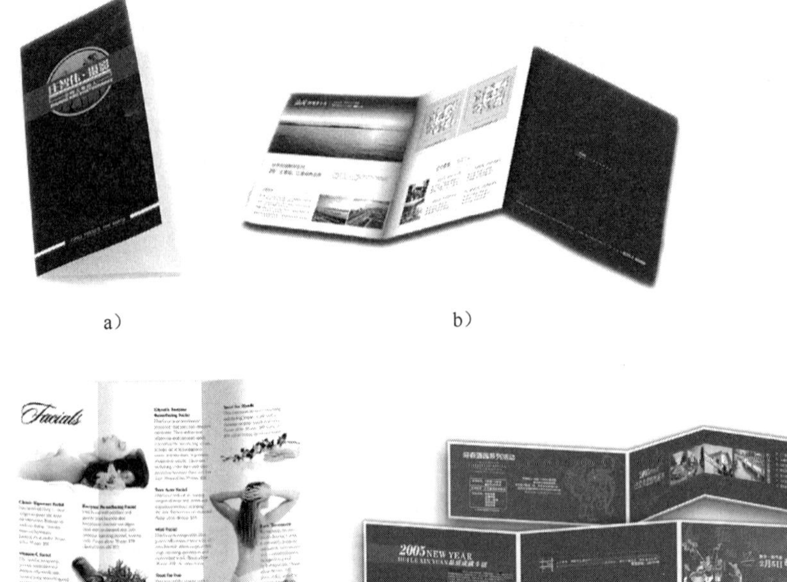

图 3—5　宣传册的各种开本形式

a) 竖开本（如 210 mm×297 mm）　b) 方形本（如 200 mm×210 mm）
c) 窄形本（如 120 mm×297 mm）　d) 横开本（如 297 mm×210 mm）

宣传册各种开本形式的区分没有绝对的标准。通常情况下，竖开本的竖边至少要比横边长 20 mm，而横开本的横边则至少要比其竖边长 20 mm。一些广告宣传品和儿童读物的书帖也常使用窄形和方形两种折帖样式。方形本的尺寸并不是绝对的正方形，如 210 mm×200 mm 的方形本，只要其长度尺寸与宽度尺寸之差在 20 mm 之内，都可以称为方形本。窄形本的竖边和横边则应有较大的尺寸差异，某一边至少应比另一边大出 1 倍以上，才能称为窄形本，这一点是窄形本与竖开本在尺寸上的主要区别。本章所列举的汽车广告宣传册（99 mm×210 mm）即属于窄形本。

2. 根据折页时的对称性分类

印刷页可以对称或非对称地进行折叠，如图 3—6 所示。若印刷页在其中线位置进行折叠，称为对称性折帖，如生日贺卡等印刷品；反之，若折缝线不位于印刷页的中央，则称为非对称性折帖，常用于一些广告宣传品的折帖样式。

3. 根据折帖所含版面的个数分类

根据折帖所含版面的个数不同，折帖可分为单联折帖、双联折帖或多联折帖，如图 3—7 所示。双联折帖及多联折帖是指印刷页折成后成为具有两个（或多个）相同版面的折帖，之后再从中间彼此断开成单个折帖。这种折页形式常用于轮转印刷机印刷书刊内文，以及一些小开本的书刊产品。

a）　　b）

图 3—6　对称性折帖和非对称性折帖

a）对称性折帖　b）非对称性折帖

图 3—7　单联折帖和双联折帖

二、折页方式

在装订生产中，折页有多种形式和实现方法。根据印张版面的排列方式、折页过程中的印张转动情况和折缝位置，一般可将折页方式分为平行折、垂直交叉折和混合折三种。

1. 平行折

平行折主要应用于广告宣传品和书刊内文印刷中的双联本。平行折中每一折的折缝均与上一折的折缝平行。平行折主要有双对折、扇形折、卷心折和窗形折四种，上述汽车广告宣传册即属于扇形折。

（1）双对折（见图 3—8）

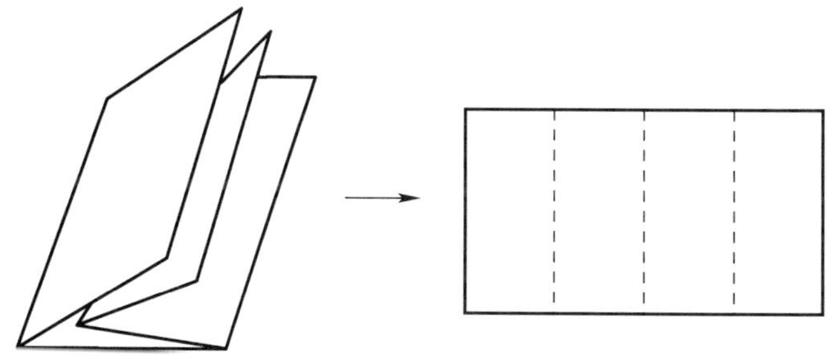

以印刷页的长边为基准，每折一次，总长减少一半，折帖的面数增加一倍。本例中，第一次折后得到4面/2页，第二次折后得到8面/4页。

图 3—8　8 面/2 次双对折

(2) 扇形折（又叫翻身折、经折，见图 3—9）

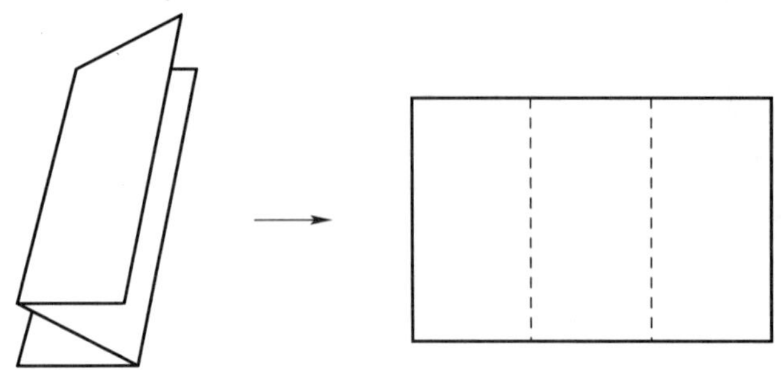

每折一次，折帖翻一次身，再向相反方向折第二折，依次来回反复折叠。本例中，折帖为6面，以印刷页总长的1/3为基准；若折帖为8面，则以印刷页总长的1/4为基准。

图 3—9　6 面/2 次扇形折

(3) 卷心折（又叫包心折、连续折，见图 3—10）

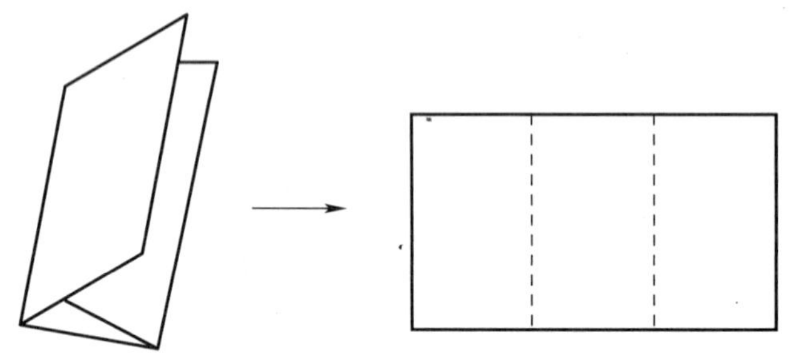

本例中的卷心折以印刷页总长度的1/3为基准，围绕着内页进行折叠。卷心折和扇形折不同的是，每次折叠不需翻身。卷心折的折帖面数与扇形折相同。

图 3—10　6 面/2 次卷心折

(4) 窗形折（见图 3—11）

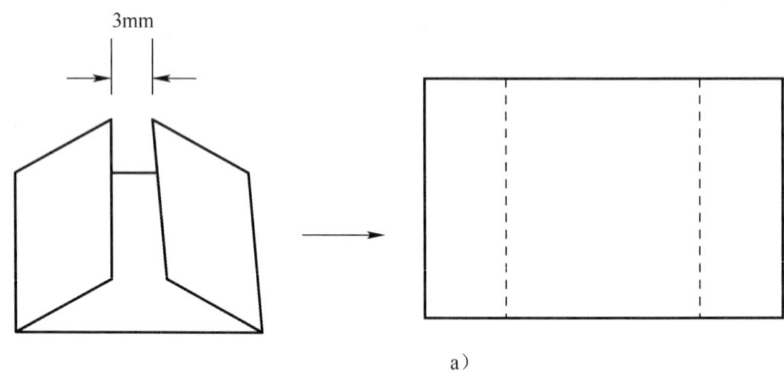

对于6面窗形折，折帖的左右两边分别向中央折叠。为了防止折页时内页出现折角，折帖左右两个向内折叠的“盖片”间至少应留有3 mm的距离，如图3-11a所示。

a)

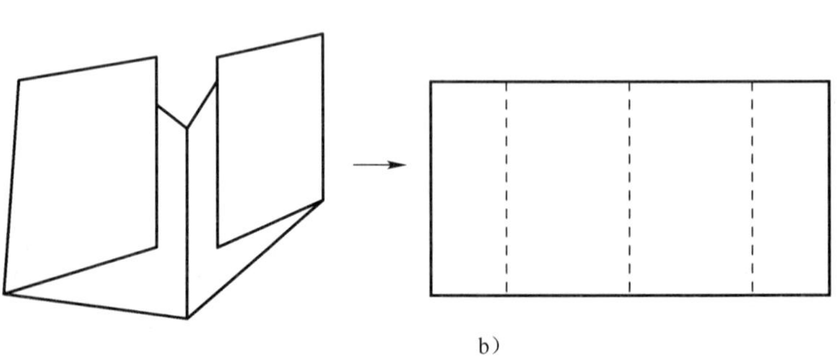

对于8面窗形折，前两折的折法与6面窗形折相同，最后在中央位置再对折一次，如图3-11b所示。

b)

图 3—11　窗形折

a) 6 面/2 次窗形折　b) 8 面/3 次窗形折

2. 垂直交叉折

垂直交叉折主要用于各种书刊的内文折帖，属对称性折帖。它的每一折均与上一折垂直，每折一次，折帖的总面数增加一倍。根据书芯纸张的厚薄，书籍内文的折叠次数一般为2～4折，如图3—12所示。

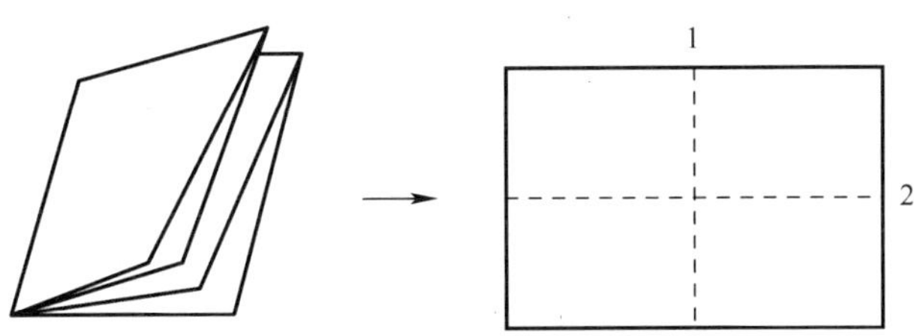

图3—12　8面/2次垂直交叉折

垂直交叉折的折叠次数与获得折帖面数的关系见表3—1。

表3—1　　垂直交叉折的折叠次数与获得折帖面数的关系

折叠次数	用乘方表示	页数	面数
简单一折帖	2^1	2	4
垂直交叉折2次	2^2	4	8
垂直交叉折3次	2^3	8	16
垂直交叉折4次	2^4	16	32

即：

$$Y = N \times 2^Z$$

$$B = 2Y = N \times 2^{Z+1}$$

式中　Y——页数；

N——同时折页的印张数；

B——面数；

Z——折叠次数。

3. 混合折

混合折是以上所介绍的多种折页方式的不同组合，折帖样式各异，多用于广告宣传品、地图或一些异形开本产品的折页。

书芯的折页一般不采用这种方式，但当书芯内文的页码依据垂直交叉折无法获得时，可以采用混合折页法获得。例如，要想获得一个12面的书帖，印刷页经过2次垂直交叉折后只能得到8面，3次折叠后得到了16面，此时可以采用混合式折页方法，先进行2次扇形折，得到6面，再从中央对折1次，即可得到12面的书帖，如图3—13所示。

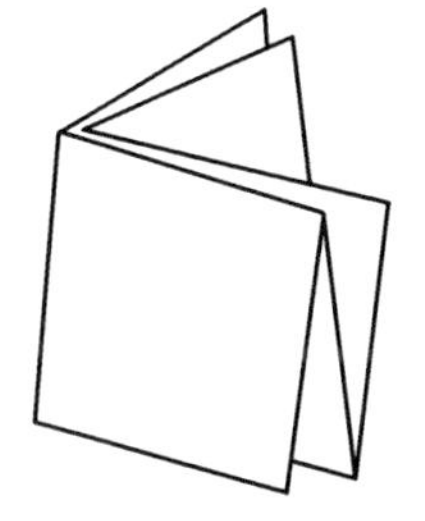

图3—13　12面/3次混合折

三、折页与拼版页码的关系

书籍、期刊等的书芯部分都是由很多张书页组成的，印刷前要把单张书页按要求组合拼成大页张，上机印刷后再折叠成书帖。把单张书页拼成大页张的工作过程叫做拼版。

印后加工术语

拼版：拼版就是将组成一个印刷品的各个版面按照印刷方式、所使用的折页机类型，以及装订方式的不同进行组合，使印刷结束后的页张经折叠后页码顺序连续的工作过程。

拼版的页码顺序与折页方式有直接关系。例如，8 面的竖开本，可由两种方法获得：一种是 2 次垂直交叉折页，另一种是两次平行折页获得双对折。两种不同的折页方法，其书页版面页码的排列方式完全不同。

除此以外，拼版页码顺序还需要考虑印刷方式（如侧翻、滚翻、自翻身印刷）的影响，如图 3—14 所示。配页方式（叠配、套配）也与拼版的页码顺序有关，有关此部分的内容将在第四章中详细介绍。

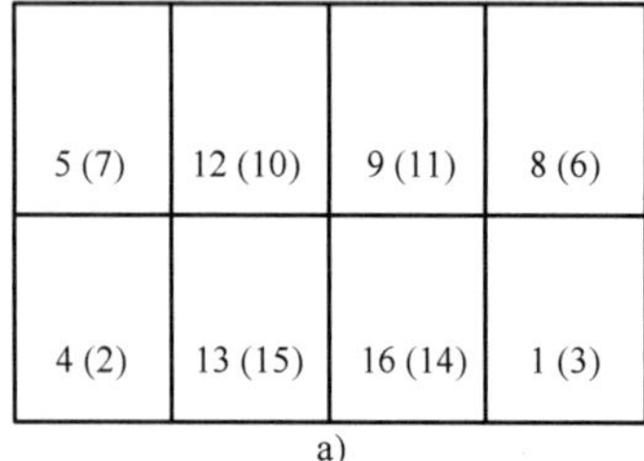

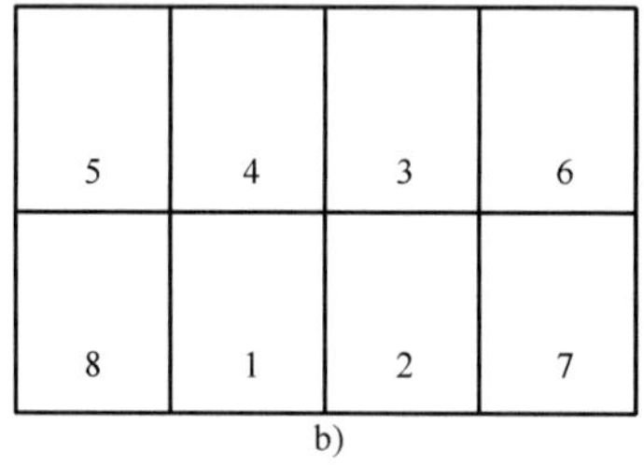

图 3—14 印刷方式不同对页码顺序的影响

a）侧翻印刷页码排列方式（括号内数字为反面页码排列） b）自翻身印刷页码排列方式

四、手工折页

用手工方法把印完的印刷页按页码顺序和规定的幅面折成书帖，称为手工折页。随着装订机械化程度的提高，手工折页在印后加工中使用越来越少，目前只有印数较少的书籍、零头书页、尾数补救、返修和一些特殊折法的书帖用手工折页来完成。除此之外，一些较为复杂的折页样式在上机折页之前，通常也需要事先手工制作一个折样，以确认折页位置。

手工折页的工具为折页台和折页板，折页时，应注意不要污损页张和版心部分。折页过程中，主要依据折页标记线、纸边或版心帮助判断是否对齐，而折页质量的好坏主要是通过检查各页面的版心部分是否对齐进行判断。折叠次数较多时，应在最后一次折叠前，用折页板划开最后一折的后半部，开刀放气，减少“八”字皱的产生。

印后加工术语

“八”字皱：“八”字皱是折页过程中常见的质量问题，主要是由于在折叠过程中书帖内的空气没有被排除出去，造成折缝上部出现向外伸展的皱褶，俗称“八”字皱。

手工折页的步骤如下：

1. 页张检查

折页前，首先应按照要求认真检查上道工序交递过来的印刷页。检查的项目主要包括数量是否够数，印刷规矩角是否正确，以及页张上的各种标记是否齐全，最后应对样张试折一个样帖。然后对照施工单，检查样帖的内容、页码顺序是否正确，各面的版心和页码位置是否对齐，若完全符合工艺及质量要求，领班签样后，可以开始批量折页生产。

2. 拿放纸叠

拿放纸叠时应注意不使纸叠的边缘被碰坏、碰破，拿放较大的纸叠时更应小心。需注意的是，不论“拿”还是“放”均要用一只手固定住纸叠，使其不发生移动。

3. 折页操作

根据加工任务的不同，折页时页与页之间对准的标记可以是页张的边缘，也可以是折页标记或版心图文。需要注意的是，用折页板每刮一次即完成一折，在同样的折痕处不应再刮第二次，否则极易将纸张刮皱或刮破。所折纸张较厚且折数较多时，在最后一折较易出现“八”字皱，为避免这种现象的出现，在不影响后道工序加工的前提下，可先用刮板划断倒数第二折的后半部，使页张间的空气能有效排出，再完成最后一折。

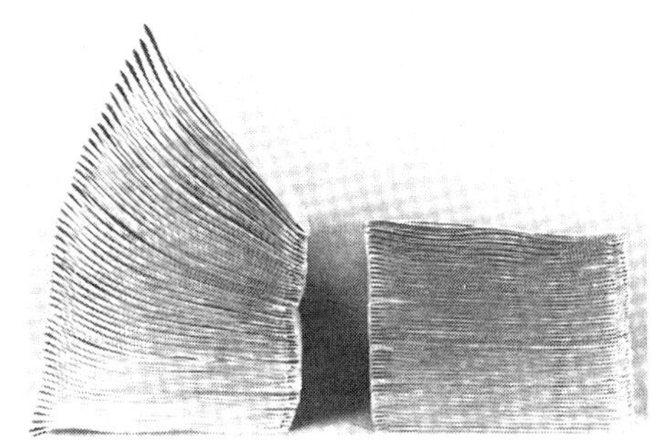

图 3—15　未经捆扎的折帖和捆扎后的折帖

折完一定数量后，在折帖两端放置两块夹书板，并用捆书机捆扎，排除帖与帖、页与页之间的空气，整齐交错地码放在堆纸板上，如图 3—15 所示。码放时，每隔一定的数量用纸条作一个标记，便于最终记数、统计。

第二节　调节折页设备

实际生产中，绝大部分的平版印张都是在折页机上完成折页工序的。此批汽车广告宣传册同样也需要在折页机上完成折页。了解折页设备的工作原理、认识折页机的结构类型是熟练操作折页机的前提。

一、折页机构基础知识

1. 栅栏式折页机构

栅栏式折页机构如图 3—16 所示。

(1) 机构的组成

栅栏式折页机构由一副折页栅栏、挡规和三个折页辊组成。

(2) 工作原理

输纸机构传送过来的页张首先由第一组折页辊接住，并被送入栅栏中（见图 3—17a），直至到达挡规（见图 3—17b），挡规的位置事先根据折叠尺寸设置。页张后端由于传送辊的作用继续向前运动，从而被迫在下方的两折页辊间形成一个弯折（见图 3—17c）。弯折部分

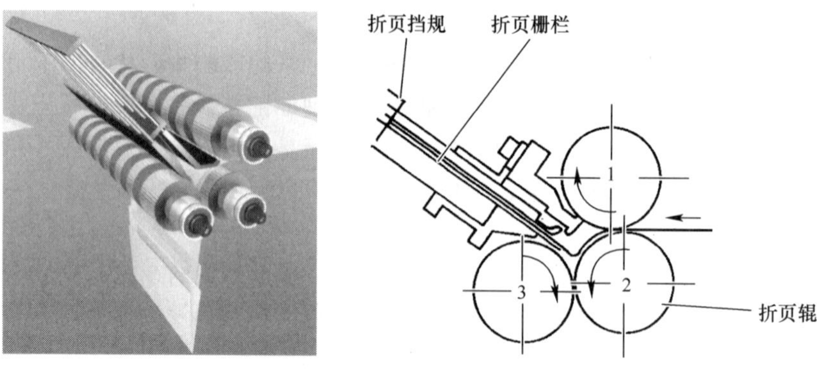

图 3—16 栅栏式折页机构（海德堡 STAHL）

由下方的这一对相向旋转的折页辊接住（见图 3—17d）。随着折页辊的相向旋转，将折帖拉出折页机构，完成一次折页工作过程（见图 3—17e）。然后，由传送机构将折帖运送至下一折页机构，进行第二次和第三次折叠。

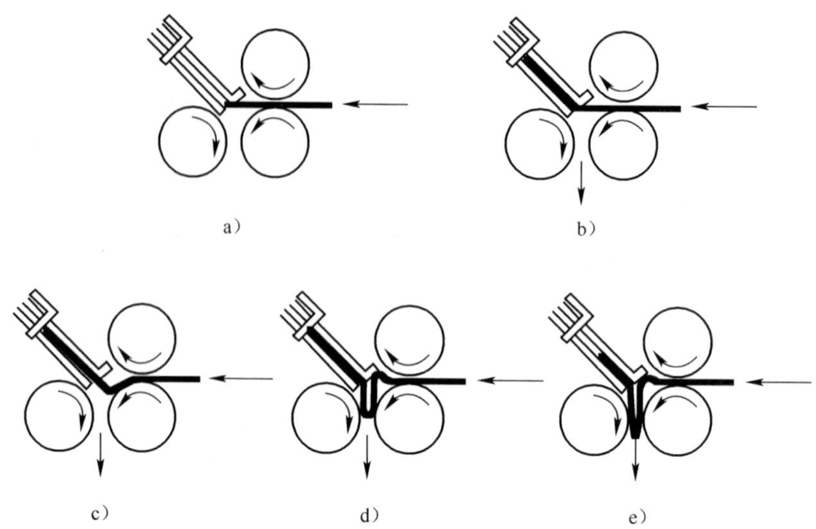

图 3—17 栅栏式折页机构工作原理

（3）机构的特点

一个栅栏式折页系统中可以包含多个折页机构，各个折页机构中的栅栏上下交错排列。选择不同的栅栏板组合可以折叠出不同的平行折页样式，即在一个折页系统里可以完成多次平行折页。

栅栏式折页过程不受机构工作节拍的限制，纸张被连续地输送进折页机构，因此，折页速度较快。但是，为了保证折页的精度，实际生产中应根据所折纸张的特性选择合适的折页速度，既提高生产效率又保证了折页质量。

2. 刀式折页机构

刀式折页机构如图 3—18 所示。

（1）机构的组成

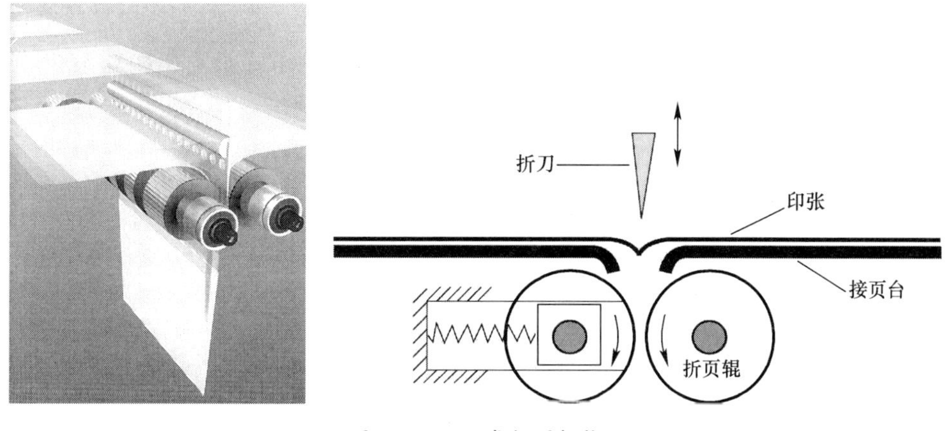

图 3—18　刀式折页机构

刀式折页机构由一个折刀、两个相对旋转的折页辊和挡规（1个前挡规和2个侧挡规）组成。

（2）工作原理

刀式折页机构的工作主要是依靠一对相向旋转的折页辊和一个上下垂直运动的折刀相互配合完成。根据机构允许的折页幅面，经输纸机构或上一个折页机构（例如栅栏式折页机构）传送过来的页张或折帖，首先穿过折刀和折页辊之间的空隙，进入刀式折页机构。页张到达运行前方的挡规后，首先要进行纵向和横向的定位。定位完成后，折刀下落，将页张撞入下面的两个相对旋转的折页辊中，将折缝压实，完成一次折页，折帖被带出折页辊。随后，折帖被传送至下一个折页机构，进行第二次、第三次或第四次折叠，如图 3—19 所示。

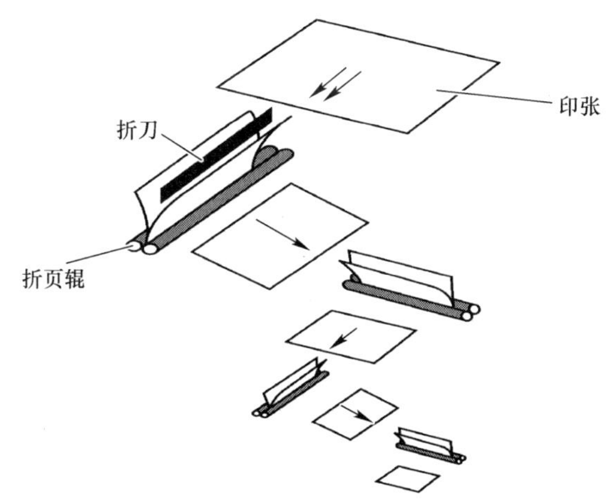

图 3—19　刀式折页机构的工作原理

（3）机构的特点

每一个刀式折页系统只有一个折页机构，只能完成一次折页工作。各个折页系统相互垂直排列，页张在通过各个刀式折页机构后，折缝线彼此垂直。因此，刀式折页机构常用于书刊内文页张的折叠。

由于刀式折页机构折页是按照折刀的工作节拍进行，因此，折页速度比栅栏式折页机构慢，但原则上不受纸张特性的限制，折页精度也较高。

除以上两种折页机构外，还有应用于轮转印刷机中的冲击式折页机构和滚折式折页机构，本章不再介绍。

二、折页机的类型

根据折页机构工作原理的不同，单张纸折页机可分为栅栏式折页机、刀式折页机和栅刀混合式折页机。

1. 栅栏式折页机

栅栏式折页机利用折页栅栏与相对旋转的折页辊和挡规之间的相互配合完成折页工作。常见的栅栏式折页机有对开和四开两种类型，根据折帖的不同要求，改变栅栏式折页机折页辊的数量和彼此的相对位置，可以折出不同样式的折帖。

栅栏式折页机按照组块式结构设计制造，每个折页系统均有独立的驱动系统，如图 3—20 所示。根据折页系统的排列位置不同，栅栏式折页机既可以完成平行折，也可以完成垂直交叉折或混合折。每个折页系统一般有 2～6 副折页栅栏，上下交错排列。一些特殊机型上的折页机构可能超过 6 副折页栅栏，例如，国外推出用于地图、化妆品说明书、手机说明书等印刷品的特殊型号折页机，其栅栏数甚至可以多达十六副。所有折页栅栏均能用挡板封住，保证折页时折帖不会从该处滑出。

图 3—20　栅栏式折页机（上海紫宏 ZYS660 型栅栏式折页机）

操作人员通过调节每一副折页栅栏上的挡规位置，可以确定折帖样式。同时，折页辊间距、折页空间、每副折页栅栏板的相对位置，以及挡规的水平位置也都能够调节，以适应每次不同的折页工作。页张在各个折页系统之间的传送是通过斜形输送辊台进行的。印刷页沿着输纸辊台的靠规（侧规）进入折页栅栏，折页时要求印刷页的规矩边应与折页机的规矩对齐，即拉规边沿着折页机的操作侧（规矩边）进入折页栅栏，同时，前规边也应与栅栏的挡规平行，否则会造成印刷页进入时歪斜、折不准。由于折页机的规矩角只有一个，即输纸辊台的靠规与挡规之间的夹角，位于机器操作侧一边。折页时，印刷页的规矩角应与折页机的规矩角一致，才能保证折页精度和折帖页码顺序正确。

栅栏式折页机可以完成非常多的折帖样式。利用各个折页系统的不同排列，栅栏式折页机不仅可以折出复杂的平行折，还可以完成多种混合折页样式，极为适合加工广告宣传册。栅栏式折页机折页速度快，其折页的速度与初始进入栅栏的页张长度有关，页张长度越短，进出栅栏的时间越短，则折页速度越快。但是，受折页方式的影响，栅栏式折页机的折页精度没有刀式折页机高，对纸张的要求也较高，当折叠的纸张较厚、硬、薄时，折页的准确度会下降。另外，栅栏式折页机占地面积较大，整机的调整时间也要长于刀式折页机。

栅栏式折页机主要用于加工各种规格的折帖产品，小到药品说明书，大到地图、海报，全栅栏式折页机均可胜任。目前，国外生产的新型栅栏式折页机上还可以选配 CIP4 系统，利用全自动计算机进行控制，生产作业调整速度大幅提高。

2. 刀式折页机

刀式折页机的折页机构采用刀式折页原理，即利用折刀将页张压入相对旋转的一对折页辊中，再由折页辊送出，完成一次折页过程。常见的刀式折页机有全张和对开两种幅面，它适用于大幅面印张的折页。

折页机工作时，首先由输纸机构将页张分离，由传送机构将页张送至前规处进行纵向和横向定位，定位完成后，位于两折页辊正上方的折刀下落，将页张撞入两个相向旋转的折页辊间，完成一次折页。经过打孔或压痕的一折书帖由传送带送至第二折页系统，完成了一次垂直交叉折。以对开刀式折页机为例，它一般拥有四个折页系统，每个折页系统只有一个折页机构，各个折页机构的折刀相互垂直。因此，刀式折页机主要用于书芯内文的垂直交叉折页。

由于各个折页机构上下呈梯状排列，因此，刀式折页机占地面积较小。此外，刀式折页机具有较高的折页精度，书帖折缝压得实，对纸张的适应范围广，较薄、较软的纸张也可以折页。当改变折页方式和规格时，调准机器所需的时间也较少。但是，与栅栏式折页机相比，刀式折页机受折刀下落的节拍限制，折页速度较慢。

3. 栅刀混合式折页机

栅刀混合式折页机的折页机构中既有栅栏式折页机构，又有刀式折页机构。栅栏式折页系统通常位于刀式折页系统之前，以图 3—21 所示的混合式折页机为例，页张进入第一折页系统后，可完成一次或多次平行折，由于其采用栅栏式折页，故折页速度快；然后依次进入第二、第三、第四刀式折页系统，利用其折页精度高、纸张适应范围广的特点，完成多次垂直交叉折。

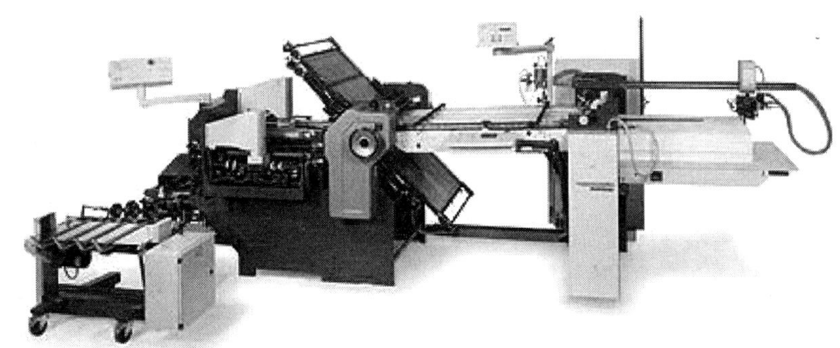

图 3—21　混合式折页机

因此，栅刀混合式折页机综合了以上两种折页机的优点：占地面积小，折页样式多，调整时间短，生产速度快，折页精度高，纸张要求低。

栅刀混合式折页机目前成为书刊印刷企业的常用设备，既可以折叠常见宣传册，也可以完成书刊内文的折页。目前国外生产的折页机，一般都采用栅刀混合式折页结构。2008 年的德鲁巴展会上推出了能够折叠出最小幅面的折页机，即 KL112 型折页机，最小能够折到 18 mm，主要适用于包装、药品、化妆品等商业说明书的折叠。

4. 塑料线烫订折页机

在刀式折页机或栅刀混合式折页机的最后一折前，加上塑料线烫订装置，即得到塑料线烫订折页机。该机工作时，书帖在进行最后一折前，以穿线的方式，在书帖的最后一道折缝上，穿入多组特制的加热可熔化的塑料线，其两根订脚向外，在订脚处加热，在加热过程折页并加压，使塑料线订脚熔化，将书帖烫封起来。书帖再经配页、包封面、烫背、压紧成型后可以加工成书册。有关此部分内容将在本章“知识拓展”中专门介绍。

三、栅刀混合式折页机的组成

栅刀混合式折页机主要由输纸机构、折页机构和收帖机构三大部分组成，如图 3—22 所示。

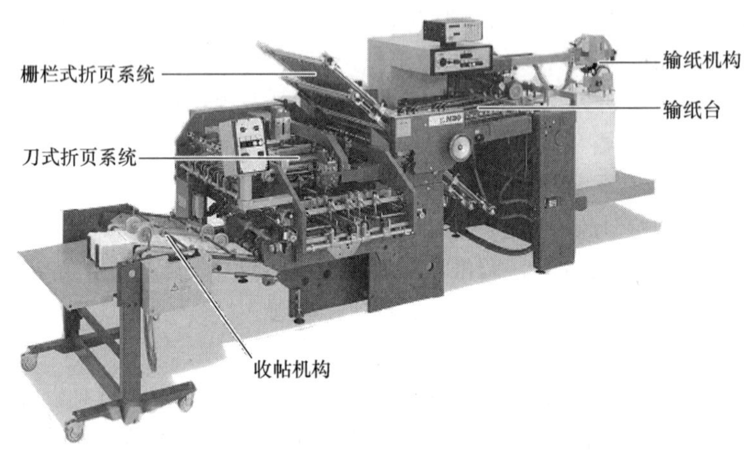

图 3—22　栅刀混合式折页机

1. 输纸机构

输纸机构主要负责纸张的分离和输送，能准确地将页张输送给折页机构。折页机的输纸机构主要有平台式和环包式两种，如图 3—23 所示。

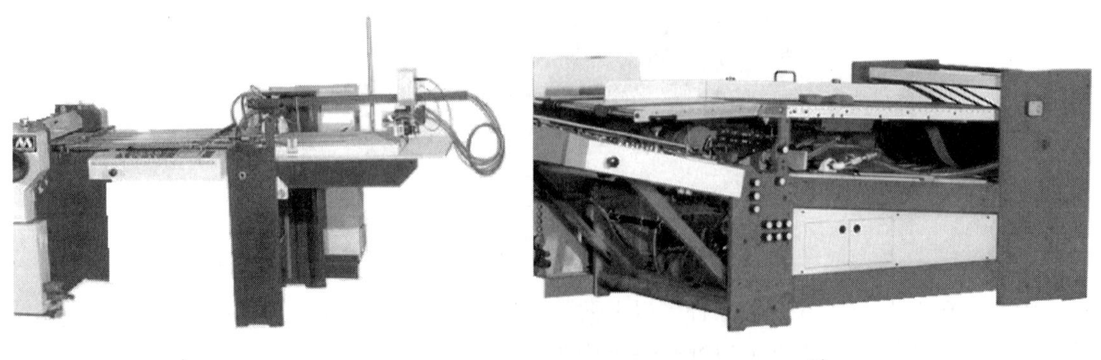

a)　　　　b)

图 3—23　折页机输纸机构

a) 平台式输纸机构　b) 环包式输纸机构

平台式输纸机构工作时，印刷页整齐地堆放在机器堆纸台上，分离机构上的各个装置相互配合完成纸张的分离和输送，如图 3—24 所示。首先，松纸吹嘴将纸堆上层 1～10 张纸吹松，吸嘴下降吸住最上面的一张纸并随即上升，压纸板伸入纸堆压住第二张以下的纸张，再由递纸轮将这张纸吸住并向前递送进输纸台。随着输纸工作的进行，堆纸台由自动升降机构控制间歇上升，以补偿由于纸张的减少造成纸堆高度的下降。

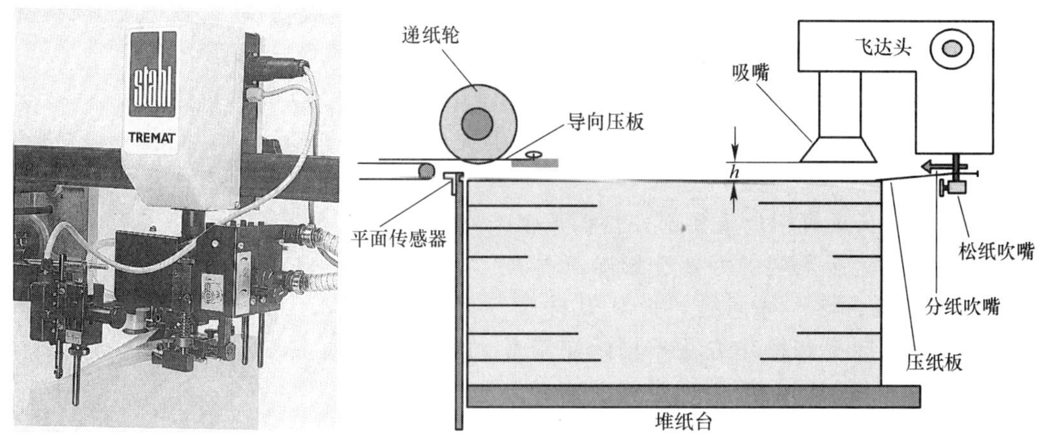

图 3—24　平台式输纸机构

常见的平台式输纸机构占用场地较小，调整时间短，纸张的适用范围大，不足之处是上纸时需要较长的时间，且不能连续上纸。所以，平台式输纸机构非常适用于频繁更换幅面的中小批量业务的加工。

环包式输纸机构采用循环上纸方式，多配置在栅栏式折页机上，适于大幅面印刷页和印量较大的产品折叠。与平台式输纸机构相比，环包式输纸机构的调整和转换时间较长，占地面积也较大，但因无需中间停机上纸，而且纸张输送时不受节拍的限制，可以连续地进入折页辊，因此整机的生产效率较高。

经过输纸机构分离出的单张印刷页必须经过输纸台（见图 3—25）才能进入折页系统中。在此过程中，页张要在输纸台上进行横向定位，横向定位的准确性主要依靠传送带、斜形输纸辊和压纸球的相互作用。在斜形输纸辊的上方是导纸轨，确保纸张在高速运行过程中不会飞出输纸台，准确地进入折页系统。此外，输纸台上还安装有双张检测器，防止双张或多张页张进入折页系统。

图 3—25　折页机输纸台

2. 折页机构

单张纸折页机主要采用栅栏式、刀式两种折页机构。一台折页机可以拥有多个折页机构，如图 3—22 所示的栅刀混合式折页机中，就既有栅栏式折页机构，又有刀式折页机构。

在栅栏式折页机构中，栅栏板的数量决定了平行折的折叠次数。如一个折页机构由上下共四副栅栏组成，则意味着页张一次通过这个折页系统最多能够完成四次平行折页。每次折页过程中未使用的栅栏要用挡板封住，防止页张从该处滑出。德国 MBO 公司 2008 年推出的一款新型折页机最高能完成 16 折的扇形折。

刀式折页机构能折叠出垂直交叉折帖，所以常用于书刊内文页张的折叠。如一台刀式折页机有四个折页机构，页张一次通过后最多能够完成四次垂直交叉折，获得一个 32 面的折帖。

栅刀混合式折页机中最重要部件是折页辊，如图 3—26 所示。折页辊的好坏会影响折帖产量、质量和损耗、噪声等问题。折页辊材质、加工精度、使用频率和操作方法不同，使用寿命会有较大的差别。好的折页辊能够准确折叠较敏感的纸张，如光滑的铜版纸、上光后或实地墨色较多的纸张，并且不在印刷品上留下痕迹，对于较轻的薄纸也能控制。随着材料老化、磨损增加、使用不当等因素影响，折页辊也会逐渐出现走纸不稳、不进栅栏板、折张弓皱、废品率增加等弊病，影响企业生产周期和经济效益。

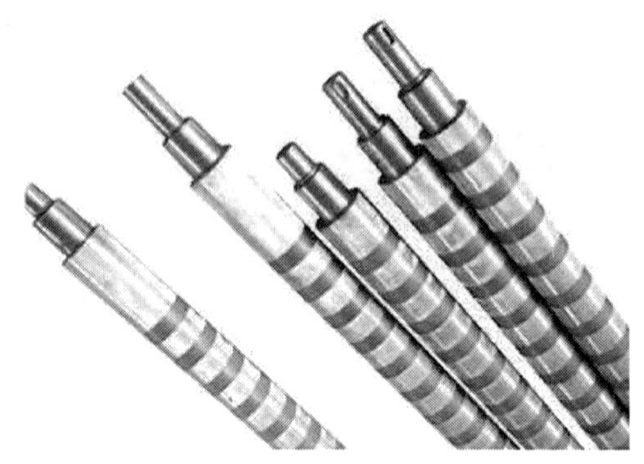

图 3—26 折页辊

3. 收帖机构

收帖机构的作用是将折帖有规律地进行堆积，如图 3—27 所示。

a） b）

图 3—27 收帖机构

a）连续式收帖机构（MBO 折页机） b）立式收帖机构

根据收帖时折帖的摆放形式不同，收帖机构一般分为连续式和立式两种。连续式收帖机构为独立设置，可根据材料、尺寸和厚度进行调节，适应多种不同形状、大小和厚度，并根据折帖样式及折数的不同与任一折页系统连接，对中小批量的活件尤为适宜。折好的折帖书脊向外，在传送带和压轮的作用下连续输出，通过控制传送带的行进速度可以使折帖间错开的距离发生变化，便于收帖和计数。

在立式收帖机构中，位于下方传送带上的折帖通过一个转向辊被移至上方的工作台上，折缝朝下，同时向工作台上的挡板靠齐。立式收帖机构收集的折帖数量要多于连续式收帖机构，并且该机构还可以连接一个自动捆书机，排除页张间的空气并进行捆扎，便于后续工序的加工。

4. 打孔和压痕装置

为了保证折页精度，页张在进入第二折页系统折页前要先经过装有打孔装置的机构进行打孔，俗称打花轮刀。打孔后页张间的空气可以通过折页辊的挤压从孔洞中排除，使书帖特别是多折的书帖平服无皱褶，便于下道工序的加工和提高书籍的平整度。打孔用的刀片呈齿状，宽窄不同，应根据不同的纸质选择不同齿数和形状的刀片，如图 3—28 所示。按工艺要求，80 g/m^{2}以下的纸张折页需要打孔时，应选择齿小的打孔刀，纸张较厚的应采用长齿刀片打孔。无论如何，打孔刀所打的破口应将书帖折缝划破、划透，但不可将其划断，以免造成散页和掉页。花轮刀片的齿深越窄，刀齿越长，书页连接处会相应变小，破口加大，虽排气充分，书帖平服，但易出现散页或掉页，反之亦然。

对不需要进行打孔的纸张，压痕可用于确定和协助后面的折页。如常见的一些折页宣传册，若纸张过厚，仅依靠折页辊的挤压会造成折缝不实或折后的折缝处产生爆边现象（即表层纸张纤维断裂），影响折帖外观。为了防止这种情况的出现，在对卡纸、较厚以及丝缕方向错误的纸张进行折页时，都需要在折页前对页张进行压痕处理，使折页过程中页张能沿着压痕线处折叠，折线光滑、平实，无“八”字皱。总之，压痕能使折页更精确。

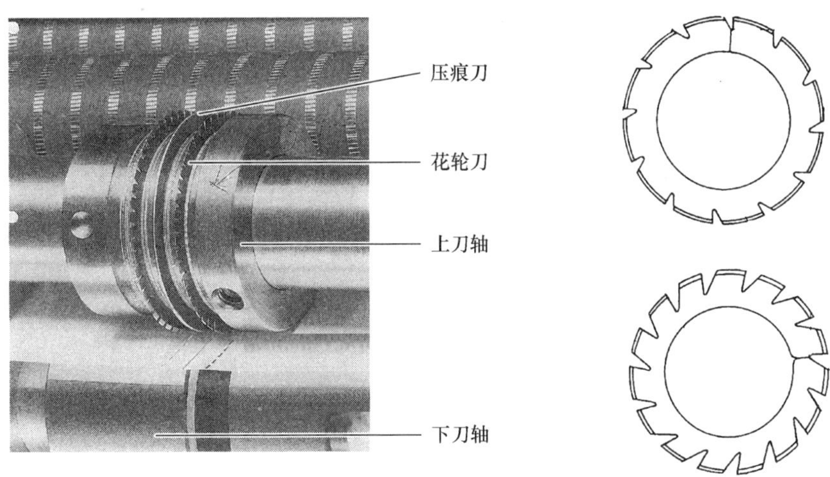

图 3—28　打孔、压痕装置和花轮刀片

四、折页机各部机构的调节

1. 输纸机构的调节

（1）纸张分离头上各部件的调节

纸张分离头上各部件的调节如图 3—29 所示，松纸吹嘴首先应调至最低位置，同时，离纸堆的上表面 2～4 mm，离纸堆的后端 5 mm 左右。风量的大小一般应使纸堆表面的 8～10 张页张能够被吹松，吹嘴对应的部分与其他部分呈明显的波浪形。又厚又硬的纸张，吹嘴可离纸堆近些；又薄又软的纸张，吹嘴可离纸堆远些。

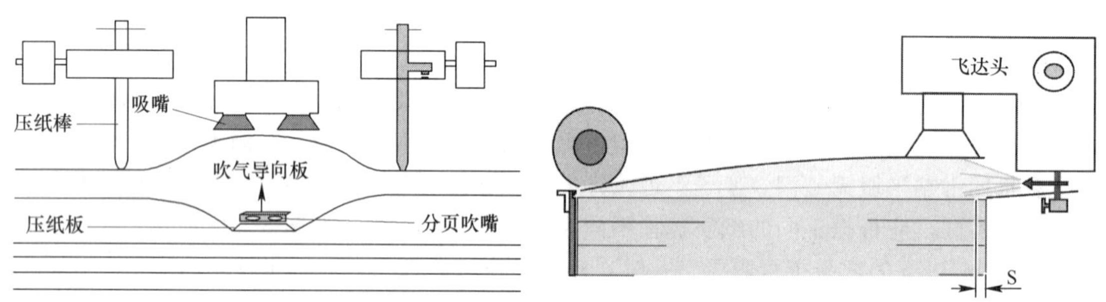

图 3—29　纸张分离头上各部件的调节

两个吸嘴与纸堆的相对位置应一致。又厚又硬的纸张，距离可近些，2～3 mm 为宜；又软又薄的纸张，距离可远些，6～8 mm 为宜。两个吸嘴与纸堆后部的位置在 20 mm 左右。

分离装置上的挡纸毛刷主要用来刷去吸嘴多吸的纸张，防止纸张输送过程中产生双张。毛刷放置的位置应伸入纸堆 3～4 mm，同时应比吸嘴的位置低。

（2）双张控制器的调节

在输送定位机构的进口装有双张控制器，如图 3—30 所示，其作用是防止双张、多张或纸张堵塞，一旦测出双张或更厚的页张，堵纸开关上的微动开关被触动，机器紧急停车。调节时，把纸张对折（纸张厚度的 2 倍）放进双张控制器滚花螺钉下面，能使扇形片被带动，从而推动微动开关，使电磁阀断电，吸气被切断。

图 3—30　双张控制器

（3）压纸球的放置

在操作侧的输纸辊台上装有导纸器，上面有很多圆孔，用来放置压纸球。压纸球有钢球和塑料球两种，主要用来保证页张沿着靠规正确进入栅栏，走纸顺畅。原则上应尽量少放置压纸球，操作时根据纸张的特性和折页样式选择放置的数量和位置。在输纸辊台上，一般只在前端放置少量的钢球，用来将页张拉向靠规并且保证页张沿着靠规前进。如果压纸球放置过多，会造成印刷页过分地被拉向靠规，产生歪斜。输纸辊台上的压纸球和导纸轨如图 3—31 所示。

图 3—31　输纸辊台的压纸球和导纸轨

2. 认识折页辊排列图示

目前印刷企业多使用栅刀混合式折页机，栅刀混合式折页机的第一折页系统为栅栏式折页系统。页张在第一折页系统里的折叠主要是由折页辊、挡规和折页栅栏相互配合共同实现的。

不论何种品牌的折页机，均将第一折页系统中折页辊排列图示标于该台折页机的靠身（操作侧）一侧。它标明了折页系统中折页辊的排列顺序，以及页张在折页辊中的走向。机型不同，折页辊的数量也不同。如图 3—32a 所示为某栅刀混合式折页机的折页辊排列图示，它的第一折页系统上下共有 4 副栅栏；如图 3—31b 所示为标注在折页机操作侧的折页辊排列图。

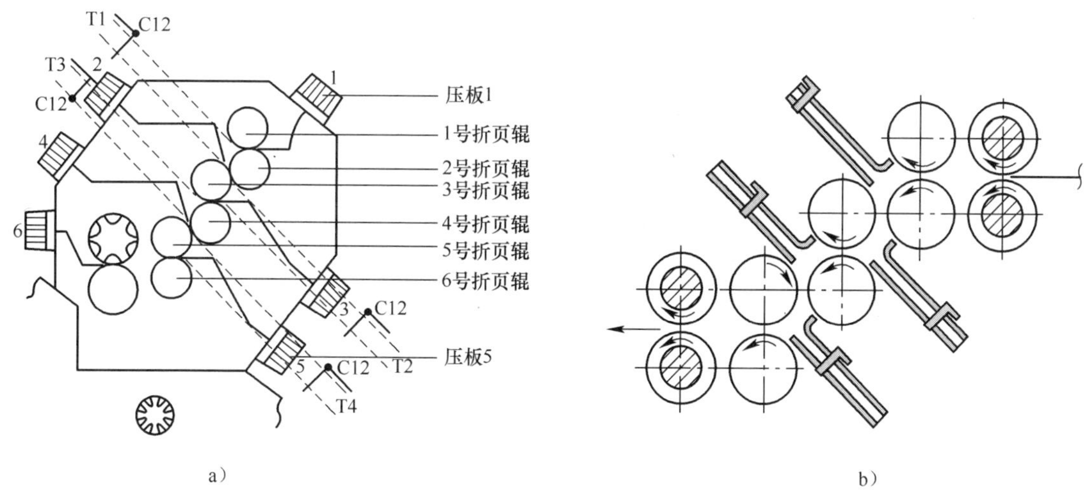

图 3—32　折页辊排列

a）某栅刀混合式折页机的折页辊排列　b）栅栏式折页系统的折页辊排列

图中的符号含义如下：

T1：上栅栏 1

T2：下栅栏 2

T3：上栅栏 3

T4：下栅栏 4

压板 1：调节 1 号折页辊与 2 号折页辊的间距

压板 2：调节 2 号折页辊与 3 号折页辊的间距

压板 3：调节 3 号折页辊与 4 号折页辊的间距

压板 4：调节 4 号折页辊与 5 号折页辊的间距

压板 5：调节 5 号折页辊与 6 号折页辊的间距

压板 6：调节花轮刀与底刀的间距

C12：栅栏挡规

3. 选择折页栅栏并调节挡规位置

以本章中汽车广告宣传册的折页为例，如图 3—3 所示，该产品为扇形折，根据折页辊排列图示，应采用以下方法完成：

使用上栅栏 T1 和下栅栏 T2，T3 和 T4 用挡板封闭。

挡规 C12 在上栅栏 T1 中调至纸张总长的 1/3。

挡规 C12 在下栅栏 T2 中调至纸张总长的 1/3。

4. 根据折帖厚度调节折页辊间距

(1) 调节折页辊间距

操作折页机时，要对折页机进行基准调节，并首先进行折页辊间距（即两折页辊间允许通过的最小纸张厚度）的调节，在实际操作中用页张的张数来控制。调节时，使用与折帖相同的纸张，根据折帖样式决定在压板下放置纸张的张数来控制折页辊的间距，如图 3—33 所示。间距过大或过小都会影响折页精度。间距过大，会造成纸张歪斜，折缝不平实；间距过小，又会造成堵塞、撕破纸张或产生皱褶。

图 3—33　折页辊间距调节

折页辊间距调节利用的是压力弹簧，如图 3—34 所示。

以简单一折页（见图 3—35）为例：页张经过 1、2 号折页辊时，只有一张纸的厚度通过折页辊间隙，所以只要撤下支座上的压板 1（见图 3—32），插入一张纸即可。折叠一次后，折帖变为 2 页厚度，所以其后的 2、3、4、5 号折页辊间距均为两张纸的厚度，因此，在与其对应的各个压板下均应插入预先折叠的双层纸片。

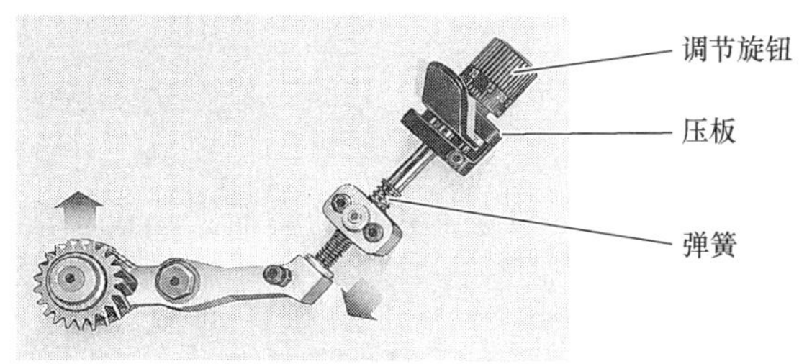

图 3—34　折页辊间距控制

图 3—35　简单一折页

需要注意的是，在折完前几折后，当前部形成双页或多页，而后部仍为单页的折帖时，调节方法有所不同。这种情况下，在下一对折页辊间（即压板下）插入的页张数一定以页张尾部所留的页张数量为准。若后部为单张页，不管前部为几页的厚度，均在压板下插入单张页。原因如下：若将压板下插入一张纸片，前端的双页或多页可以将弹簧顶起而轻松通过，随后弹簧又恢复为单张页间距；而若以前端的双页或多页为依据调节折页辊的间距，在随后折帖后部的单张页通过时，会因折页辊间距过大，造成页张折叠歪斜。

以本章所列举的汽车广告宣传册为例，当纸张从上栅栏 T1 出来时，前部经一次折叠已成双张，通过 2、3 号折页辊，进入下栅栏 T2 时，就不能以前面已形成的 2 页纸厚度为准，而应以尾部还留有的一个单张页为设定标准，在压板 2 下插入一张纸片。经过栅栏 T2，页张已被折为 6 面 3 页，此后通过的压板 3、压板 4、压板 5、压板 6（压板 6 的作用是调节花轮刀与底刀的间距）下均插入三张纸片。

（2）调节折页辊两端平行

若折页辊两端不平行，一端紧，一端松，会造成页张进入栅栏歪斜，导致折页不准。

为了调节折页辊两端的平行度，在折页机的传动侧也装有与操作侧相同且对应的压板。除了在每一对折页辊的两端压板下均插入同样张数的纸片外，折页机开动时，还要用纸张测试两个折页辊间的紧度，保证两端的紧度一致，以此判断折页辊是否平行。方法为：在操作侧和传动侧对应的两个压板下插入同样厚度的纸片，开动机器，用长纸条分别插入折页辊的两端，用手拖动纸条，感受折页辊间的紧度，若紧度不一致，则调节压板上的微调旋钮，如图 3—36 所示，直到两次拉动纸条都有相同的手感，拉力基本一致即可。

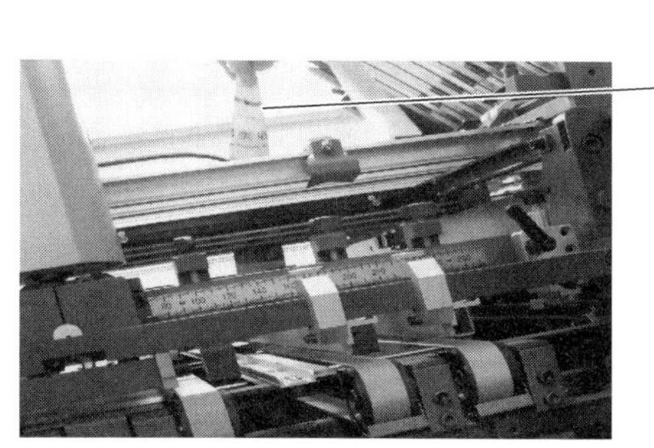

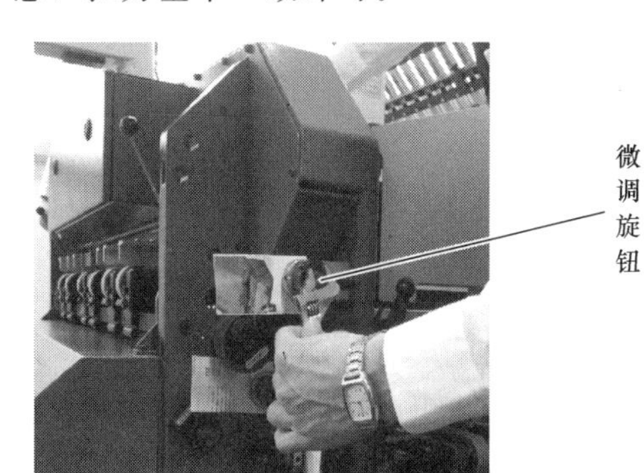

图 3—36　折页辊间紧度的调节

5. 刀式折页系统的调节

刀式折页系统的调节如图 3—37 所示。页张经过第一折页系统的折叠后，随后进入后面的 3 个刀式折页系统。

刀式折页系统的基本调节与第一折页系统类似，首先应根据需折叠的幅面大小设置前挡规和侧规的位置，以及定位毛刷或压纸球的位置。接着调节折刀的位置，应使折刀位于两折页辊的正上方，不能过低或过高，能将页张正好压入两个折页辊之间。折页辊间距的调节与调节第一折页系统时相同。压纸球放置的数量和位置也参照第一折页系统中相关内容。

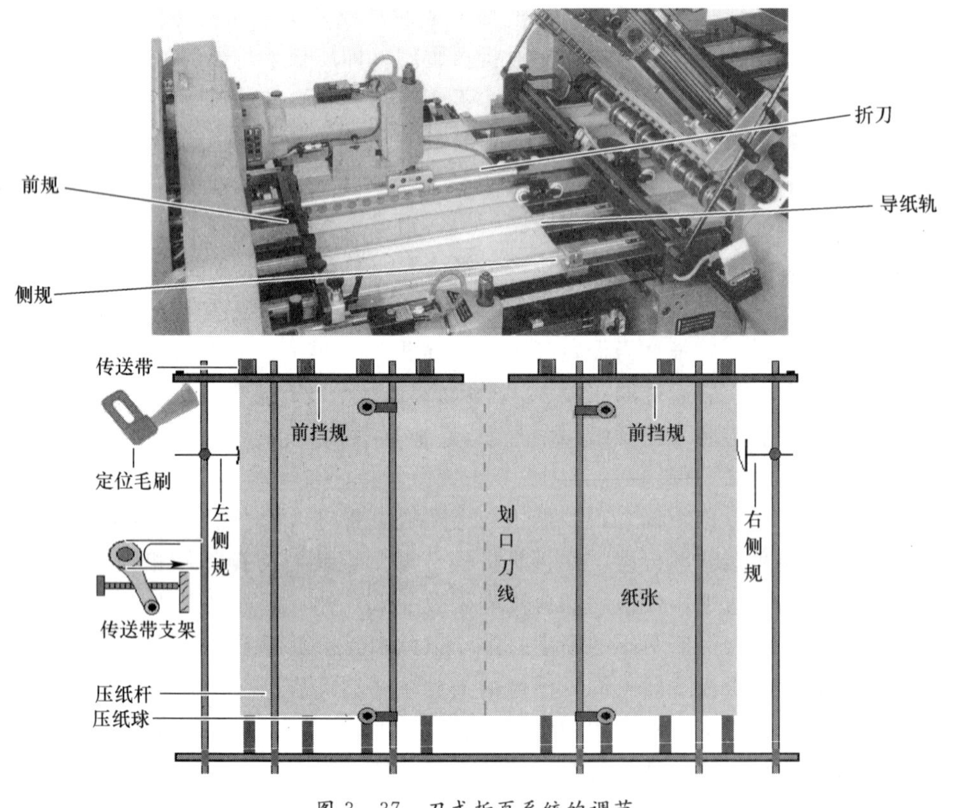

图 3—37 刀式折页系统的调节

第三节 折页质量影响因素

几乎所有需要成册的印刷品都需用到折页工作，例如，产品宣传册会用到多种平行折，而骑马订、无线胶订书芯和画册等会用到垂直交叉折。加工这类产品时，折页问题主要集中在以下几个方面：一是拼版时，上下版页码的版心位置准确吻合，经折页后，前后页页码或版心位置会出现偏差；二是页张不能正常进入折页机构中，发生倾斜或堵纸，造成停机；三是折帖中页张被擦破或出现“八”字皱，切书后前口出现凹凸不齐，全书外观质量差，甚至产生不合格品；四是调节出现失误，折帖中页张里的图文被划伤或拉花，折帖中的页张松弛、歪斜、不平服，书帖散页、掉页等，影响产品质量。影响折页质量的主要因素有以下几点：

一、工艺设计问题

如果不考虑机器本身的原因，纸张是影响折页精度最大的因素。以纸张厚度为例：当一张纸折叠次数不多时，页码间距误差不大；但是，如果纸张较厚，折叠次数又较多，并且折出的书帖需要进行套配（骑马装订）成册时，就会在书脊处产生一定的厚度。这个厚度会影响折页精度，即使拼版时版心位置拼得很准，但最后成书时，最里面一帖的页码整体向外偏移，即页码离前口裁切处较外帖距离近，使得整本书页码不齐。

纸张厚度对折页质量的影响属于工艺设计问题，应在印前拼版时加以纠正。若采用骑马订，或虽然采用胶订但纸张较厚时，要考虑纸张厚度对折页精度的影响。一定定量的纸张所允许的折叠次数有一定的要求，印前工艺设计时应予以考虑。需要强调的是，遇到这类问题，不能过度调节折页辊间的压力使折帖平服，这样做只会造成折缝产生皱褶，并容易损坏折页辊。

二、纸张的限制

一张 120 g/m^2 的普通纸张折叠三次，得到 8 页 16 面，书帖折缝一方面能被折页辊压实，但另一方面，压力也会使纸张变形，折帖上就会沿着折缝中央上部出现“八”字皱，如图 3—38 所示，通过调节折页辊间的压力是无法改变这种现象的。最常用也是最有效的方法就是沿着折缝打花轮刀，排除折帖间的空气。产生“八”字皱的另一个重要原因是使用了纸质较差的纸张或折页前纸张受潮变形。

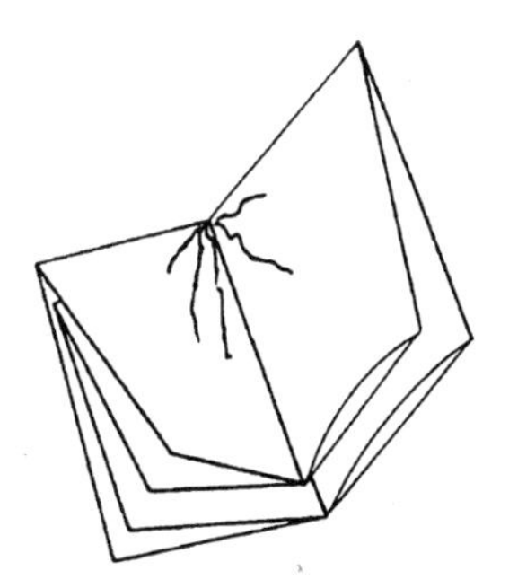

图 3—38　折帖出现的“八”字皱

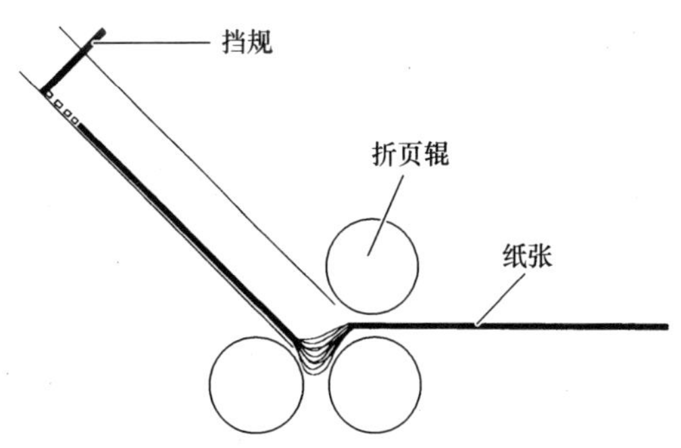

图 3—39　较薄纸张出现的纸张歪斜

折薄纸印刷的产品（60 g/m^2 以下），如电话号码簿，使用混合式折页机，第一折页系统为栅栏式折页系统。纸张进入栅栏时，由于较轻，挺度不够，经常会发生歪斜。其次，由于摩擦阻力远远大于纸张的挺度，进入栅栏的纸张很多时候还未到达顶端的挡规处，就已在折页辊间发生弯曲，造成折页精度不够，如图 3—39 所示。

为减少这种现象的产生，可以在工艺设计时做一些改动：进入折页机的页张丝缕方向应保证与第一折折缝垂直，这样做能增加纸张折页时的挺度。另外一种解决方法是采用刀式折页机，虽然其折页速度不理想，但纸张进入折页系统时不需上行（页张在栅栏板中必须上行才能到达挡规），从而避免了薄纸较易产生的歪斜或弯曲现象。

使用栅刀混合式折页机时，注意以下三个方面，则可最大限度地减少误差：

1. 纸张应干燥平服，干燥时纸张的挺度较好，必要时可敲打纸边，增加挺度。

2. 输纸过程中尽可能少用压纸球，若可能，应全部使用塑料压纸球。

3. 调整阶段时，机器速度不应过快，只有在折页正常时才能逐步增加速度，直至定速生产。

三、纸张特性与折页空间、栅栏板间距

折页空间是指由栅栏板的前端和两折页辊间形成的空间。这个空间的大小和栅栏板间距的大小对折页精度有一定的影响，应依据纸张的特性进行调节。和厚纸以及普通纸张相比，薄纸在折页机中需要较小的折页空间，栅栏板间距也应较小。过大或过小的空间可能造成的折页误差如图 3—40 所示。

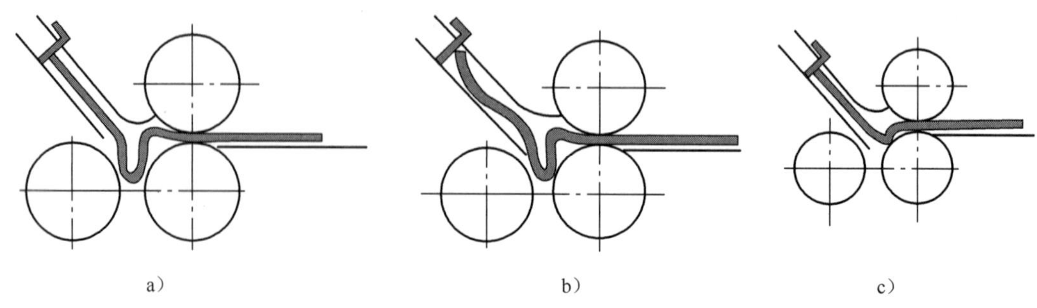

图 3—40　折页误差

a）折页空间过大　b）栅栏板间距过大　c）折页空间过小

技能训练

折 页 操 作

一、手工折页

1. 目的和要求

掌握手工折页的基本方法。

2. 设备和材料

（1）完好品对开印刷页（16 页 32 版）每人 20 张。

（2）刮板（木质或竹质），橡胶手指套，蘸水海绵。

3. 训练步骤和工艺要求

（1）将印刷页中最小页码放在左手靠身页张的下面，如图 3—41 所示。

10	7	6	11
23	26	27	22
18	31	30	19
15	2	3	14

图 3—41　手工折样

（2）左手轻压住页张的左下角纸面，用右手大拇

指和食指握住刮板。

（3）中指将表面一张页的右下角掀起，交给左手。左手接住页张覆盖在左半张页上，对齐页码或折标，按住。右手随即用刮板自下而上把折缝刮实，完成一次折叠。

（4）然后，将折帖顺时针转动 90°，用同样的方法完成第二次折叠。第三次、第四次相同。

（5）最后一次折叠时，用刮板在最后一折的折缝下半部刮开，排出空气，防止“八”字皱的产生。

（6）检查帖标，各折帖的帖标应位于每页张最大码和最小码之间，左右居中。

二、栅刀混合式折页机的调节

1. 目的和要求

（1）了解栅刀混合式折页机各主要机构的名称。

（2）了解栅刀混合式折页机的工作原理。

（3）利用栅刀混合式折页机折叠汽车广告宣传册。

2. 设备和材料

（1）设备

对开栅刀混合式折页机一台（第一折页系统至少应配有上、下两个栅栏板）。

（2）材料

裁切过的汽车广告宣传册半成品，尺寸为 210 mm×297 mm；2 折 6 面扇形折的手工折样，尺寸为 99 mm×210 mm。

3. 训练步骤和工艺要求

（1）栅刀混合式折页机各主要机构名称

1）输纸机构、输纸台、折页系统、收帖机构。

2）第一折页系统：折页辊、栅栏、挡规。

3）第二折页系统：折刀、前规、折页辊。

4）输纸机构：纸张自动分离器、毛刷、吹嘴、吸纸轮、导纸轨。

5）输纸台：吸纸轮、双张控制装置、进纸规矩、压纸球、传送带。

6）花轮刀。

（2）按照汽车广告宣传册尺寸要求调节折页机

1）测量所折页张的尺寸，本例为 210 mm×297 mm。

2）手工试折样帖。

3）输纸机构中侧向挡纸杆和输纸辊台进纸靠规均调节至纸张幅面的 1/2 尺寸（本例为 105 mm）。

4）所用的 T1 和 T2 折页栅栏的挡规均调至纸张总长的 1/3 处（本例为 99 mm），关闭未用的栅栏。

5）在纸台上堆放纸张。

6）放置纸张自动分离器和挡纸杆，调整吸嘴及毛刷位置。

7）调节吸风和吹风风量大小，保证有 8～10 张纸被吹起并彼此分离。

8）根据纸张宽度，调整传送带及压纸杆的位置，使纸张侧边能在最外边的传送带上通过。

9）在输纸辊台的滚珠板上放置压纸球，最初的 4～6 个孔中放钢球或塑料球，其余孔中根据纸张的质量与性质间断地放进钢球或塑料球。

10）根据折页样式调节折页辊间隙。

11）均匀放置输纸台上方的压纸杆，防止纸张输送过程中升起。

12）调整双张控制器。

13）抬起第二折页系统的折刀和前挡规，使折帖直接进入收帖机构。

4. 注意事项

（1）禁止留长发操作，若留有长发应戴操作帽。

（2）禁止戴手链、项链及戒指操作。

（3）应按照上述步骤逐项调节，培养工作的条理性和规范性。

（4）完成实习任务后应将折页机各部分调节归零。

知识拓展

塑料线烫订工艺的发展

一、塑料线烫订原理

塑料线烫订胶装是目前书刊印后加工的一种新工艺。在折页机对书帖进行最后一折之前，在每一书帖的折缝线上穿订多组特制的加热可熔化的塑料线，如图 3—42 所示，其两根订脚向外，在订脚处加热，使塑料线熔化，沿折缝使其与书帖纸张黏合，如图 3—43 所示，然后进行最后一折，配帖为本，上胶包本成书。

塑料线烫订汇集了无线胶订和锁线订工艺的优点，即将无线胶订的低成本和锁线订的高品质融为一体，并且可以与现代高速折页设备联机，生产效率非常高，是一种先进的中高档书刊印后加工生产方式，特别适合要求较高的各类中高档书刊的印后加工，甚至可取代大部分锁线及精装书刊的生产加工流程。

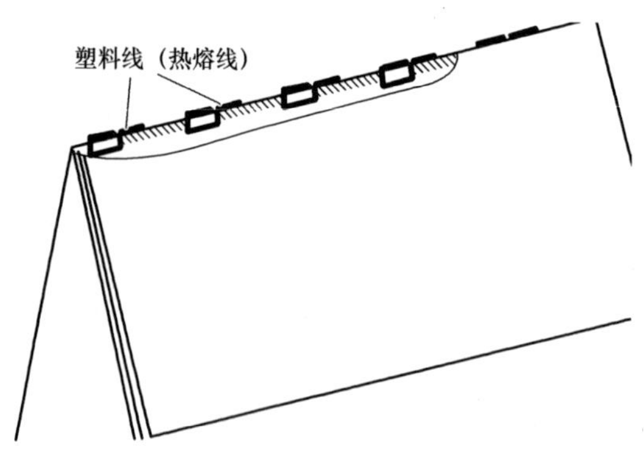

图 3—42　经塑料线烫订后的书帖

二、塑料线烫订胶装的工艺流程

塑料线烫订胶装的工艺流程与无线 EVA 热熔胶装订基本相同，最大的不同是在书帖折页的最后一折的工序里。塑料线烫订胶装很巧妙地加入可大幅度提高装订质量的穿针上线并

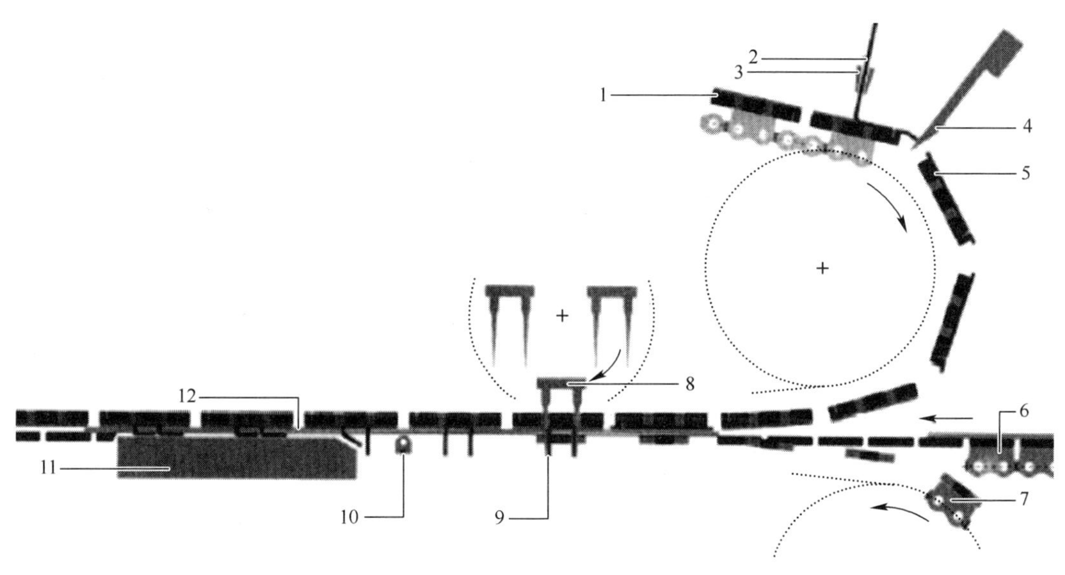

图 3—43　塑料线烫订原理

1—塑料线输送链条　2—塑料线　3—导线孔　4—裁切刀　5—裁切后的塑料线
6—传送带　7—下针组　8—穿线针（滚轴式上线订头）　9—塑料线锔子
10—定位控制　11—加热导轨　12—书帖

同时加热可熔化的特制高韧塑料线，采用类似锁线订牢书帖的新工艺，同时不再对书背进行铣背、打毛、拉槽。此项工艺改进对超多印张、超厚（30 印张、书厚 30 mm 以上，下同）的书刊加工是很方便的。最后，为了增加书芯的牢度，再贴上纱布和卡纸，用这种方法既可装订平装书籍，也可装订精装书籍。塑料线烫订产品如图 3—44 所示。

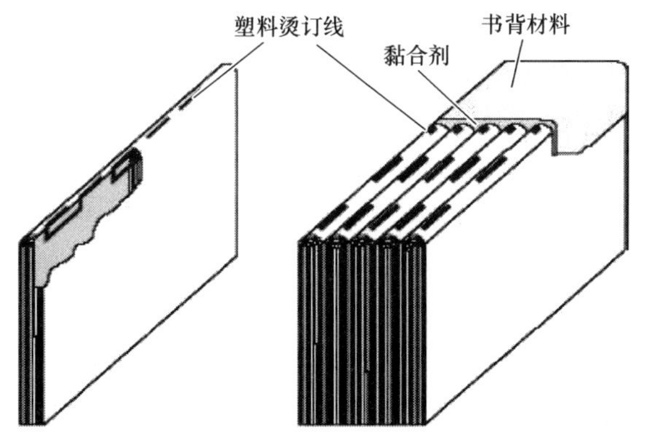

图 3—44　塑料线烫订产品

三、塑料线烫订工艺的特点

1. 塑料线烫订比无线胶订更牢固

在折页机的最后一折书帖的折缝上用塑料线烫头，将其中一订脚烫订在书帖外折缝上，另一订脚飘浮在外，书芯中的书帖经过两次黏结。第一次黏结的作用是使塑料线订脚与书帖纸张黏合，使书帖中的书页得以固定。第二次黏结的作用是用无线热熔胶订将书帖与书帖之间黏结牢固。由于塑料线烫订的书芯彼此是通过独立的折帖相互黏结的，而无线热熔胶订的各帖经铣背后呈单页状，黏结效果远不及塑料线烫订。

2. 塑料线烫订可应用于高速平、精装生产线

装订平装书刊一般使用联动胶订机，为能有效地进行铣背、打毛，稳定装订质量，机速只能降为额定机速的50%～60%，使联动胶订机由高速机变为低速机。而塑料线烫订无需进行铣背、打毛，联动生产时可保持原有的较高速度。

在装订精装书刊时，由于经塑料线烫订的书帖是独立的书帖，是完全可以上联动线高速生产的，在使用上很灵活方便，可以使常见的胶订生产线转变为精装胶订生产线，解决了以往难以解决的联动化问题，使质量与效率同步提高。

3. 塑料线烫订的胶层最薄

胶层薄一方面意味着热熔胶用量少，降低了成本，另一方面使书刊翻阅更为方便，塑料线烫订书刊可以完全展开摊平阅读，且不会开胶掉页，如图3—45所示。

a)

b)

图3—45　不同装订方式书刊的翻阅性能比较

a）普通胶订书刊难以平展打开　b）塑料线烫订书刊可以平展打开

四、塑料线烫订机的简单介绍

塑料线烫订技术诞生于20世纪60年代的德国，发展至今已日臻成熟，现在的塑料线烫订设备多为模块式设计，结构紧凑，节省空间，且不必增加操作人员进行质量控制，可与任何一组折页机联机，即书页的最后一折在塑料线烫订机上完成。烫订后的折页方法有刀式折页和三角板式折页两种。我国塑料线烫订折页机主要有ZYD102A和ZYHD440两种型号，这两种机型既能进行烫订折页，又能进行普通折页。国外的塑料线烫订机设备商主要是德国MBO公司和海德堡公司，海德堡公司的塑料线烫订机如图3—46所示。

国外较为先进的塑料线烫订机普遍采用全计算机程控的智能化操作，所有的生产管理和控制都可以与JDF相连，是真正的全数字化控制设定，具备可分解的关联模块化设计，能与各类型折页设备联机生产，自动化程度高，代表着世界先进印后加工技术的发展方向。

五、塑料线烫订在国内的应用前景

目前塑料线烫订在国内的市场占有率不高，究其原因，主要有三点。一是宣传力度不够。不少企业并不了解塑料线烫订，对其可靠的质量优势、技术的先进性更是知之甚少，普遍认为现有的折页机、胶订机、锁线机已能满足生产需求，塑料线烫订多此一举。二是前期

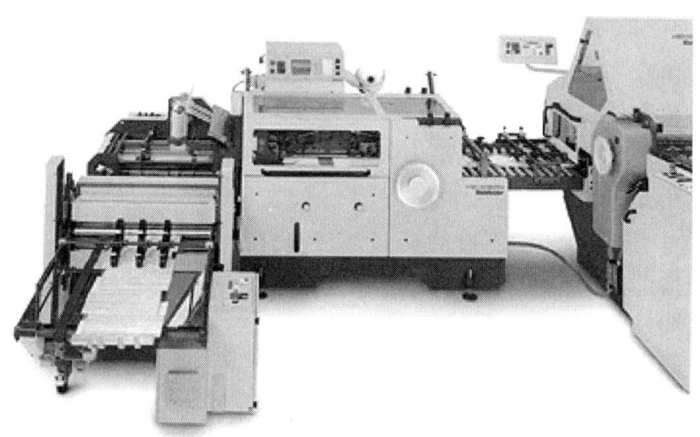

图 3—46　海德堡公司的 FS100 型塑料线烫订机

设备的投入较大。从生产综合成本核算，其前期设备的投入比单纯无线胶订设备高，较为适合中、高档产品的批量印后加工。三是关心印前、印刷技术发展的多，普遍对 CTP、数字印刷热情追捧，对最易形成瓶颈的印后加工技术关注太少。

随着中国经济的持续快速发展，塑料线烫订必将在未来中国的出版印刷市场，特别是中、高档印刷品的印后加工市场占有一席之地。原因如下：

1. 通过测算比较，塑料线烫订的作业成本其实可为国内书刊印刷企业所承受。以锁线装订为 1 个计算单位，普通无线胶订单位成本为其 50%～55%，塑料线烫订胶装单位成本为其 60%～70%，PUR 胶装单位成本为其 70%～80%。

2. 从操作使用上，改进的塑料线烫订更为方便实用。有了这种新型设备，折配后的书芯直接涂布热熔黏合剂，烫背订、包封面，不需再订、粘、锁。在中、高档书刊方面，会使锁线工艺逐渐淡出常规的书刊装订流程，这与大规模、高速联动作业的要求也是相适应的。

3. 对原有的设备、EVA 热熔胶材料等不需作大的调整，原有设备仍可继续使用，并且省去了胶订中的铣背、打毛等装置，减轻了对设备及操作人员的技术要求。

4. 通过塑料线烫订的高品质来创造新的价值点，以点带面，推动印刷业新的发展。

在不远的将来，伴随着国内书刊印制市场的进一步发展，塑料线烫订工艺必将会得到越来越多印刷企业的关注。

实践操作题

1. 根据第一节的内容，手工折出平行折的四种基本样式，以及 16 面的垂直交叉折和 12 面的混合折折帖，分别粘贴在空白纸张上。

2. 收集各种开本的宣传册，测量横边与竖边的尺寸，说说它们各属于哪种开本形式。

3. 参观工厂的单张纸折页机，看看它由哪几个机构组成。

4. 观察单张纸折页机上的折页辊排列，说明其折页过程。

5. 某台栅刀混合式折页机，第一折页系统由四副栅栏组成，折页辊排列如图 3—32b 所示。第二、第三、第四折页系统均为刀式折页系统。使用这台折页机完成图 3—9、图 3—

10、图 3—11、图 3—12 和图 3—13 的折帖样式，标出：

(1) 应使用的栅栏。

(2) 折页挡规调节的位置。

(3) 折页辊间距的调节位置（放置几张纸）。

(4) 折页规矩角。

6. 检查上一章中用到的已印刷过的页张是否符合折页要求，收集 2～3 张不符合要求的页张，并说明不合格的原因。

思考练习题

1. 常用的折页机有哪几种类型？分别采用了何种工作原理？

2. 折页机的输纸方式有哪几种？各有何特点？

3. 如图 3—47 所示，根据页码位置标出开本形式和帖标位置。

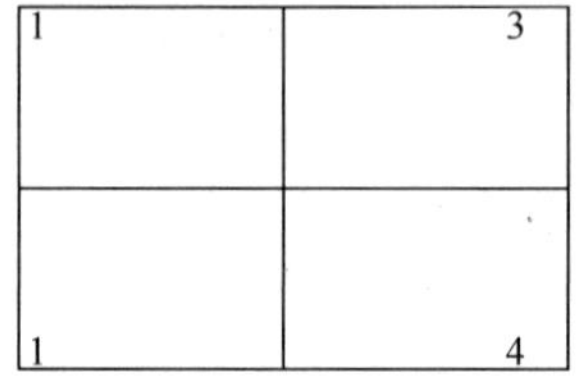

图 3—47 标出开本形式和帖标位置

第四章　骑马订书刊印后加工

学习目标

掌握骑马订书刊的印后加工流程，了解订联的方法和连接材料，认识配页的两种方式。了解叠配和套配的特点，掌握骑马订的特点。掌握手工配页的方法，能根据折帖的页码顺序正确进行配页。掌握骑马订联动线的组成。掌握骑马订订书机的工作步骤。了解帖标的作用，并能够正确标出帖标的位置。能够检验骑马订产品是否符合质量要求。

将书页订联成本或书芯的过程，称为订书。订书是书刊装订的主要工序之一，一本书的订联方法有很多，如骑马订、锁线订、胶订和塑料线烫订等，印刷企业需根据客户要求选择适合的装订形式。根据书籍封面加工方式和包裹形式不同，可将书籍分为精装书籍和平装书籍。精装书籍多采用硬质书壳，装帧工艺复杂，书芯和书背大都经过特殊处理；平装书籍装订样式简洁，成本低廉，其印后加工流程如图 4—1 所示。

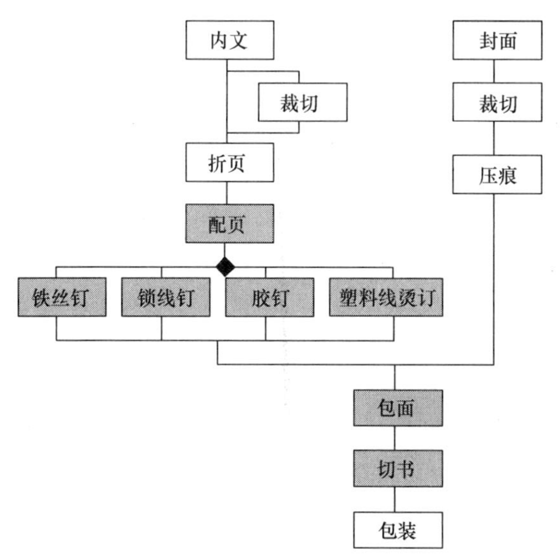

图 4—1　平装书籍的印后加工流程

图 4—2　体育画报

由图 4—1 可以看出，正反面印刷好的页张，首先经过折页成为一个书帖。多个书帖依据页码排列顺序一帖一帖地配齐，然后将所有书帖进行订联，最后包裹上封面，经过三面裁切，成为一本可供阅读的书籍。通常情况下，三帖以下的小册子较宜采用铁丝订等订联形式，而三帖以上书籍内文则以胶订、锁线订或塑料线烫订等方式为宜。

本章以期刊《体育画报》（见图 4—2）为例，重点介绍铁丝订中骑马订书刊的印后加工工艺。

第一节　配 页 工 序

实际生产中，《体育画报》的内文版面并非单页印刷，而是将组成书芯的版面按照一定的规律排列，并将其制作成印版，然后印刷在一张大幅面的纸张上（多为对开幅面）。印刷结束后将其按照页码顺序进行折页（书刊折页大多为垂直交叉折），如图 4—3 所示。此部分内容在上一章中已有详细介绍，此处不再赘述。

图 4—3　将一个印张折叠成为 16 开书帖

折页工作结束后，原本拼在一张印张上的画报被折叠成符合《体育画报》开本尺寸要求的书帖，书刊装订工作由此进入下一道工序——配页。

配页又称配帖，是指按一本书籍的总页数，将组成书芯的全部书帖或单页（如插页、图表等）依页码的顺序配集在一起的工作过程。

配页是书刊加工的必要工序，除此之外，一些活页印刷品内页的配集，如便笺本，台历、活页装笔记本等，以及票据类印刷品的加工，也都要用到配页工作。

配页工作可以由手工完成，也可以由机器完成。现代印刷企业大批量加工书籍多采用机器配页，配页工序常和订联、包面、三面裁切等工序共同组成平装书籍生产联动线，极大地提高了书刊装订工作的生产效率。

不管是手工配页还是机器配页，其方法主要有两种：叠配法（又称配帖法）和套配法。下面分别介绍这两种方法的特点和配页过程。

一、叠配法

1. 叠配法的特点

叠配法是将组成书芯的各个书帖和单页（如插图等）按页码顺序，一帖压一帖地叠加在一起，闯齐后成为一本书籍的书芯。这种配帖方法被用于加工平装、精装书籍或画册。配好的书芯常采用无线胶订、锁线订或塑料线烫订等订联方式连接，如图 4—4 所示。

如图 4—4 所示为 4 个 16 面的书帖（对开印刷页经三次垂直交叉折叠），采用叠配法配集成一个 16 开本的书芯。该书芯的页码面数应为 64 面，即第一帖 1～16 面，第二帖 17～

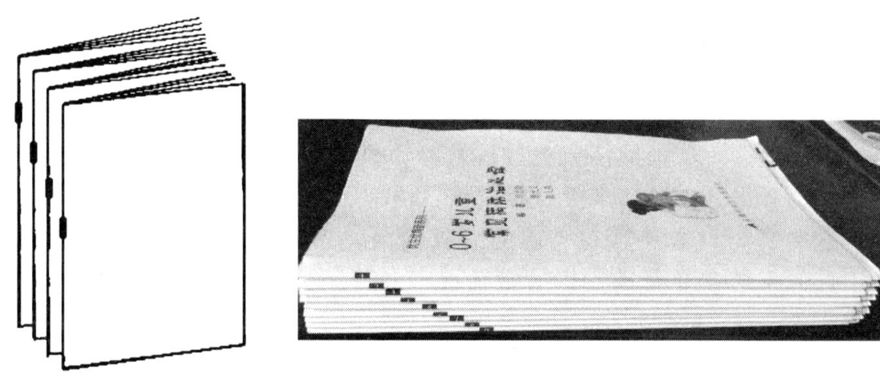

图 4—4　叠配法书芯

32 面，第三帖 33～48 面，第四帖 49～64 面，其页码顺序如图 4—5 所示。

第1帖　1～16面
第2帖　17～32面
第3帖　33～48面
第4帖　49～64面

图 4—5　4 帖 64 面叠配法书芯的页码顺序

从图 4—5 中可以看出叠配法的特点，即单个书帖中的页码顺序是连续的，如第一帖为 1～16 面连续的页码；其次，上下各书帖间的页码也是连续的，如第一帖最后一面的页码是 16，与之相连的第二帖第一面页码即为 17。

然而组成书籍内文的印张数不可能总是整数，如某本 32 开的平装书，版权页上标明的印张数为 12.125。从印张的概念可知，32 开书籍的一个印张应为 32 面，那么，0.125 个印张则应为 0.125×32 面＝ 4 面，表明此本书由 12 个整印张及一个 2 页 4 面的小帖组成。

印后加工术语

印张：一本书的书芯数量通常用印张来表示。一张对开纸张双面印刷后，称其为一个印张。如一本书有 12 个印张，表示该本书籍的内文是由 12 张对开幅面的纸张双面印刷后折叠、配集而成的。

版权页：版权页上印有书名、作者、出版者、印装者、发行者、纸张幅面、印次、字数、定价等，一般附印在扉页背面的下半部或全书最末页的下端。

有时，书芯中还可能出现各种单张或双张的图表、插图等零散页，为了使配页工作更加方便，常采用以下几种方法处理这些零散页。一是将这些单张页或双张页按顺序与相邻的一书帖黏结在一起成为一厚帖，再与其他书帖配齐，这种工作在装订工序中称为粘页。二是用套插的方法将零散的双张页按顺序套在相邻书帖的外面成为一个整帖，再与其他书帖配齐，这种工作称为套页。最后，还可以采用叠配法将这些零散页与其他整帖一起配集，手工配页和机器配页均可完成。需要注意的是，配集 2 页 4 面或 4 页 8 面的小帖，印刷前进行工艺设计时应将这类小帖放置于全书的第三帖或倒数第三、第四帖的位置较为合适，不应放置于第一帖或最后一帖，否则会造成书芯不易闯齐，后道加工工序如铣背铣不透或铣不到，订联后出现掉页和散页的现象。

印后加工术语

暗码：书刊中每一页张上都印有号码，称为页码，用来标明书页的排列顺序；然而一本书中，为了设计需要，扉页、版权页、前言、插图页等一般不排页码，称为暗码或空码。这些暗码均需计算在书芯的总页数内。只有采用不同纸张单独印刷的插图，可以不计入书芯的总页数内。通常情况下，目录和正文的起始页均以第 1 页开始编码。

2. 手工叠配操作

手工配帖是书刊装订工作中的一项基本操作。由于目前我国印刷企业设备机械化程度越来越高，手工配帖这种劳动强度大的方法逐渐减少。只有印量较小的订单，以及较为特殊的开本尺寸仍采用手工配帖这种方法。

手工配帖操作时，书帖按每一种书刊每本的总帖数配齐后，右手从尾帖逐一向首帖取书帖，左手逐一地接过右手取来的书帖，尾帖至首帖全部取完，就成为一本书芯。

正式配页前要对照施工单进行毛本检查，无误后才能大批量进行配页。配页完成后，要利用帖标对整批书进行抽样检查，检查有无错帖、多帖、少帖等配页差错。有关配页检查的知识将在后文中详细介绍。

手工配帖时，工作台的摆放有多种方式，如图 4—6 所示。

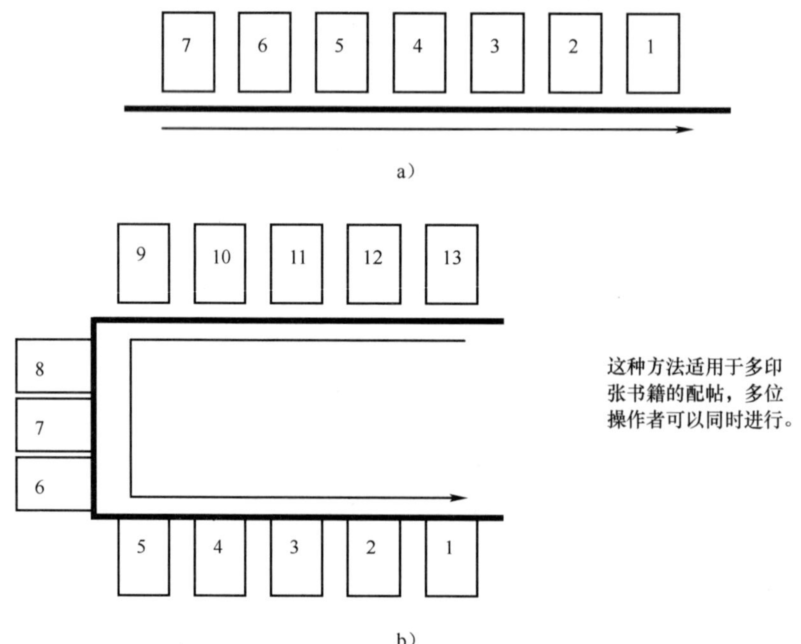

书帖放置于可旋转的工作台上，多人可同时配帖。

c）

图 4—6　手工配帖时工作台的摆放方式

a）直线型　b）马蹄型　c）圆盘型

3. 机器叠配操作

印数较大、印张数较多的书籍大都采用机器配页方式。机器配页时，将组成一本书芯的各书帖或单页按顺序放在配页机中的贮页台上。配页机中的叼页机构每次只叼住贮页台上最下面的一个书帖或单页，并将其叼出放置于传送带上。各个贮页台上的书帖或单页依次被叼出，叠放于前一个书帖之上，直到完成整本书芯的配集。

第一个贮页台放置最后一个书帖，第二个贮页台放置倒数第二个书帖，以此类推，按照顺序，一直到最后一个书帖。

机器配页时，配页机构的工作原理有两种。一种是利用叼页钳嘴的闭合，做上下往复运动，钳嘴每往复一次，叼住一帖并放在集帖链上，通过集帖链上规的作用，将其送至收书台配帖成册，如图 4—7 所示。这种形式的机器称为钳式配页机。另一种是利用叼页辊的间歇旋转进行配页，叼页辊每旋转一周叼页一帖（或每旋转一周叼页两帖），叼住页帖旋转半周（约 180°）以后，将书帖放在集帖链板上，通过重叠传送将配好的书册送至收（帖）书台配帖成册，如图 4—8 所示。这种形式的机器称辊式配页机。

以辊式配页为例，如图 4—9 所示，将组成一本书书芯的各个书帖和单页按页码顺序依次放入叼页机构的贮页台上，书帖折缝向前，第一个贮页台放置最后一个书帖，第二个贮页台放置倒数第二个书帖，以此类推，直至第一个书帖。机器运转时，书帖叠下方的吸嘴吸住最下面的一帖，向下倾斜约 30°，上方其余书帖由分页托爪复位托住。叼页机构叼住分开的一帖，拉出贮页台，叼页滚筒旋转，将叼出的书帖平稳地放到集帖链托板上，再由集帖链上的挡规（拨书辊）将书帖带走。集帖链上的挡规移动与所叼书帖放落是相配合的。各个贮页台中的书帖依次被叼出，叠放于前一个书帖之上，直至第一个书帖落下，完成整本书芯的配集。通过配页检查装置可以将配错的书芯剔除出生产线或整条生产线停机待检。

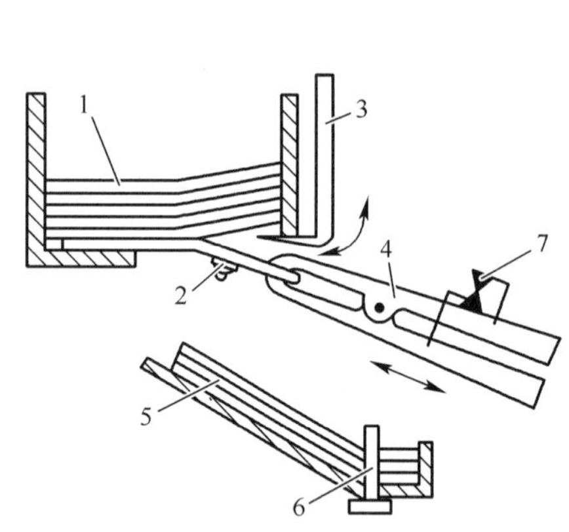

图 4—7 钳式配页原理

1—贮页台中的书帖 2—叼页吸嘴 3—分页托爪 4—钳嘴 5—配集的书帖 6—集帖链及拨书辊 7—钳嘴夹力调节机构

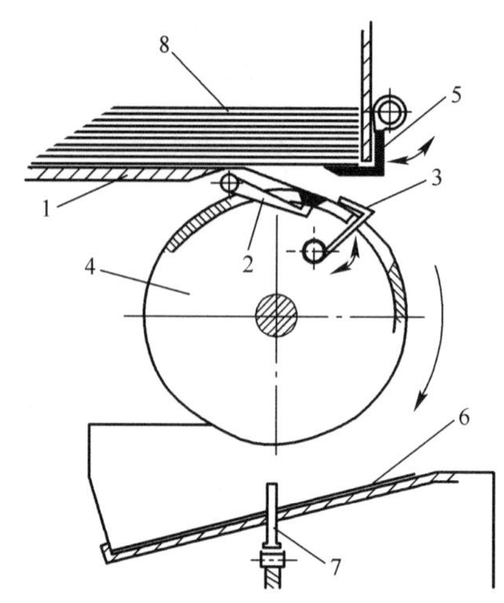

图 4—8 辊式配页原理

1—贮页台 2—叼页吸嘴 3—叼页机构 4—叼页滚筒 5—分页托爪 6—集帖链 7—拨书辊 8—书帖

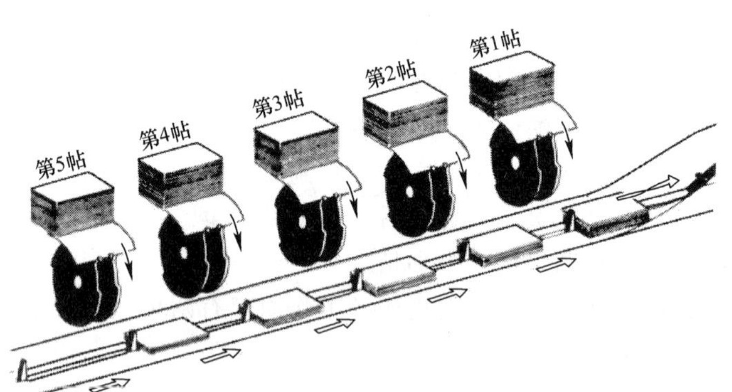

图 4—9 辊式叠配机构

机器叠配时，配页机操作过程如下：

(1) 调定挡规及装贮书帖

配页机每一帖页码均有一个贮帖斗，贮帖斗内有四个挡规：一个前挡规（固定式）、两个侧接规（左右两个，可移动），另一个是前口顶规，也称后顶规。配页前可根据书册幅面大小进行调定。

(2) 核对样书

书帖按顺序正确地排列在贮帖斗内后，由第一帖开始每一贮帖斗拿一帖，配成一本，检查顺序正确与否，再将样书与装订施工单对照，核对的内容有书册、卷、页码、字头、版面、开数等。

(3) 贮帖

贮帖也称续页、上帖等，即依页码顺序将书帖正确地放在书斗内的操作。

(4) 吸帖

配页机开动后，吸嘴吸帖。钳式配页机的吸帖工作过程是：当吸嘴接触贮帖斗最下面一张书帖订口边位置时，吸嘴应正是吸风时间，将书帖吸住后向下摆动，这时分页爪将未吸书帖托住，钳嘴做向上摆动将书帖叼住，叼住书帖后，吸嘴停止吸风，完成吸帖过程。辊式配页机的吸帖工作过程是：当吸嘴接触贮帖斗最下面一帖的订口边位置时，吸嘴吸住书帖向下摆动 30°左右，与上面书帖分开，分页爪伸进，托住上面未吸下书帖，这时叼帖轮做间歇转动，叼爪张开将吸下书帖叼住，吸嘴风路中断，完成吸帖操作。

（5）叼帖

吸嘴将书帖吸下到一定程度，叼（钳）嘴叼住书帖，将其拉出贮页台，至集帖链板上。钳式叼帖操作是利用钳嘴将书帖叼住后向下作拉帖动作，待拉到集帖板后，钳嘴张开，书帖落在集帖链上。辊式叼帖操作是当叼爪叼住书帖闭合后，向下旋转 180°左右，叼爪张开，书帖落到集帖链托板上。

（6）集帖

书帖被叼帖轮叼嘴（或钳嘴）叼下，旋转 180°后放在集帖链托板上，再由集帖链上的挡规将书帖带走并同重叠在下面（或上面）的书帖一起送至收书部分。

（7）收书芯

当重叠配成书册的书帖被送至收书台后，由收书台将书册自动推出，完成配页机工作全过程。配页生产线原理及现场布置如图 4—10 所示。

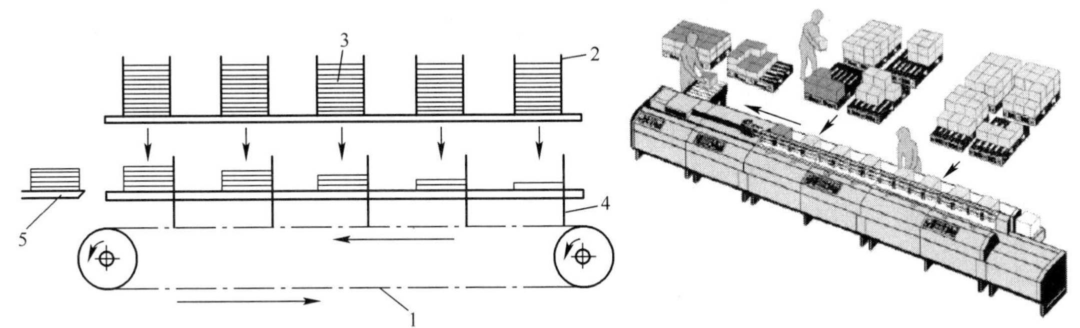

图 4—10 配页生产线原理及配页现场布置

1—传送带 2—贮帖斗 3—书帖 4—挡规 5—收帖装置

根据结构设计不同，大型配页机配有数量众多的贮页台，如马天尼 3681 型配页机可以使用各种类型的飞达，配有多达 60 个贮页台，如图 4—11 所示，由此可以完成大型书籍如城市电话号码簿、广告目录等内页的配集。目前，现代化的配页机多与胶订、裁切工序组成高速生产线进行生产，很少单机工作。

二、套配法

1. 套配法的特点

由较少书帖组成的书刊（一般为三帖以下）订联时多采用铁丝订，在书帖折缝处穿入铁丝将各帖连接。对于这种由较少书帖组成的书芯，一般不采用叠配法，而是采用套配法配集书芯。许多期刊、广告宣传册、产品说明书和学生练习册较多采用这种订联方式，本章案例

图 4—11　大型配页机组（马天尼 3681 型配页机）

《体育画报》书芯的配集方法也为套配法。

套配法就是将组成书芯的几个书帖，按其页码和版面顺序，一帖套在另一帖的外面，如图 4—12 所示，成为一本书刊的书芯，最后，再将封面套在书芯的最外面，闯齐后供订本成册。配好、订联完成的书芯连同封面进行三面裁切。

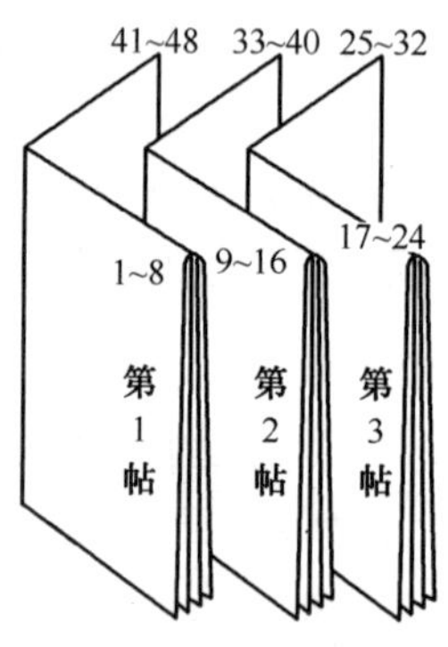

图 4—12　套配法书芯

如图 4—12 所示的是 3 个 16 面的书帖，即 3 个整印张经套配法组成的 16 开书芯。这 3 个书帖所配集而成的书芯应为 48 面。根据需要还可以在书芯最外面再套插一个较厚纸质印刷的封面，但目前很多广告宣传册和期刊的设计都不倾向于单独印刷封面。正如图 4—12 中所标出的，每个书帖被分为前后两部分，各由 8 面组成，其中只有最里面一帖的页码顺序是连续的。

采用套配法配集书芯时的页码编排顺序与叠配法有较大的不同。

另外，采用套配法配集的书芯，越靠近里面的书帖，向外伸长的长度越大，即版心位置越向外偏。因为纸张都具有一定的厚度，为了保证骑马订后，整本书芯版心及页码位置基本正确，通常情况下要求所使用的纸张不宜过厚，整本书的厚度控制在 3～4 个印张。

2. 手工套配操作

套配法配页的操作方法，一般是把套在最里面的一帖放在左面第一帖，由左向右按页码顺序排列，最后一帖放套在最外层。操作时，左手拿着左面的第一帖书口子的下侧向右移动，如图 4—13 所示。

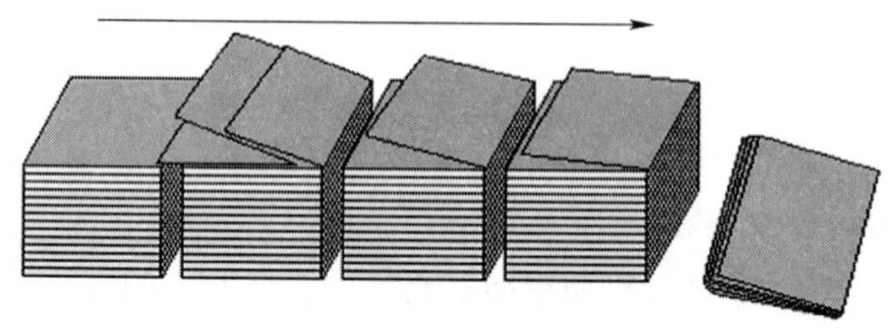

图 4—13　手工套配操作

3. 机器套配操作

套配式配页机构由上叼页轮、下叼页轮和分页轮组成，如图 4—14 所示，组成书芯的各书帖依次放置于配页机的贮页台上，叼页机构每次只叼住贮页台中最下面的一个书帖。书帖在上叼页轮装置及压页轮装置的配合下，被送到挡规处定位。叼页轮上的叼页爪在转动中将书帖切口的长边叼住，接着分页轮上的分页钩在转动中钩住书帖切口的短边继续转动，两个分页吸嘴分别吸住书帖的两边。此时叼页爪和分页钩松开，完成交接。再继续转动，分页轮和叼页轮将书帖从折缝处分开，骑搭在集帖链导轨上。采用套配法配页时先落下最里面的书帖，随着集帖链的运行，其余各帖依次落下，最后封面落下，完成一本书的配集。

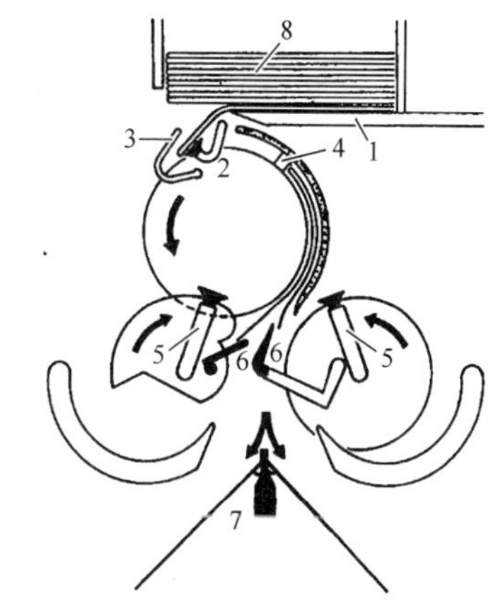

图 4—14 套配式配页机构工作原理
1—贮页台 2—分页吸嘴 3—叼页机构 4—挡规 5—分页吸嘴 6—分页爪和分页钩 7—集帖链 8—书帖

套配式配页机构的工作主要包括以下几点

(1) 搭页机构和搭页

搭页机构的作用是将书帖从贮页台上拉开和从中间分开，搭骑在集帖链的三角架上，以待输帖订书。操作时将《体育画报》最里面一帖（该期《体育画报》共 4 帖，最里面一帖为第 25～40 面）放在联动机的尾部先搭，如图 4—15 所示，其次是第 17～24、41～48 面，再次是第 9～16、49～56 面，最外面一帖为第 1～8、57～64 面，放在离订书机头最近处（后搭），机器开动后顺序重叠配套成册。

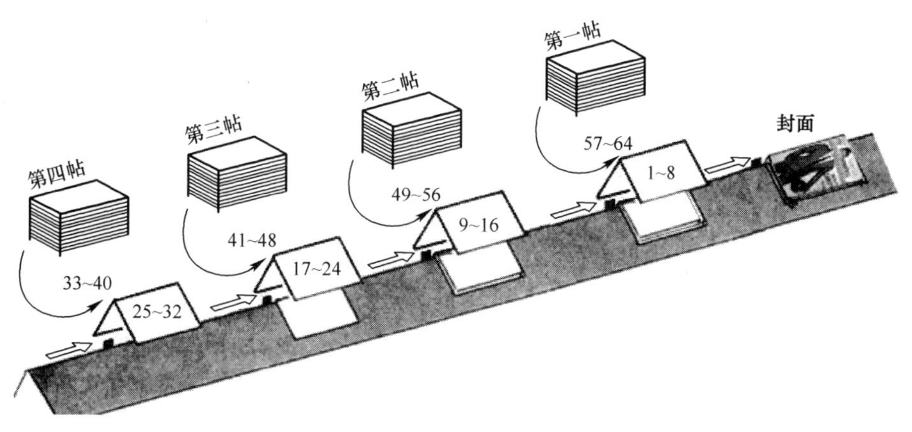

图 4—15 机器套帖机构

搭页机构在工作时主要经过以下几个过程：

1) 吸帖。贮页工作完毕，开动机器，吸帖嘴开始吸帖。吸帖嘴的工作任务是将贮页台上的书帖吸住并拉下 30°左右（书帖吸下后分页爪将未吸书帖托住，与吸下书帖分开），供叼页爪叼帖，并将书帖拉出贮页台。

2) 叼帖传递。叼帖传递是指在吸帖嘴吸下书帖 30°左右，叼帖轮上的叼爪（一对）正处在张开位置，吸帖嘴停止吸风放帖，叼爪同时闭合，咬住书帖并随叼帖轮旋转，从贮页台拉出，传送给分帖挡规并被压页轮压住，完成叼帖传递的过程。

3）分帖挡规挡帖。分帖挡规挡帖是指当书帖被叼帖轮送到分帖挡规时，叼爪放开书帖，被压页轮压在挡规下。其作用是将叼出的书帖按一定规格定位，使分页装置能正确地将书帖分开并搭放在集帖链的三角架上。

4）分帖吸嘴及分帖爪分帖。书帖被挡规挡住后，钢片咬牙咬住书帖，通过两个分页轮相对旋转将书帖拖下，同时由相对的两个分页轮上的分帖吸嘴，将书帖的上下表面分别吸住，向下旋转并从中间分开，书帖被分开后拖到一定位置时，吸帖嘴停气，将书帖放在集帖链的三角架上。这时分页爪和钢片咬牙也随分页吸嘴吸住书帖后旋转而将书帖放开。分页轮上的装置（包括分页爪、分页吸嘴）主要作用是将书帖分开并正确地搭放在集帖链上。

（2）集帖传送

《体育画报》的各书帖被分开落下后，先掉在集帖链上面的托页三角架上，随着集帖链向前移动，挡规将书帖带走，将贮页台的各个书帖配套成册，如图 4—15 所示。

套配法折帖的前后部分错开了一定的距离，一般为 5～8 mm，企业中通常将其称作雌雄边或长短边，如图 4—16 所示。错开的方式可表现为前半部分比后半部分长，或后半部分比前半部分长。装订时所需要的形式取决于骑马订联动设备的结构。在采用机器配页时，叼页机构借助于长短边将书帖分开，并从贮页台中拉出、打开放置，跨骑在集帖链上。制版时应预留出这段长短边，并且计算进最大印刷面积中，如图 4—17 所示。

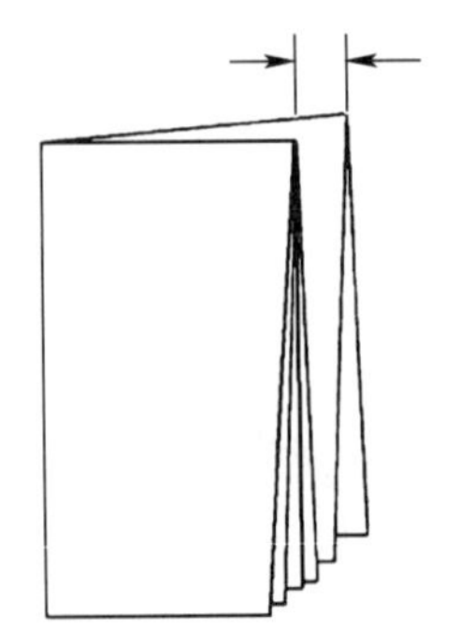

图 4—16　套配书帖长短边

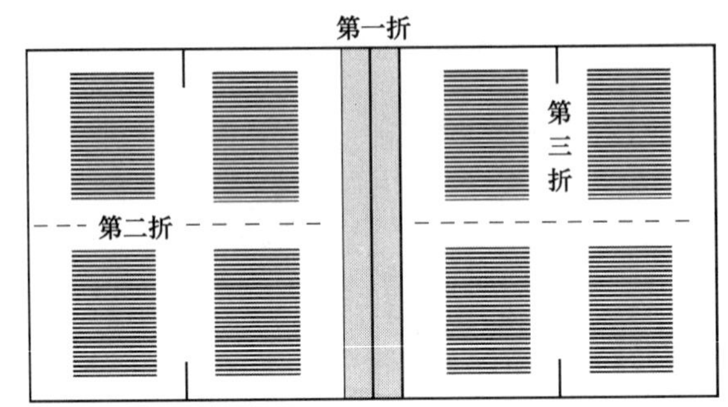

图 4—17　拼版时留出的长短边

三、配页检查

1. 帖标

使用帖标的目的是检测所有书帖是否按照正确的顺序配齐。通常情况下，帖标和帖号、书名联合使用。

帖标通常是一条粗而短的实线，和内文同时印刷完成。它位于每个书帖折缝第一面与最后一面之间，如图 4—18a 所示。第一个帖标通常位于第一折帖的上部，接下来的每个折帖分别与上一个帖标错开本身长度的位置。这样整本书排列下来，帖标在书背处形成阶梯状排列，就像一级级的台阶，整齐有序。检验人员通过观察帖标的位置可以迅速判断是否存在多帖、少帖和错帖现象。

通过有规律排列的帖标，可以看出整本书书芯是否完整，是否按照正确的顺序配集。采用套配法完成的书芯，其帖标的位置位于各书帖的天头，如图 4—18b 所示。装订结束后，帖标连同天头、地脚、前口一同切去，不留痕迹。

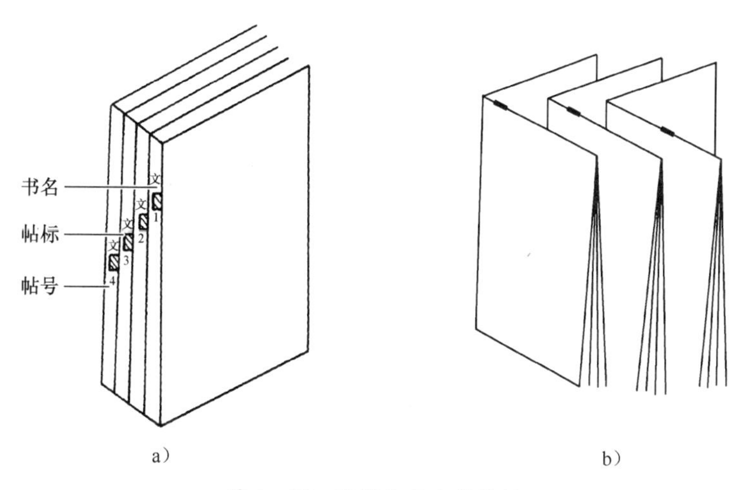

图 4—18　配页检查中的帖标

a）叠配帖标的位置　b）套配帖标的位置

利用帖标进行配页检查时，配页正确的书芯中，各书帖的贴标为均匀的阶梯状排列，如图 4—19 所示，而出现乱帖、重帖、多帖、少帖等错误时，贴标的顺序就会错乱，如图 4—20 所示。

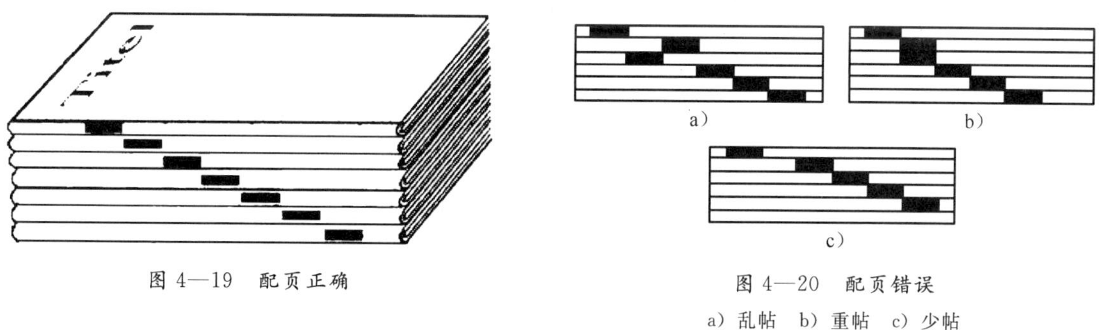

图 4—19　配页正确

图 4—20　配页错误

a）乱帖　b）重帖　c）少帖

2. 页眉和页脚

除使用帖标进行配页检查之外，对于装订工作而言，书籍中的页眉和页脚也能从另一个方面为配页检查提供帮助。

一些大型书刊印刷企业，其半成品堆放场所往往同时集中了大量不同种类的书帖，由于有些书籍版式、开本大小较接近，较易发生“张冠李戴”的情况，所以要加强配页检查工作。如果在版面设计时有页眉和页脚，可将其与帖标、书名和书号配合起来使用，如图 4—21 所示。

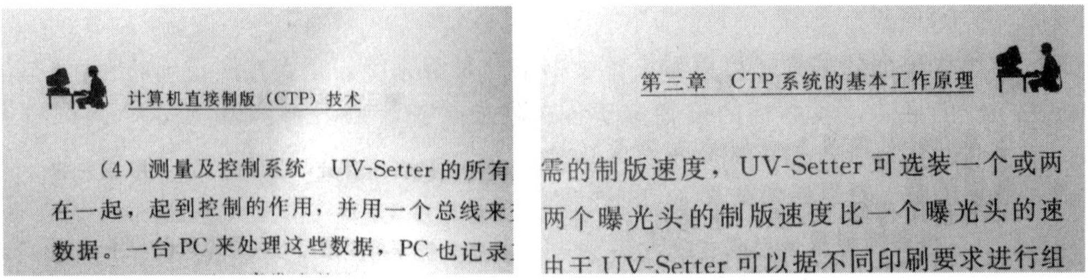

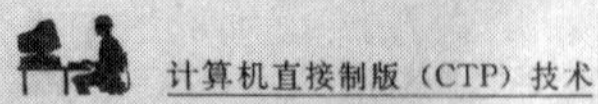

（4）测量及控制系统　UV-Setter 的所有
在一起，起到控制的作用，并用一个总线来
数据。一台 PC 来处理这些数据，PC 也记录

第三章　CTP 系统的基本工作原理

需的制版速度，UV-Setter 可选装一个或两
两个曝光头的制版速度比一个曝光头的速
由于 UV-Setter 可以据不同印刷要求进行组

图 4—21　某本书的页眉

第二节　订 联 工 序

《体育画报》共四帖，采用上一节所讲的套配法完成书芯的配集。接下来进入了订联的工序。其实任何一本书籍，无论采用何种印刷形式，均要经过订联才能成册。同时，因订联方法的改变，装订的整个加工工艺也会随之改变。

订联是将书帖或零散页装订成一本完整的书芯的工序，是书籍加工工艺中的一道重要工序。将经过折页的书帖或插页配集订联成一本完整的书芯，可以采用多种方法，如铁丝订（一般多为骑马订）、锁线订、胶订、塑料线烫订和活页装等。选定采用的方法之前，首先要根据客户要求、纸质情况和使用目的等，选定一种订联方法。

以《体育画报》为例，由于只有 4 帖，所以骑马订装订方式较为适合。本节将骑马订作为重点，无线胶订及锁线订将分别在第六章和第七章中具体介绍，塑料线烫订已在第三章中进行了较为详细的说明，本章不再赘述。

一、骑马订的特点

骑马订这种订联方式，较多地应用于画册、杂志、小册子和产品目录的加工，采用套配法配页，整本书芯可由单帖组成，也可由多帖组成。为了保证版心不过多偏移，通常情况下书芯以三帖或三帖以下为宜。

骑马订利用铁丝从配好页的书帖的书脊折缝外面穿进里面，并弯脚，从而将书帖固定串联起来。因为订书时要将书帖跨骑在订书架上，形似骑马而得名，如图 4—22 所示。

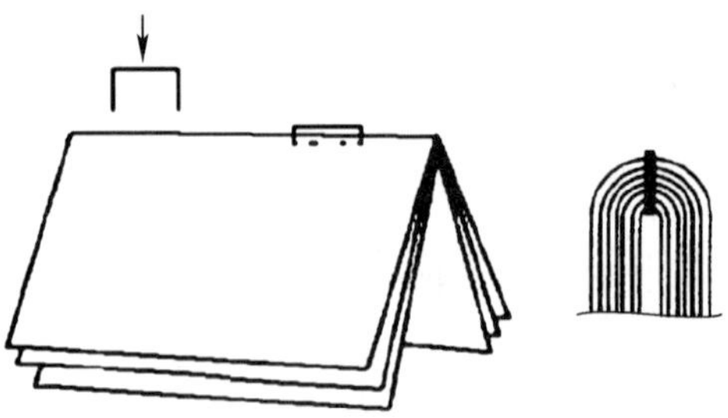

图 4—22　骑马订

《体育画报》之所以采用骑马订订联工艺，是因为它具有流程短、工艺简单、出书速度快、用料少、成本低的特点，而且所订书刊易开合（见图 4—23）、翻阅方便，但使用寿命较短。

采用骑马订工艺时，书册采用套配法配页，帖与帖之间相叠后会出现一个积累宽度，并且随着帖数的增加而递增。当书帖较少时，经三面裁切，对页面质量产生的影响还不算明显。可当帖数较多或纸质较厚时，最里面的书帖会向外挤出，切口处就形成梯形边，裁切后，页面成品以内部分被裁去，导致一些带框边的画

图 4—23　骑马订书刊易开合

面不居中。若偏移严重，有些页码就会被裁掉和移向切口边，直接破坏页面整体设计，影响书册的阅读质量。

对于只有 1～2 帖的一般性杂志，选用 60 g/m^2 的胶版纸，可按正常拼版方法，版心居中拼放，若为多帖，则需要在印前拼版时加以补救。在拼版前，先用相同的纸张折一本完整的样书，并对其书脊叠加后的宽度进行测量，再依此数据从最里面的页面版心开始向订口处作渐变移动，补齐偏差。

在配集好的书芯折缝上订 2～4 个铁丝钉，铁丝钉的形状主要有平钉和环形钉两种，如图 4—24 所示。

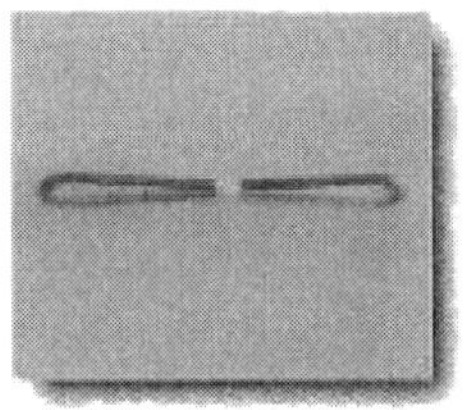

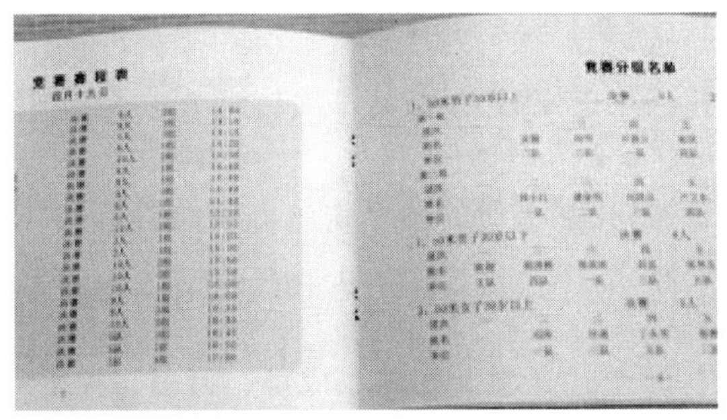

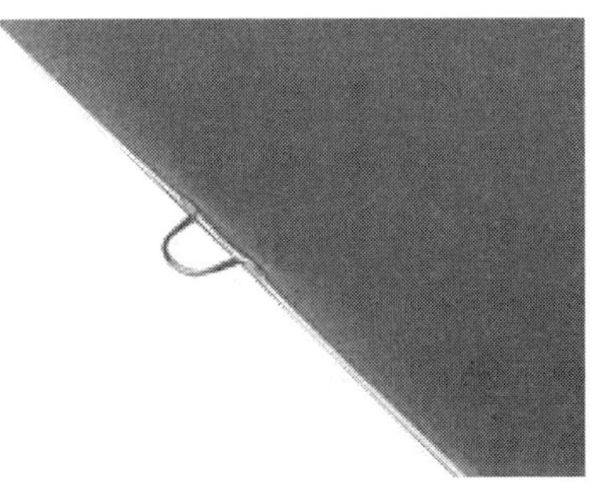

a)　　　　b)

图 4—24　平钉和环形钉

a) 采用平钉的印刷品　b) 采用环形钉的印刷品

二、骑马订订书机的组成及工作过程

骑马订订书机主要由机座、机身、传动机构、机头和工作台等组成。订书时以机头部分作为主要的操作部位，如图 4—25 所示为安装了 4 个机头的订书机。

图 4—26 演示了骑马订订书机的工作过程。

图 4—25 安装了 4 个机头的订书机

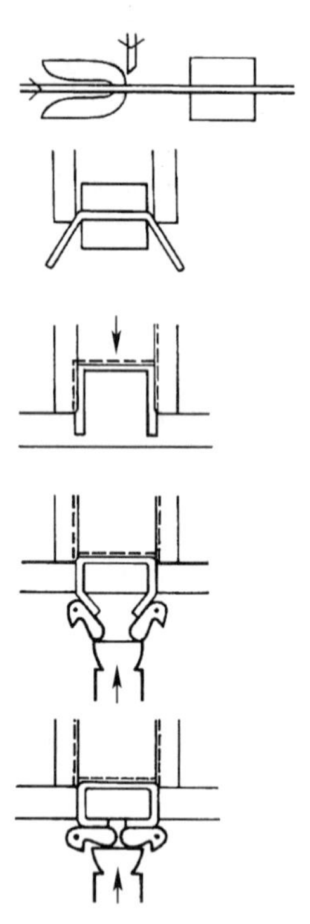

图 4—26 骑马订订书机的工作过程

1. 送料、切料：在机器上部的小轴上，装着铁丝盘，铁丝由输料机构通过导丝孔进入成型钉装置，根据所订书芯厚度和纸质切取合适的铁丝长度。

2. 成型：铁丝按预定规格被切断后，通过两侧的成型滑板将铁丝弯曲成两个直角形的铁钉，又称锔子。

3. 订书：压板下压，将铁钉的两腿扎入书芯的全部书帖，铁钉通常在离开书脊 3～6 mm 处，从上面订入。

4. 托平：位于下方的铁钉折弯器的托爪将扎穿书册的两个铁丝订脚向里弯扎并托平压实，使书帖各页牢固地连接在一起。

5. 一次订本过程结束。

机头是骑马订订书机里非常重要的结构，上述送料、切料、成型、订书、托平等工作，都是由机头来完成的。机头结构复杂、精密，在铁丝订中经常出现的卡锯（铁丝被卡住）、钉锯长短不规则（订爪不一致）、订爪扎歪等问题，都与机头有直接关系。因此，机头的质量如何，对骑马订装订产品质量和装订的速度、效率、稳定性有很大影响。好的机头不仅可以使装订质量更好，而且准备时间更短，操作更加简便。

图 4—27 展示了几款优质机头。

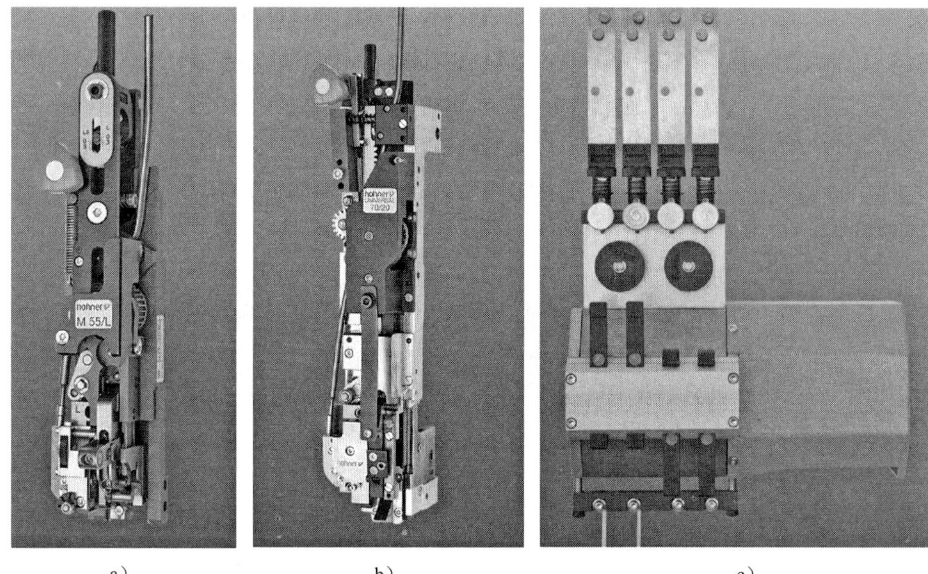

a)　　b)　　c)

图 4—27　几款优质机头

a) M55/L 机头　b) Universal 70/20 机头　c) HSSHK U/M 机头

三、骑马订联动生产线

骑马订订书机有半自动和全自动之分。半自动订书机采用人工搭页，在国内的一些小型印刷企业使用较多。加工印量较大的印刷产品多采用骑马订联动生产线，骑马订联动生产线是一种多工序联动化的装订机械，由自动搭页机组、骑马订订书机构和三面切书机三部分组成，完成骑马订联动的配、订、切操作。目前，一般的骑马订联动设备都配有缺帖、多帖、歪帖、漏帖、堵书及书本厚度和钉子数量等检验功能，成为加工大批量期刊的主要设备。骑马订联动生产线如图 4—28 所示。

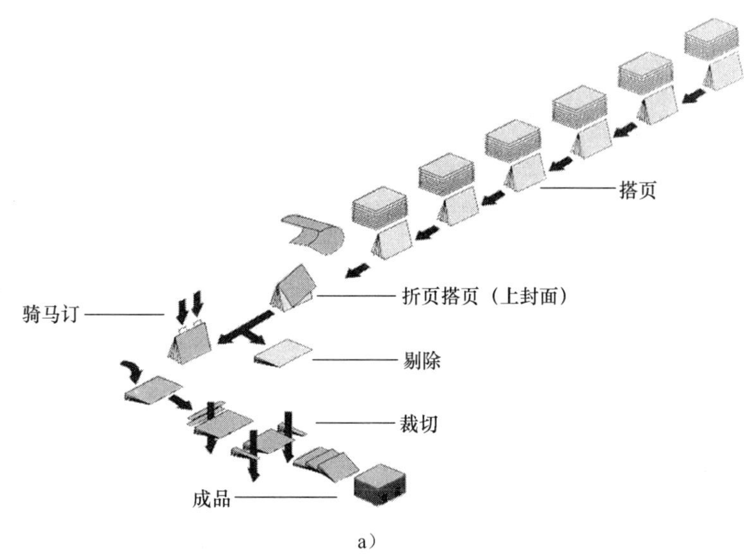

a)

b）

图 4—28 骑马订联动生产线
a）骑马订联动生产线工艺流程 b）骑马订联动生产线实物（瑞士马天尼 BRAVO PLUS）

骑马订联动生产线的组成及主要机构的特点如下：

1. 配页机组

配页机组也称为搭页机构，应用的配页方式是套配法，书帖数应控制在 3～4 帖。骑马订书籍上封面可以预先进行简单一折页，再放到贮页台上同配页一道完成，有的配页机组具有折搭功能，则无需预先折页，一般期刊最外面的封面应放在离机头最近的搭页机上（后搭）。骑马订联动生产线配页机组如图 4—29 所示。

图 4—29 骑马订联动生产线配页机组

2. 订书机组

订书机组是骑马订联动生产线的主要工作部分，其任务是将配套在集帖链上并经过订书传送链条传递过来的散书帖订联成册并送到切书部分，如图 4—30 所示。为了保证装订质量，机头部分设有机头控制装置，其作用主要是控制机头工作或不工作。当检测控制装置遇到缺帖或多帖等不合格的书册时，就将信号传给机头控制装置，机头就停止订书，并将不合格的坏书抛到特制的废书斗中，遇到过厚的书册就停机，并及时调整。

3. 切书机组

经订书机订好的书册，从集帖链上被带出，根据书册装订质量好坏进行检测，分别输送到传送带或坏书斗内。传送带将合格书册送到三面切书机，骑马订联动生产线中的书刊三面裁切采用剪式裁切原理，因此受裁切厚度的限制，切书操作是一本一本地进行，一般先切切口，再切天头、地脚，最后送入收书斗，如图 4—31 所示。

图 4—30　骑马订联动生产线订书机组

图 4—31　骑马订联动生产线三面切书机组

4. 骑马订联动生产线自动控制工作

为了保证装订书册的质量，骑马订联动生产线设有检测、坏书输出、出书计数的控制装置。当骑马订联动生产线在正常工作中出现故障时，这些控制装置发生作用，传递信号进行控制，以利于整条生产线的顺利工作。

（1）测书装置

测书装置的作用是对搭页机在自动搭页过程中可能造成的缺帖、多帖等各种故障进行自动检测，并及时发出信号来控制机头的动作，以保证装订质量。

1）缺帖检测工作。缺帖检测指对书册在加工中由于某种原因出现少帖、漏帖、掉帖等进行检测控制。

2）测厚装置工作。测厚装置可以将书册在多帖、缺帖时所造成的不正常厚度检测出来。

3）机头的停订工作。当遇到缺帖、多帖的情况时，检测装置会将此故障以电信号的方式传输给控制器，使得机头不再进行订书工作。

4）坏书输出装置工作。不符合装订质量的坏书将要通过出口时，被拦书爪沿传送带抛进坏书斗内。

（2）出坏书延位装置

当出现多帖、少帖时，不能立即使机头停订，因为集帖链上仍然有传送着的正常书册。这就需要搭页机检测装置在测出坏书和传出指令信号后，延长一段时间（即等坏书到了机头下的位置），才能使机头停订，并使出坏书装置进行工作。这段延长的时间，是采用时间程序控制装置进行自动操作的，这就是出坏书的“延位装置”。延位时间是按机器运转的工作周期来进行计算的。

(3) 出书装置

书帖经骑马订联动生产线的配（即搭帖）、订、切加工，即成为一本可阅读书册，然后被自动传送到收书斗内。在书册进入书斗前，即三面刀出书口处，安装了一个可选式光电循环计数器，其作用是控制两只收书斗按设定数字轮流地接受输出的书，以达到分沓计数的要求。

四、骑马订装订质量要求

1. 书页与书帖

(1) 三折及三折以上的书帖，应划口排除空气。

(2) 定量为 59 g/m² 以下的纸张最多折 4 折，定量为 60～80 g/m² 的纸张最多折 3 折，定量为 81 g/m² 以上的纸张最多折 2 折。

(3) 书页版心位置准确，框式居中，页张无油脏、死折、白页、小页、残页、破口、折角。配帖应正确、平服、整齐，无多帖、缺帖、错帖、缩帖、倒帖（颠倒书帖），无明显“八”字皱、死折、折角。

(4) 书帖页码和版面顺序正确，以页码中心为准，相邻两页之间页码位置允许误差≤2.0 mm，全书页码位置允许误差≤4.0 mm，画面接版允许误差≤1 mm。

2. 装订质量

(1) 配帖应整齐、正确。

(2) 订位为钉锯外钉眼距书芯长上下各 1/4 处，订距规格一致，允许误差为±3.0 mm。

(3) 钉锯订在折缝线上，订后书册无坏钉、轧坏、中缝破碎；无漏订、断订、缺订脚、订披，弯脚平服、松紧适度；书册平服、整齐、干净，订脚平整、牢固，钉锯均订在折缝线上，书帖歪斜允许误差≤0.2 mm。

3. 成品质量

(1) 成品裁切歪斜误差≤1.5 mm。

(2) 成品切书规格准确，裁切后无毛口和严重刀花，无连刀页，无严重破头。

(3) 成品外观整洁，无压痕。

(4) 书本两对边的平行度和相邻边的垂直度误差应不超过±0.5 mm。

4. 使用铁丝规格

铁丝的使用是根据书册的厚薄和纸质的好坏来决定的。书册越厚，纸质又好，所用的铁丝直径就应大些，质地应硬些；否则铁丝直径就可小些，质地可软些。书刊页数与铁丝规格的关系见表 4—1（以 52 g/m² 胶版纸为准，定量大可依次加大线径）。

表 4—1　书刊页数与铁丝规格的关系

书刊页数	40 页以下	41～70 页	70～120 页	120 页以上
铁丝直径（mm）	0.5～0.55	0.55～0.6	0.6～0.7	0.7～0.8
铁丝号数	25～24	24～23	23～22	22～21

技能训练

骑马订书刊生产操作

一、目的和要求

1. 了解配页的方式、方法。

2. 了解骑马订联动生产线的工作流程。

3. 掌握骑马订产品——《体育画报》的质量检验方法。

二、设备和材料

1. 设备

骑马订联动机一台。

2. 材料

折页刮板一个、《体育画报》印刷页。

三、训练步骤和工艺要求

1. 折页

将印张按页码顺序，沿折线进行手工折页。如条件允许，也可在折页机上完成该步骤。

2. 配页

在机长或教师的监督下完成下列操作：

(1) 将所折书贴理整齐，根据套配要求正确放置于骑马订联动生产线的贮页台上。

(2) 根据书册幅面正确调整搭页机贮帖挡规和吸气嘴的位置、风量等。

3. 订书及三面裁切

在机长或教师的监督下根据书册幅面及厚度正确调节订书机头顶订距、弯角座、压力、集书链条，以及铁丝直径的规格、切刀的规矩等，如图 4—32 和图 4—33 所示。

图 4—32　弯角座调节

1—手柄　2—手轮　3—拉杆

图 4—33　集书链条位置

1—螺钉　2—手轮　3—凸轮

调节好设备各相关检测机构，发现问题要及时进行隔离并检查处理。

4. 质检并包装

装订过的产品在包装前要经过检查，查看是否有质量问题。产品出厂包装时，一般小包为捆扎，大包用双层牛皮纸打包，再以 14～16 mm 的打包带打成“井”字包。要求高的产品要装纸箱，防止运输过程中碰撞损坏。

四、注意事项

1. 操作者禁止留长发操作，若留有长发应将头发盘起并戴工作帽。

2. 禁止戴手链、项链及戒指操作。

3. 应按照上述步骤逐项调节，培养工作的条理性及规范性。

4. 完成实习任务后应将设备各部分调节归零。

知识拓展

骑马订联动生产线的发展

印刷工业的快速发展，带动着印后加工设备不断更新换代。其中，骑马订设备也逐渐发展为品种全、品牌多、自动化程度高的联动生产线。

新型的现代化骑马订联动生产线不仅适合大批量活件的快速生产，还可以实现多种功能，如套入插页、三面裁切、数帖及捆扎等；除此之外，数字印后也取得了较快的发展。下面介绍国内外骑马订联动生产线的发展动态及应用情况。

一、向高速发展，性能更加稳定

装订速度达到 12 000 本/h 对于当前的骑马订联动生产线来说已不再困难，甚至有的机型（马天尼 Supra 骑马订联动生产线）达到了 30 000 本/h 的高速度。设备制造商在提高速度的同时，都在努力提高机器运行的稳定性，对搭页机、订书机、三面切书机的结构进行了很大改进，如搭页机采用双叼牙和三叼牙结构，订书机采用双订书架结构等。这些新结构是实现高速运行的关键，保证骑马订联动生产线在高速运转时的稳定性。

二、自动化程度越来越高

自动化程度的提高主要体现在开本规格的自动调整功能、无轴传动技术的应用，以及完善的检测系统 3 个方面。

1. 自动调整开本规格已成为骑马订联动生产线的发展趋势。只要通过屏幕输入装订书本的长度、宽度和厚度，控制器便能自动对搭页机、订书机、三面切书机甚至堆积机的开本尺寸进行调整。

2. 无轴传动式骑马订联动生产线去掉了原有的机械传动长轴，并在每一个单元（包括搭页机、订书机和三面切书机）安装了独立的伺服驱动装置，各单元的协调运行由总控制系统完成。无轴传动技术的应用，不仅使各单元的运动过程更加平稳，而且缩短了机器的安装调试时间。

3. 装订过程全方位监控是保证装订质量的关键。一般的骑马订联动生产线都具备缺帖、多帖、歪帖、漏帖、堵书，以及书本厚度和钉子数量等的检测功能。高档骑马订联动生产线还具备裁切监控功能，即能够对三面切书机的裁切质量进行检测。有的搭页机还具备图像识别检测或条形码识别检测功能，以保证搭页机的工作质量。另外，顺序启动/停止功能也日趋成熟，很多机器已具备该项功能，能够有效保证第一本书和最后一本书的装订一致性。

三、产品的多功能和模块化结构

如今，书刊装订对骑马订联动生产线的要求越来越高。不仅要满足书刊装订的各项要求，还希望通过在装订生产线上增加一些辅助功能来提高书刊的装订品位，增强对读者的吸引力。这些设备都采用模块化结构，可在联动生产线的任意位置进行加装，进一步扩大了骑马订联动生产线的装订范围，满足了出版商对书刊装订的特殊要求，提升了装订厂商的竞争力。目前，骑马订联动生产线的附件功能主要包括以下几个方面：

1. 双联、三联裁切和冲孔功能

对于小开本书册，如CD光盘册子等，采用双联、三联裁切能够大幅度提高效率，一个循环过程能够生产3本小册子。

2. 自动上帖功能

一些骑马订设备供应商备有自动上帖装置供客户选购，以减轻工人的劳动强度，提高生产效率。

3. 卡纸粘贴功能

现在，国外已有很多客户开始注重该项功能，即书帖在集书链条上运行时，在线完成粘贴，并且与主机运行速度同步。利用该功能可将光盘、产品样本、反馈卡片等方便地粘贴到书册中。

4. 其他功能

除上述功能以外，还有喷码功能、装袋功能、加托盘功能等，可根据需要进行选择。

四、向数字化发展

随着单张纸和卷筒纸数字印刷机的发展，数字印刷的印后加工系统也及时跟进。虽然按需印刷技术大多应用在短版活（1 000印以下）上，但这并不是一成不变的。印刷机功能日益强大，特别是卷筒纸喷墨打印机的广泛使用，使很多数字印刷厂也开始接受长版活。这种工作流程上的变化促使人们将目光转向了印后加工解决方案上。

数字印后加工在系统和工作流程上与商业印刷有很大的不同，它们通常采用“一次性”的生产方式。就是说，每本书的内容和页数都可能不同，而每一个读者所看到的效果也都是不同的。例如有的骑马订联动生产线推出配套软件，能通过PC界面对各个配页单元进行控制，同时还能让操作人员选择配页单元和输纸顺序。此外，这款软件还可以被数据库驱动，可以制作具有个性化数据的小册子。

五、市场定位更加准确

世界经济的高速发展对印刷品也提出了更高、更快的要求，印刷企业要与之适应，市场定位就需要更加明晰。骑马订设备制造商针对印刷企业对设备要求的不同，配备有大、中、小型骑马订联动生产线供客户选择。

随着我国劳动力成本的快速增长，国内印刷企业对骑马订联动生产线的需求越来越大，而国内骑马订联动生产线制造商通过自主研发、技术引进，与进口设备间的差距也在逐渐缩小。因此，未来国内印后加工市场上，骑马订联动生产线将向着更加多元化的方向发展。

实践操作题

1. 统计本教材的总面数并计算总印张数。根据叠配法的特点，编排出前三帖的页码分布。

2. 仍以本教材为例，选取前52面。若采用套配法配页，请编出每帖的页码分布。

3. 参观骑马订联动生产线，看看它由哪几个部分组成。

4. 观察骑马订切书机与三面切书机的工作方式，比较其异同。
5. 收集一本书的各个书帖，进行少帖、多帖、乱帖等故障的模拟。

思考练习题

1. 配页方法有哪几种?
2. 在如图 4—34 所示的印刷页上标出帖标的位置。

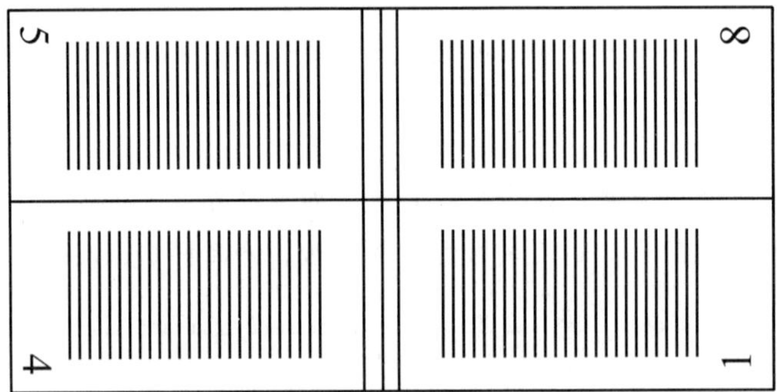

图 4—34 印刷页

3. 哪些标记可以和帖标一起对书芯进行配页检查?
4. 影响订联方法选择的因素有哪些? 请举实例说明。
5. 骑马订与其他订联方式相比具有哪些特点?
6. 简述骑马订订书机的工作过程。

第五章　活页装印刷品印后加工

学习目标

掌握活页装的常见种类，掌握环订装、夹板装、梳形装和孔钉装的制作流程。掌握双线环订装和螺旋环订装的制作方法。

印后装订是指按一定的规格和要求，将印刷好的散页或书帖订联加工成册，或者把单据、票据等整理配套，订成本册，使之便于使用、阅读和保存。随着市场对个性化、短版、按需印刷需求的增长，传统的胶订、骑马订等订联方式已不能满足客户的个性化需求。在这种情况下，工艺合理、样式美观的活页装提供了一种印后装订方案。

所谓活页装，是利用金属材料（或塑料）将单张散页组成的活页本册类印刷品连接成册的装订方法。

活页类印刷品的结构比较松散，而装订后的本册具有良好的工作性能，平展性能好，可以将不同材料、不同厚度、不同幅面、不同纹理、不同风格的零散页面装订在同一产品中，特别适合内页中有折叠式插页和跨页图案的印刷品。本册内的每个页面可以采用不同的整饰方法，并且能够方便地更换页面，除去不需要的页张。目前这种订联方法广泛用于装订企业实物样本、产品目录、日历、食谱、相册、集邮册、宣传册等需要长期频繁使用的产品，如图 5—1 所示。

图 5—1　各类活页装印刷品

根据装订后的成品形式不同，活页装可以分为环订装、夹板装、梳形装和孔钉装四种。活页装的加工工艺流程如下：

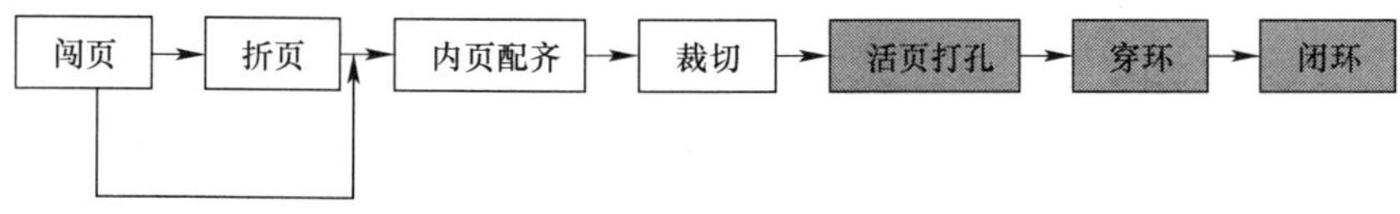

本章以常见的环订装产品台历为例（见图 5—2），介绍环订装产品的印后加工工艺。

图 5—2　环订装台历

第一节　环订装与夹板装

环订装是指利用金属丝或塑料丝将打好孔的单张散页连接在一起的装订方法。环订装印刷品平整度好，翻开后可 180°平摊和 360°翻揭，可实现单手持书阅读，是各种报告、操作手册、培训教材、练习本、日历等产品的最佳装订方式。

根据金属丝加工的形状不同，环订装可以分为两种：一种是所用的金属丝被加工成可以直接穿压的、坚固结实的双线，呈条圈状，称为双线环订装，主要用于企业实物样本、画册和产品目录的制作；另一种是所用的金属丝被绕卷成圆柱形的螺旋状，称为螺旋环订装，多用于装订活页本册、相册等产品。双线环订装和螺旋环订装如图 5—3 所示。装订所使用的连接材料有多种色彩，所选用的颜色应与产品的主题和色彩方案相匹配。

a）

b）

图 5—3　环订装
a）双线环订装　b）螺旋环订装

一、双线环订装

双线环订装台历是将预先弯折成型的双线金属圈，穿套在散页上预先打好的方孔或圆孔中，由专用设备压紧金属圈，从而完成装订。由于装订过程中需要对准挤压，所以双线环订装中所使用的订联材料多为铁丝。铁丝被绕曲成上下两排平行的犬齿状“楔子”，上排的“楔子”比下排的稍宽一点，大小“楔子”相互交错，同排“楔子”相互平行，如图 5—4 所示。

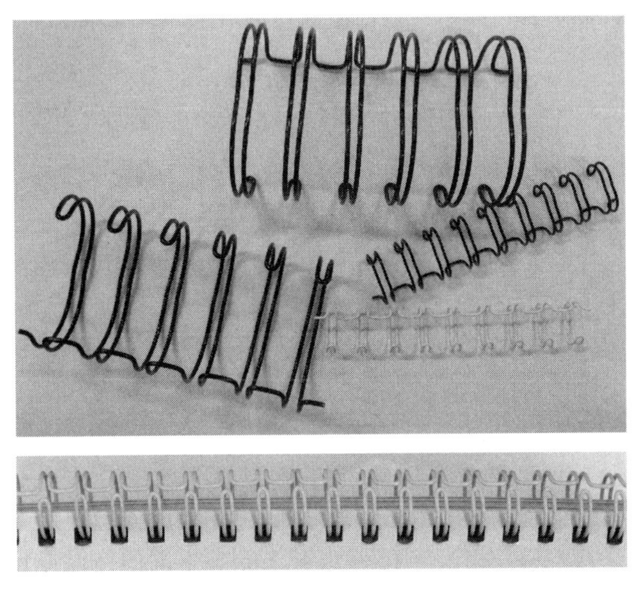

图 5—4　双线环订装中的“楔子”

双线环订装是环订装台历的首选，外表美观，结实耐用，可同时容纳不同材料和形状的页面，适用于装订厚度在 25 mm 以下的台历。双线环订装的缺点是金属圈压紧后，就无法再增加页面。

根据印刷品内文特点和所使用的设备，双线环订装可以采用不同的工艺和生产流程。手工和半自动化工艺生产速度慢，适合工艺简单、生产周期短、批量较小的产品；而利用自动化生产设备，由于准备时间长，生产速度快，所有工序可以联机完成，所以仅适用于大批量的业务加工。此外，产品加工的复杂性和数量大小也会影响生产流程的确定，如所加工内文页面大小不一致，有折叠插页、模切烫金页面、标签等特殊页面。双线环订装可以采用以下工艺流程：

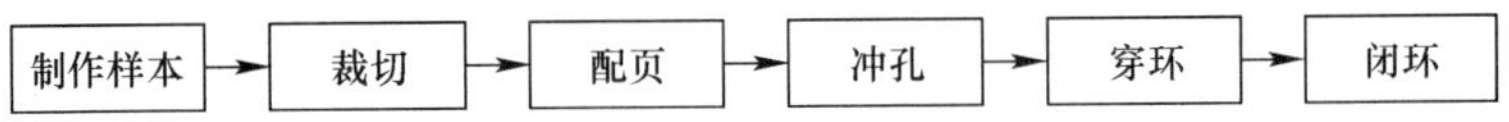

1. 制作样本

应尽量向客户索要成品台历样本，再由装订车间测量台历样本中所有的页边距、页面设置、标签位置和成品尺寸等基本数据，作为设计和制作的基础。如果没有台历样本，则应由生产工艺部门先试制一个台历样本，尽可能“模拟”制作后的实物成品，得到客户认可后再批量生产。需要注意的是，制作台历样本时应采用正式生产中所使用的原材料，确保最后台历样本的准确性。

2. 裁切

双线环订装台历内页需要事先裁切。小幅面的内页，可以在单面切书机上进行四边裁切。裁切时，上、下封面和内页可以一起裁切，然后共同打孔；而大幅面且较厚的印刷品，则需要先对书芯内文进行简单的上胶，在书背上涂刷一层薄薄的胶水，起到固定页面的作用，然后上三面切书机进行三面裁切，此时装订成所谓的裸书。裸书打孔前再上切书机将上过胶的书背完全切除。裁切后，此前经过简单胶订的印刷品又变成了单张散页，经过这样加工的内页四边都很整齐。

3. 冲孔

采用双线环订装对台历进行加工时，首先要在装订边上冲出一排装订孔，注意冲孔时不能伤及文字和图案。冲孔所使用的设备称为打孔机或冲孔机。

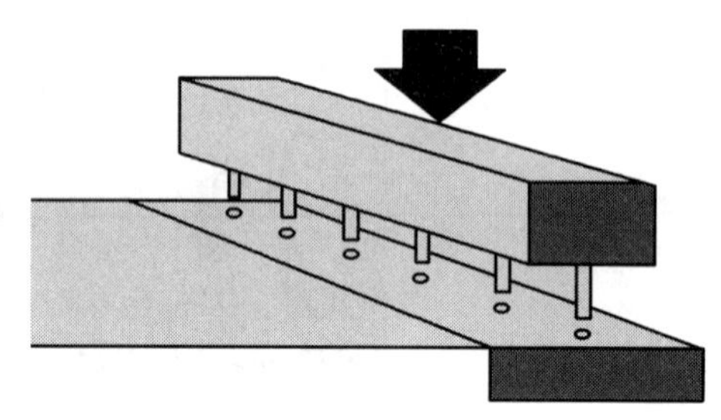

图 5—5 打孔模板

双线环订装一般打的是方孔，主要是为了与“楔子”相对应。打孔是利用打孔模板中的方形或圆柱形打孔刀来进行的，打孔模板如图 5—5 所示。

打孔前应根据产品的厚度选择不同螺距的打孔模板。螺距是指相邻两个装订孔的中心距离，如 3∶1 的螺距就是指每英寸长度内均匀分布着 3 个装订孔，用毫米表示，相当于孔距 8.47 mm。不同的产品厚度，应该选择不同螺距的装订孔，其对应关系见表 5—1。同时，所用铁丝的粗细也要根据印刷品的厚度来确定。如果铁丝太细，页面翻动就不灵活，容易因磨损而造成页面的损坏；如果铁丝太粗，整个外观就不协调。一般情况下，装订用的双线铁丝需要根据产品的作业尺寸和颜色向专业制造商预订。

表 5—1　　印刷品厚度与螺距关系

印刷品厚度（mm）	装订孔螺距	螺距长度（mm）
3～5	4∶1	6.35
6～12	3∶1	8.47
13.5～28	2∶1	12.7

打孔工作分为三个过程：首先将印刷品放入打孔机的输入台，打孔机中叼纸机构叼起一叠纸放到打孔刀下，等纸张固定后，打孔刀下落，在印刷品的边缘打出一排孔距相等、大小均匀的孔穴。打孔时产生的纸屑从旁边排出。

根据印刷品的厚度，打孔可以分若干次进行。为了保护页面上的图文，打孔时必须留出足够大的订口距离。一般来说，3∶1 的螺距，从书脊边缘到装订孔边缘至少要留出 10 mm 的余量；而对于 2∶1 的螺距，则必须留出 12.5 mm 的装订余量，并注意避免天头、地脚两端出现不完整的装订孔。

由于材料及厚度等的不同，书芯部分可以与封面（封底）部分分开打孔，等两部分都打完孔后，再配齐封面和书芯。由于均为单张页，所以采用手工配页方法。

4. 穿环和闭环

穿环是指将已经加工成型的双重铁丝环挤压穿入装订孔中，闭环是指穿好铁线环后将铁丝环的开口封闭。需注意的是，装订线中双环的开口和闭口缝隙应位于封底和书芯的最后一页之间。

穿环和闭环这两道工序既可以在自动化的穿环机上进行，也可采用手工方式完成。把打好孔、配好页的台历放到穿环机的输纸台上，利用侧规与前规将其定位，通过输纸台使台历进入挤压工位。进入的同时，方形孔穴与铁丝的下排小“楔子”一一对应，小“楔子”进入方形孔穴少许，挤压板落下，把上排的大“楔子”压弯，使其前端与相对应的小“楔子”接触。这样，相互交错的大小“楔子”就把台历连接起来。

双线环订装的台历在展开后不会出现左右页面上下错位的现象，不会破坏跨页图案的总体效果。所以，双线环订装也是地图、科技插图等需要跨页图案的文献资料的理想装订解决方案。

二、螺旋环订装

螺旋环订装采用一根连续弯曲成螺旋状的装订线圈来固定页面。与双线环订装的双线金属圈和后面所介绍的梳形装的塑胶梳形夹由专业厂商加工成一个个单体不同，螺旋环订装所用的螺旋线圈则是呈直线状绕成一卷，随用随弯随切。根据不同印刷品的装订需要，螺旋线圈有金属、塑料、涂塑金属等多种材料。

螺旋环订装适合于书芯厚度在 5 cm 以下的活页书册选用，其主要工艺流程如下：

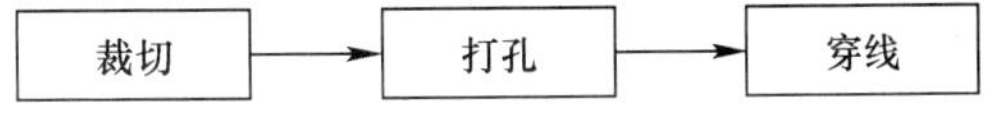

1. 裁切

采用螺旋环订装的印刷品必须先进行四边裁切，然后才能进行下道工序的打孔和穿线。裁切原理和工艺过程与双线环订装中的裁切相同。

2. 打孔

螺旋环订装一般打的是圆孔，有利于金属丝（塑料丝）的旋转。金属螺旋环订装常采用 5∶1、4∶1 和 3.5∶1 三种圆孔，而塑料螺旋环订装采用椭圆孔或圆孔，类型上多了 2.5∶1 型。表 5—2 为螺旋环订装中螺旋线圈直径的常用规格。

表 5—2　常用螺旋线圈直径（不含封面，内文用纸定量为 32 g/m²）

内页数量（张）	螺旋圈直径（mm）
30	7
50	9
90	12
140	18
180	22
250	30

3. 穿线

该工序一般在半自动机器上完成。把需要穿线（这里的"线"是指金属丝或塑料丝）的印刷品放到穿线机上固定好，将线的前端对准第一孔穴，踩动机器，弹簧状的金属丝（塑料丝）顺着孔穴依次向前旋转，把印刷品穿连起来。当金属丝（塑料丝）旋转到装订口末端露出少许时，停机，用钳子把稍稍多出一点的金属丝（塑料丝）向里端拧弯。应注意，弯折后的金属丝（塑料丝）末端不能超过螺旋装订线直径的3/4。同样，另一端也用钳子把"线"剪断并向里拧弯。使用的钳子最好是三嘴钳，在剪断金属丝（塑料丝）的同时，也可将其拧弯。穿线如图5—6所示。

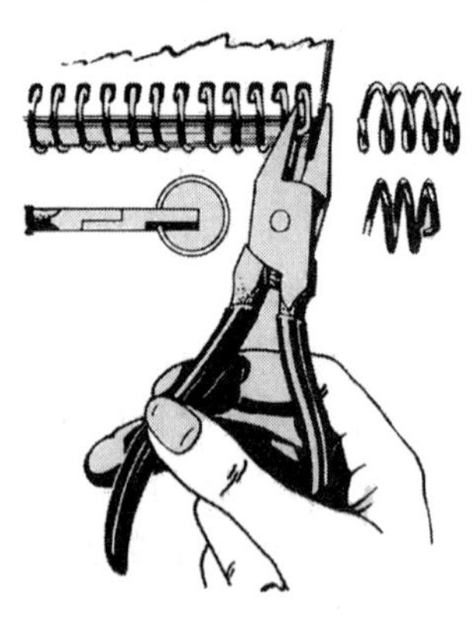
图5—6　穿线

在环订装使用的两种连接材料中，金属丝和塑料丝各有优缺点。金属丝经久耐用，但是成本较高，并且长时间使用后，会在印刷品上留下蹭迹，所以多会对金属丝进行喷塑处理。塑料丝质量轻，使用安全，颜色丰富，装订出来的产品外观漂亮，但不牢固。

环订装是活页装产品常用的装订形式，但是它的应用也受到一定的限制。特别是对于采用金属丝的环订装产品，在受压时铁丝环会产生变形，影响产品的使用和外观。此外，环订装加工工艺中由于涉及较多的手工操作，也容易磨损图文，所以，环订装的书册不宜采用大面积的实地印刷，不能采用干燥比较慢的油墨。同时，成品的包装也要非常注意，书册上的铁丝环要两边依次排列，防止成品表面上留下压痕和蹭迹。

三、夹板装

夹板装有两种形式。

一种是在一沓活页中间打两个圆形装订孔，再把一根已加工成"凵"形金属片的两端穿过该圆孔，将活页穿连起来。将另一也有等间距圆孔的短塑料片套入金属片的两端，并将金属片两端向外侧压弯，完成了简单夹板装。简单夹板装如图5—7所示。

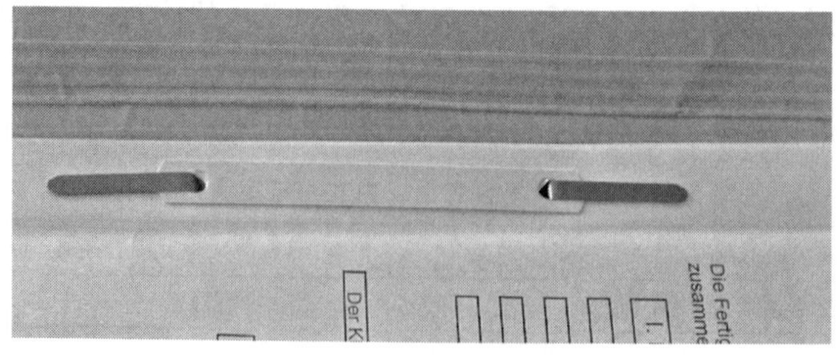
图5—7　简单夹板装

这种装订方法简单、快捷，装订后的书册活页拿取非常方便，但装订不牢固，特别是金属片多次弯折后易折断，并且所装订的活页也不能太多。所以，简单夹板装只能装订薄的、不需要长期保存的、使用价值不高的活页书册。

为了克服简单夹板装的缺点，可使用另一种较为实用的夹板装，即文件夹板装。这种方法中将金属片换成了两个较粗的圆柱状金属环。通过扳扣，金属环可以从中间打开，便于活页的加减。同时，较短的塑料片也被换成了较厚的金属片，金属片可以固定在金属环上，从而固定住单张活页。文件夹板装如图 5—8 所示。

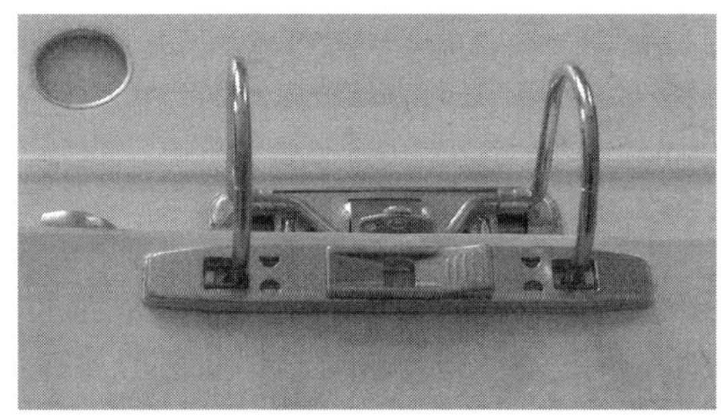

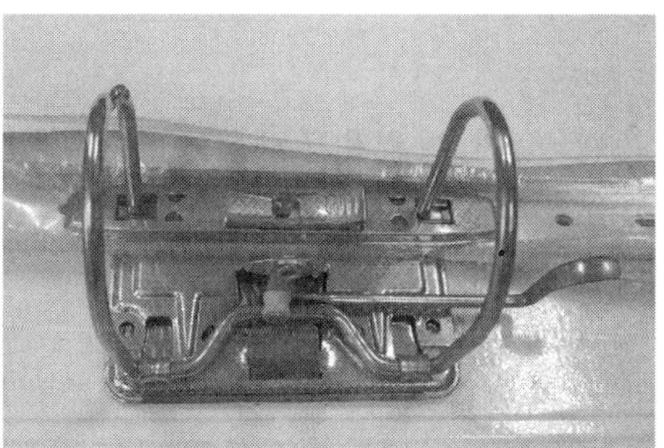

图 5—8　文件夹板装

文件夹板装的外壳多采用较厚的纸板制作，如办公用文件夹，用来存放常用的文件、资料、图片等，可以随时取用，增减文件也非常方便。

由于夹板装中的活页都要在中间被打上两个圆孔，所以必须使用打孔装置。这里的打孔装置并不需要前文所述的打孔机，只需办公用打孔机即可。

第二节　梳形装与孔钉装

活页装产品除了常见的环订装和夹板装外，针对一些较薄和较厚的印刷品还可以分别采用梳形装和孔钉装，其制作方法和流程比较简单。

一、梳形装

梳形装所用的装订材料为塑料插片，通过插片包卷入活页类印刷品的方形孔内，将印刷品内文连接起来，插片可以取下供加减内页。装订成型后，卷曲的插片呈梳齿状，故名命为梳形装，如图 5—9 所示。

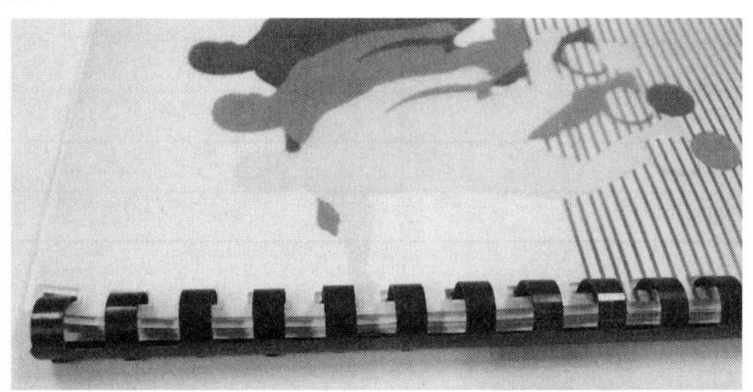

图 5—9　梳形装

梳形装所使用的塑料插片强度大，耐冲击，不易断裂；色彩选择丰富，大小规格多，选择余地大；此外，跨页图案拼接效果较好，书背处可印上标题等说明文字，便于识别。梳形装速度快，价格便宜，适合于装订稿件、资料等，但不宜过厚。其工艺流程为：

1. 裁切

裁切原理与过程和环订装中的裁切相同。

2. 打孔

梳形装中的装订孔为长方形，但也有其他不同的形状，其工艺过程与螺旋环订装相同。

3. 上插片

首先将塑料插片放入插片机中，利用插片机上分开的弹片装置把卷曲的插片拉开，再把配好页、打过孔的活页放到已展开的插片前端。当所有的插片都插入长方形孔穴中时，再松开弹片装置，插片回缩成以前的卷曲状，将单张活页穿连在一起，如图 5—10 所示。

图 5—10　梳形装上插片

表 5—3 列出了塑料梳形装中塑料圈直径的常用规格。

表 5—3　　塑料梳形装塑料圈常用直径（不含封面，内文用纸 32 g/m²）

内页数量（张）	塑料圈直径（mm）
20	6
40	8
90	12
120	16
200	25
360	45

二、孔钉装

孔钉装多用于装订一些较厚且经常取用的资料、文献等，最大特点是取用方便，拿取活页时，只要翻到此页，掰开环状金属扣即可。孔钉装活页产品如图 5—11 所示。

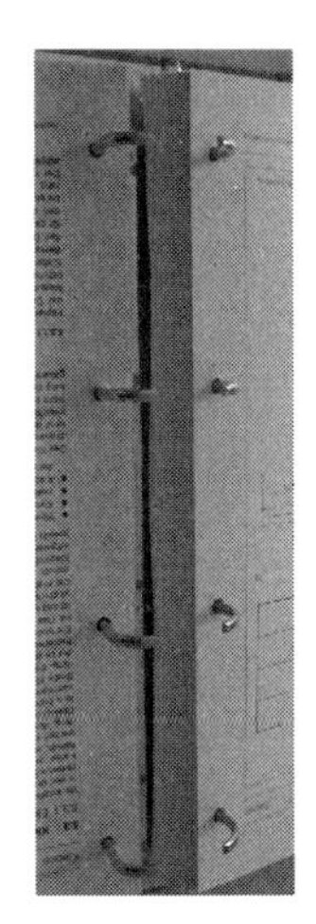

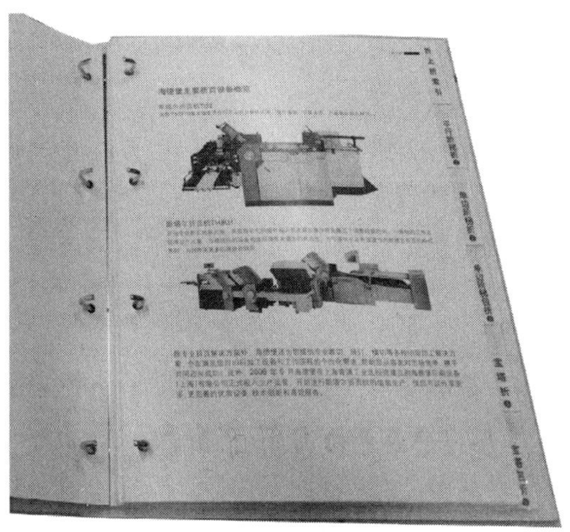

图 5—11　孔钉装活页产品

孔钉装的外壳多为厚纸板制成，如文件夹样。其工艺流程为：

技能训练

螺旋环订装制作

一、目的和要求

1. 了解螺旋环订装的穿丝工艺过程。

2. 了解螺距的概念。

二、工具和材料

1. 工具

三嘴钳。

2. 材料

一叠打好孔的定量为 100 g/m^2 的铜版纸（210 mm×297 mm），一段已加工成弹簧状的铁丝或塑料丝。

三、训练步骤和工艺要求

1. 在工作台面上闯齐已打好孔的铜版纸活页。闯齐时，注意对齐订口边的各装订口。

2. 将闯齐后的活页订口边置于桌边，并伸出桌边一小段距离，用左手将其固定好。

3. 右手拿起铁丝圈的一端，将其前端对准装订边上的第一个装订孔，慢慢旋转铁丝，使其依次穿过各装订孔。

4. 当铁丝的前端露出最后一个装订孔少许时，停止旋转，用三嘴钳把露出的部分向里端拧弯。注意弯折后的铁丝末端不能超过螺旋装订线直径的 3/4。铁丝另一端也用三嘴钳夹断并拧弯。

实践操作题

1. 收集各种活页装产品，比较各自的特点。
2. 手工制作一本螺旋环订装便签本。
3. 手工制作一本双线环订装便签本。
4. 参观一家台历制作工厂，观察台历产品的装订过程。

思考练习题

1. 活页装产品的分类有哪些?
2. 简述螺旋环订装产品的制作流程。
3. 夹板装有哪两种形式? 简述其特点。

第六章　无线胶订书籍印后加工

学习目标

掌握无线胶订用胶的种类和特点，熟悉封面覆膜材料的特点，掌握胶订常见的技术方法，熟悉封面覆膜工艺流程、技术要点及常见问题分析，掌握无线胶订联动生产线的工艺流程和基本操作，掌握无线胶订书籍的质量检测方法和常见问题分析。掌握卢贝克胶粘法的操作过程，掌握无线胶订书籍的质量检测操作方法。

无线胶订工艺是利用黏合剂使书芯连接成册的一种书刊装订方法。它不仅适用于平装书籍，也适用部分精装书籍的黏结。经配页后的书芯，在其订口侧涂刷一层胶液，借助于胶粘材料的黏结作用，将每一帖中的每一页彼此黏结，用“粘”代替“订”，完成书芯的制作。

20 世纪 50 年代初期，“铣背”工艺出现，也就是使用一种专门工具——铣刀，将配齐后书芯中的各书帖铣成单页。从此，采用无线胶订工艺加工的书籍在世界范围内大量出现。20 世纪 80 年代末 90 年代初，我国无线胶订工艺大量取代铁丝平订，成为加工平装书籍的主要工艺。采用该工艺加工的书籍外观平整（见图 6—1），且具有省工省料、装订质量好、加工速度快、适用范围广的特点。因此，无线胶订工艺在我国广泛应用，基本代替铁丝平订工艺。

图 6—1　无线胶订书籍

采用无线胶订工艺加工小批量的印刷品可以用手工方法，也可以使用单机作业，但对于大印量的书籍加工，目前大、中型印刷企业普遍采用联动生产线，从配书到出书自动完成，大大缩短了出书周期，提高了生产效率。现以这本《印后加工工艺》教材为例，其印后加工工艺流程如图 6—2 所示。其中折页、配页、封面裁切和三面裁切在前面的章节已经介绍。

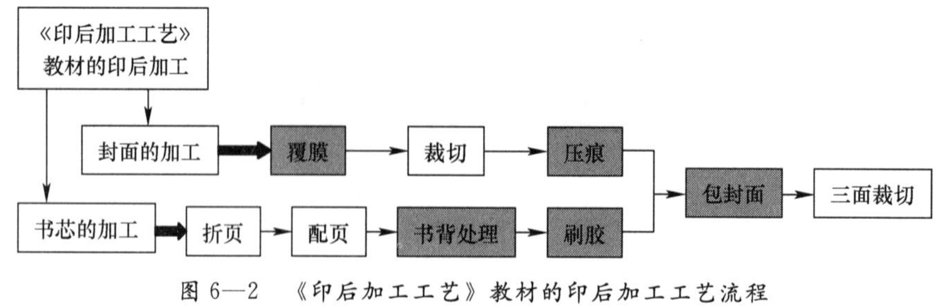

图 6—2 《印后加工工艺》教材的印后加工工艺流程

第一节 胶订材料概述

胶订材料主要包括书芯用胶和封面覆膜用胶，胶的种类繁多，其特点也各不相同。在选择胶订材料时，不仅要根据胶订对象的具体情况，还要考虑环境、气候、设备等诸多方面因素，所以在使用胶订材料前，必须充分了解各种胶订材料的特点。

一、胶订用胶

1. 胶订用胶的种类及特点

目前，能用于胶订的胶有很多种，各种不同的胶都有其特定的应用领域，因此，根据产品的用途和纸张的性能选择合适的胶，是胶订的一项重要准备工作。一般情况下，应从产品的最终用途、纸张种类（胶版纸、铜版纸、新闻纸或其他辅助材料）、印量、交货周期、企业所具备的加工技术、经济性、印刷品表面情况（满版色、出血，以及需黏结的部位是否经过了上光、覆膜、烫金等处理）等方面综合考虑选用胶订用胶。

日常生活中常用的胶主要是各种办公用胶水、糨糊和糊精，而用于生产性加工书籍的胶则主要有白乳胶（PVAC）、热熔胶（EVA）、PUR 胶和动物胶。

（1）各种胶的特点

1）聚乙酸乙烯乳胶（PVAC）。聚乙酸乙烯乳胶是一种乳白色的黏稠液体状黏合剂，因颜色乳白，且在常温下使用，所以又称作白乳胶、冷胶。这种胶含有一定量的水分，能耐稀酸和稀碱，不易发霉变质，对人体无害。

白乳胶的胶膜形成后为无色透明体，不会给纸张等带来污染。白乳胶可以直接使用，也可以加水稀释后再涂刷至纸张，稀释后黏度降低，干燥速度较慢。这种胶在常温下性质稳定，目前已成为手工装订常用胶之一。由于白乳胶含有一定量的水分，使用时应注意其对纸张产生的影响。

白乳胶是胶订书籍中常用的一种胶，适用于黏结多孔材料，如纸张、织品、皮革、纸板、木材等。书籍装订中，白乳胶可黏结单双页张、书帖、浆背、书背布、包封面、扫衬等，并具有良好的黏结效果。

2）热熔胶（EVA）。热熔胶主要成分是 EVA 树脂，即聚乙烯与乙酸乙烯在高温下反应生成的聚合物，再与松香、甘油酯、聚合松香、石蜡等高温熔融后，冷却固化成块状后形成的胶体。与白乳胶相比，热熔胶由 100%的固体物质组成，不含任何溶剂，常温下为固体颗粒，加热到 50～90℃时熔化成浅棕色半透明黏稠状的液体。

目前装订生产使用的热熔胶，一般分为高速胶和低速胶两种。高速胶固化速度略快，低速胶固化速度略慢。根据被粘物的不同，热熔胶又分胶版纸用胶和铜版纸用胶，并有背胶和侧胶（即书背用胶和侧粘口用胶）之分，以适应被粘物的强度与需要，使其达到良好的黏结效果。热熔胶的使用温度，根据胶的型号不同，一般有（160±5)℃、(170±5)℃和（180±5)℃等几种，此时热熔胶呈完全的液态，流动性极好。此外，热熔胶温度也受纸张的影响，如书背上胶的纸张分为非涂布纸和涂布纸，这两种纸张用胶的温度也有所不同。随着温度的增高，热熔胶流动逐渐加快，当温度上升到 250℃时，胶体老化，颜色变深，黏度下降。

印后加工术语

涂布纸：在原纸上涂布一层涂料，使纸张具有良好的光学性质和印刷性能，这样得到的纸称为涂布纸。涂布纸大致可分为铜版纸、涂布纸、轻量涂布纸，主要用于印刷期刊、书籍、商标、包装和商品目录等。

非涂布纸：未经过涂布加工的纸叫非涂布纸，常见的有新闻纸、凸版纸、胶印书刊纸和胶版纸等。

热熔胶操作使用简单方便，先将热熔胶的固体颗粒放入胶锅中进行正确的预热，熔融成所需温度的液态黏合剂，再与待加工的纸张接触，经整形、压合、冷却、定形后，会在被粘材料表面形成一层胶膜，热熔胶由液体又变为了固体。热熔胶离开胶锅后的凝固时间只有 3～40 s，因其瞬时凝固，所以非常适合联动化的高速生产，而不适合手工操作。热熔胶还具有再黏性，即胶液涂在被粘物上，干燥固化后，还可以加热熔融软化成胶体，再次黏结，这样可以减少由于粘坏而造成的浪费和损失。

热熔胶的应用领域包括高速胶订联动生产线（无需半成品堆放）、包本机（单机）、书籍上背胶和侧胶、精装书籍粘堵头布和精装书籍书芯的加工等。

3）聚氨酯类胶（PUR)。聚氨酯类胶是国外在无线胶订联动生产线上应用较多的一种材料，但因其成本较高，目前还未在国内普及。

与前两种胶相比，聚氨酯类胶接触材料后，吸收来自空气和纸张中的水分并发生凝固，凝固时间较短。这种胶粘材料的组成成分不仅对湿度较为敏感，同时也受温度的影响。120℃时开始发生反应，随着温度的升高，胶液的黏滞性增强，因此聚氨酯类胶的最佳使用温度应控制在 120～130℃。聚氨酯类胶的凝固时间也非常短暂，但其发生黏结作用是一个较缓慢的化学反应过程，因此，装订后的书籍需放置 5～6 h 后才可达到最佳的黏结效果。聚氨酯类胶装订的书籍具有较强的耐热性和耐寒性，即使在高温或低温的环境下使用，也不易发生胶层变形或开裂等现象。

和热熔胶相比，聚氨酯类胶的胶层涂刷厚度较小，一般在 0.2～0.4 mm，这种胶的黏结效果非常好，适合高定量的铜版纸或丝缕方向不正确的纸张，甚至表面经过上光或覆膜的纸张也能得到很好的黏结效果。同时，较薄的胶层也保证了书籍的翻阅效果及美观性。聚氨酯类胶装订的书籍使用寿命长，书页拉力强度测试和柔韧性测试都表明聚氨酯类胶装订的书籍比热熔胶装订的书籍的测试数据高出 40％～60％。

聚氨酯类胶的应用领域包括高速胶订联动生产线，插页、环衬黏结，以及锁线精装书籍书芯的固背。

4）动物胶。动物胶是从热水或石灰浆处理的动物的皮和骨骼中获得的一种黏结材料，这种胶在我国使用历史悠久。其特点是黏结性能好，强度高，水分少，干燥快，定型好，且价格低廉、使用方便，特别适合黏结和糊制精装书封壳。

使用动物胶时，先用水（最好用热水）将其浸泡 10 h 左右，使胶块变软，然后加热至 75℃左右，使其成为胶液即可使用。胶与水的比例应根据所需黏度而定，加热时胶温不宜过高，否则会因分子降解而使其黏度下降，老化变质。

动物胶要保持在一定温度条件下才可使用，形成的胶膜很坚固，富有弹性。动物胶不耐水，遇水会使胶层膨胀而失去黏结强度，其耐腐蚀性也较差，温度过高或湿度过大都会降低其黏性。

四种常见的胶订用胶如图 6—3 所示。

a）　b）　c）　d）

图 6—3　四种常见的胶订用胶

a）白乳胶　b）热熔胶　c）聚氨酯类胶　d）动物胶

（2）白乳胶与热熔胶的优缺点

这两种胶都是目前我国应用较广泛的胶粘材料。两者的区别主要有以下几点。

1）白乳胶形成的胶膜柔韧性好，装订成册的书籍使用寿命和翻阅效果理想，纸张适应范围广，特别适合于书中采用了多种纸张的书籍的装订工作。白乳胶装订后的书籍牢固度高，存放时间较长，耐低温和高温。

白乳胶中含有一定的水分，胶层干燥时间较长，因此加工时需使用附加设备加快干燥，生产和能源成本较大。另一方面，加工过程中，书背较易受外力影响产生变形，胶液中的水分也很容易渗进纸张，引起纸张变形，特别是丝缕方向不合适时，较易产生荷叶边，使生产速度受限。

2）热熔胶常温下为固体，高温时变为流动性良好的液体，完全适应高速自动化的要求，已成为平装无线胶订联动生产线最好的胶粘材料。热熔胶可以黏结多种物质，尤其是多孔性的同质材料之间的黏结力更强。热熔胶可以重新加热再使用，而且耐化学药品性强。

热熔胶不耐热，软化点低。由于受书芯厚度、纸张质量、季节、上胶温度的影响，成书后的黏结效果、翻阅效果有一定的差异。其中，上胶温度对书籍的黏结质量影响较大：温度过低，胶液流动性、渗透性差，涂布不均匀；而温度过高，胶液流动性虽增强，但开始老化，凝固时间变长，黏结质量变差。

一般情况下，装订同一本书，热熔胶用量比白乳胶多，即胶层厚度大，而且其胶层挠性也比白乳胶差，所以，使用热熔胶装订厚书，翻阅时不易摊平。

因此，应根据所要装订书籍的种类不同、印量大小选择合适的胶。

表 6—1 为白乳胶与热熔胶性能和特点的比较。

表 6—1　　白乳胶与热熔胶性能和特点比较

性能和特点	白乳胶	热熔胶
形状	液体，无固定形状	固体，呈片状或珍珠状
最佳使用温度（℃）	15～20（室温）	150～180
凝固时间	自然干燥，时间较长	3～40 s
胶层厚度（mm）	0.2～0.5	0.4～1
手工操作	可以	不可以
对纸张的要求	适合所有纸张	不适合铜版纸
保存时间	很长	有时间要求
消耗量	很少	较多
易翻阅性	很好	一般

2. 胶的作用原理

原来为固体的热熔胶必须先经加热熔化成液体，然后才能均匀地涂刷在纸张上。胶与其他纸张接触后，状态发生变化，最终在纸张表面生成一层固体的胶膜，胶膜主要通过与纸张接触面的黏附力和胶内部的内聚力将纸张牢固地黏结起来，如图 6—4 所示。

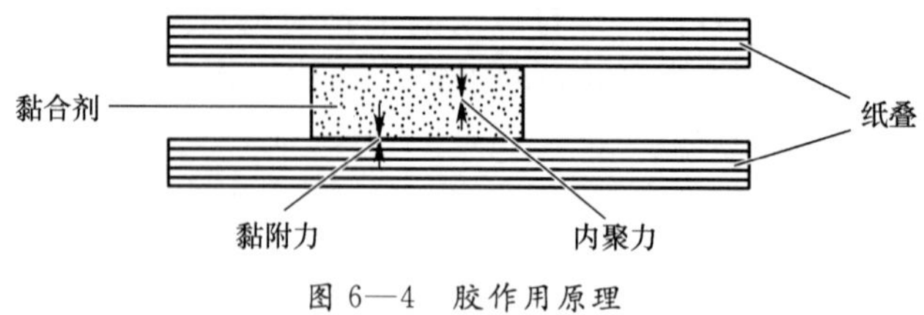

图 6—4 胶作用原理

(1) 黏附力

黏附力指胶与纸张接触面的作用力。纸张表面越粗糙，胶对它的黏附力越强。例如，胶版书写纸的黏结效果要好于铜版纸。

(2) 内聚力

内聚力指胶膜中胶本身分子间的作用力。内聚力受温度影响较大，如果温度过高，可能会造成胶层过脆，影响翻阅效果。

3. 纸张种类及印刷品表面情况

印刷中常见的各种纸张为多孔状，吸水性较好。这种由纤维制成的纸张因多孔，胶液中的物质和水分很容易因毛细现象渗透进纸张中，所以黏结效果较好。但由于纸张同时也能从空气中吸收水分，如果保存不好，会出现荷叶边或中央涨大的情况，因此胶订加工书籍时应注意纸张的丝缕方向。

有些经过表面整饰（如上光、烫金、覆膜等）后的纸张，因其多孔性表面被遮盖住，和普通材料相比，黏结效果较差。如果工艺条件及客户允许，在印前设计时，可以预先将需要胶粘的地方留出来，印刷上光或印后表面整饰时胶粘位置空出；或者向供应商咨询选择一种适合的胶，同时进行测试。需要注意的是，上光油和胶有时会发生一定的相互作用，影响书籍的美观。

4. 黏结效果的判断

(1) 根据作用力原理判断

前面介绍过，胶层与纸张间存在着黏附力，而胶层内部存在着内聚力，利用这两种主要作用力原理，可以简单地判断胶订书籍的黏结效果。如果胶层在与纸张表面分离时，露出或带出了纸张纤维，同时，摁平书页时，胶层本身并没有从中间断裂，说明该种胶与这种纸张相适应，黏结效果较好。反之，胶层与纸张表面很容易分离，分开书页时，能够见到胶层，胶层间也容易断裂，则说明这种胶不适宜加工这种纸张的书籍。这种判断方法常用于人工检测成品书的装订质量（黏结效果）。

(2) 胶滴实验

在加工书籍前，还可以做一个胶滴实验，检测材料的“亲胶性”，即纸张表面是否能较好地接受胶液，以及温度对黏结效果的影响。

取不同温度下的液态胶滴，分别滴在所要加工的材料表面，若胶滴在材料表面扩展开来并占据尽可能大的面积，则说明这种材料是“亲胶”的，同时这样的加工温度也是适宜的。相反，若胶滴扩展不好，则说明这种纸张在此温度下是“拒胶”的。

二、封面覆膜材料

本《印后加工工艺》教材的封面采用了覆膜工艺。封面覆膜所用材料主要有黏合剂和塑料薄膜。

1. 黏合剂

由于界面的黏附和物质的内聚等作用，使两种或两种以上的材料连接在一起的天然或合成、有机或无机的一类物质统称为黏合剂，如图 6—5 所示。

(1) 覆膜用黏合剂的条件

1) 对被黏结材料具有良好的黏结性能和持久的黏结力。黏合剂只有对两种被黏结材料表面均具有良好的润湿，分子间才能实现真正的接触，并在界面间产生牢固的物理化学接触。

图 6—5 水性覆膜胶黏合剂

2) 具有较好的耐油墨性，不易受印刷品油墨层中石油溶剂的侵蚀而引起颜色改变和黏结力下降。

3) 黏合剂无毒性或毒性小，并具有耐高温、抗低温、耐酸碱、操作简便、价格便宜等特点。

4) 韧性好，具有较好的耐折性。

5) 黏合剂的主要质量指标应达到：固体含量为 34%～40%，剥离强度（BOOP 膜/纸）≥2N，透明度≥80%。

(2) 常用黏合剂的种类

覆膜常用黏合剂有溶剂型、醇溶型、水溶型和无溶剂型等。国内使用的黏合剂有橡胶溶剂型、橡胶—树脂溶剂型、丙烯酸酯类溶剂型、EVA—丙烯酸酯醇、水型和水基型等几种。

鉴于目前国内的覆膜设备情况，建议采用橡胶—树脂型和丙烯酸酯类溶剂型黏合剂较为合适。发展的方向应是采用水溶型和醇、水混合溶剂型黏合剂，因为它无毒、无味、无污染，对生态环境、操作人员的身体健康和产品质量都有好处，而且它运输、储存方便，价格也适中。

2. 塑料薄膜

封面覆膜的另一种主要材料就是塑料薄膜。国外习惯上把厚度在 250 μm 以下的塑料称为薄膜，厚度在 250 μm 以上的称为片材，国内一般把薄膜的最大厚度定为 200 μm。

塑料薄膜一般具有透明、柔软、质量轻、强度大、无臭、无味、气密性好、防潮、防水、耐热、耐寒、耐油脂、耐药剂、耐腐蚀、可热封合等特点。覆膜用塑料薄膜如图 6—6 所示。

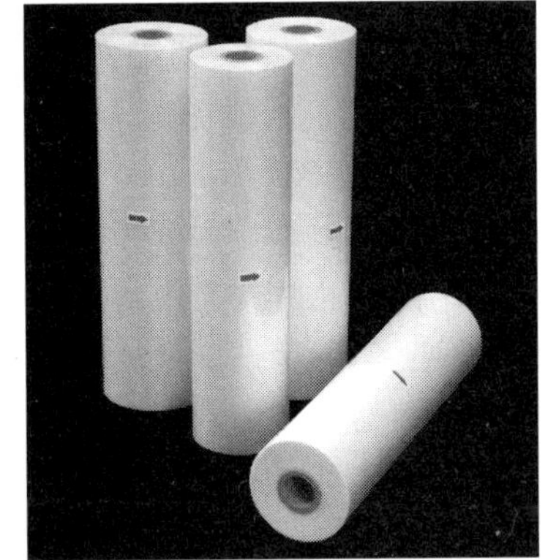
图 6—6 覆膜用塑料薄膜

(1) 覆膜用塑料薄膜应具备的条件

1) 薄膜厚度在 0.01～0.02 mm。

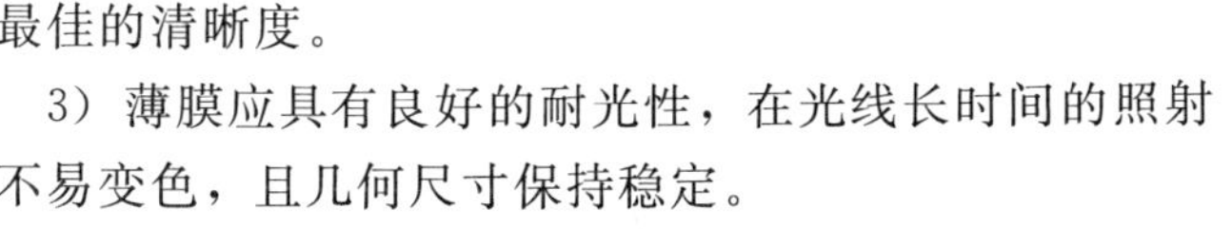

2) 薄膜的透明度越高越好，以保证被覆盖的印刷品有最佳的清晰度。

3) 薄膜应具有良好的耐光性，在光线长时间的照射下不易变色，且几何尺寸保持稳定。

4) 由于薄膜要与溶剂、黏合剂、油墨等化学物质接触，故应具有一定的化学稳定性。

5）薄膜外观应平整，无凹凸不平及皱纹，无气泡、缩孔、针孔及麻点等瑕疵。

（2）常用塑料薄膜的种类

覆膜常用塑料薄膜主要有聚乙烯（PE）薄膜、聚丙烯（PP）薄膜和聚酯（PET）薄膜。聚乙烯薄膜防老化性能较差，易发黄变脆，膜较厚（50～70/μm），不耐高温。聚丙烯薄膜比聚乙烯薄膜更透明，强度和刚度都比低压聚乙烯好，有良好的耐热性。

目前应用最广的是新型双向拉伸聚丙烯（BOPP）薄膜。这种薄膜的透明度高，光亮度好，无毒无味，且柔软、耐磨、耐水、耐热、耐腐蚀，价廉物美。

（3）塑料薄膜预处理的必要性

在塑料薄膜印刷的复合过程中，首先要考虑塑料材料与涂覆材料之间的亲和性能。薄膜和涂覆材料（油墨、黏合剂、上光油等）之间要有很强的黏附力，因此，薄膜的润湿性能必须大到足以保证牢固、可靠的黏附。

液体与固体表面的分子跟液体与其内部分子的受力情况是不同的，因而所具有的能量也是不同的。要使液体黏附到固体上，根本条件是两种材料的分子之间要有很强的吸引力来克服液体内部的吸引力，从而确保固体表面全部覆盖同样面积的液体。因此，必须设法保证固体的表面张力总是大于液体的表面张力。

聚丙烯薄膜和聚乙烯薄膜是非极性高分子材料，化学性能稳定，表面张力小，加之合成树脂时添加的开口剂、抗静电剂、耐老化剂等的影响，难与黏合剂黏结。为了达到提高塑料薄膜的表面张力的目的，必须在印前和复合前对薄膜进行预处理，目前实际生产中主要使用电晕处理方法。

不论是书芯用热熔胶还是封面用胶，都必须符合《环境标志产品技术要求　黏合剂》（HJ/T220—2005）中包装用水基黏合剂的要求，见表6—2，这也是绿色印刷发展的必然趋势。

表6—2　　包装用水基黏合剂和处理剂中有害物质限量值（mg/kg）

项目		指标
苯	≤	100
苯+甲苯+二甲苯	≤	1000
卤代烃	≤	1000

第二节　胶订方法

本书的书芯装订采用的是无线胶订方法，根据对书背的处理手段不同，无线胶订方法可分成两种：第一种是机械胶订，利用机械压力对书帖进行处理（如利用铣刀对书帖的折缝进行铣切，在切口处涂刷胶），最后根据需要在胶层上黏结一层书背纸；第二种是手工胶订，配合半自动装订机对书芯进行黏结。

一、机械胶订

根据书背处理的方式不同，机械胶订一般可分为切孔胶粘装订法、锯槽胶订法、铣背打毛胶粘装订法和筒子页胶粘法。本书采用的是铣背打毛胶粘装订法。

1. 切孔胶粘装订法

切孔胶粘装订法又叫花轮刀打孔胶粘装订法，用冷胶装订书籍时常采用这种方法。该方法需分两步进行。印刷页在折页机上折页时，沿书帖最后一折的折缝线上用花轮刀打成一排孔，也可用专门设备打孔。打孔后的书帖经折叠，形成外大内小的喇叭口，再经配页、压平、捆扎后，涂刷胶。胶液从背脊孔中渗透进书帖内侧的每张书页上，使每页的切孔处相互牢固粘连。同时，书帖之间也因胶层而彼此相连。为了增加牢固度，较厚的书芯还可在书背处粘书背纸或纱布，待干燥后，即成为无线胶粘装订的书芯。

折页机上的打孔刀片有很多种，打孔刀的选取（齿距、齿宽、齿形）应结合纸张的种类和折数的多少综合考虑，保证最后一折的书帖被划破。如德国 MBO 折页机供应商提供 40 多种打孔刀供客户选择。刷胶时，胶液能够渗透至最里面的书页上，一般情况下，打孔的长度为 15～28 mm，口与口之间的距离为 5～8 mm；除此之外，切孔胶粘装订法使用的胶液还应略微偏稀，这样，胶液可以很容易地被刷进切孔中，但胶液也不能过稀，否则会弄脏书页。

该种装订方法目前国内外均使用较少，现在主要用于手工制作高档书籍。主要原因是采用机械化加工无法保证胶液能够完全渗透到最内层的书页，而且由于使用冷胶，胶层涂布的均匀性也难以保证。虽然这种胶粘方法在实际生产中已较少用到，但折页机对书帖最后一折进行打孔的加工工艺在胶订工艺中却必不可少。许多企业对胶订使用的书帖必须打孔的重要性还认识不足，或者虽然书帖打了孔，却使用了不相配的花轮刀，折出的书帖几乎要断开，这些都会影响到胶订的质量。切孔胶粘装订法如图 6—7 所示。

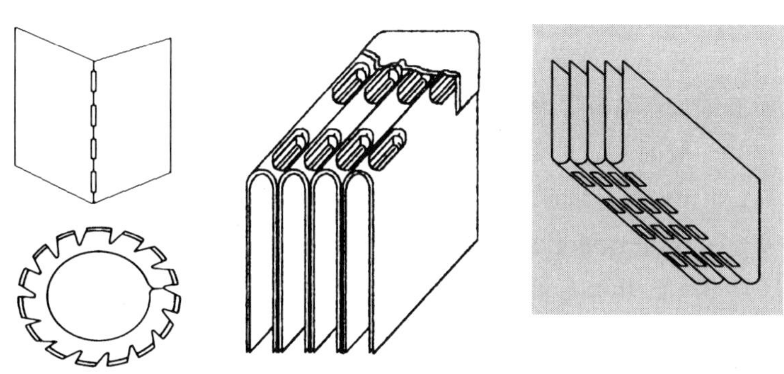

图 6—7　切孔胶粘装订法

2. 锯槽胶订法

锯槽胶订法如图 6—8 所示，书背的天头和地脚处不进行铣切，所留的距离为书芯总长度的 10%～15%。当然需要在胶订机中加入一个附加的控制系统，控制铣刀的运动方向和轨迹。在随后的上胶工位中先将切槽的部位灌满胶液，随后粘贴一层毛粘材料，因为其纤维松散，具有极好的吸附性。最后对整个书背涂刷胶液，再粘贴第二张书背纸，使黏结牢度大大提高。在德国，这种方法过去常用来加工类似于我国电话号码簿等极厚的商品目录类印刷品，但现在出于成本考虑，已很少使用。

3. 铣背打毛胶粘装订法

在包本机和无线胶订联动生产线上都设有铣背工位，铣背打毛胶粘装订法是目前胶订中用于处理书脊最常见、最实用的一种工艺，如图6—9所示。

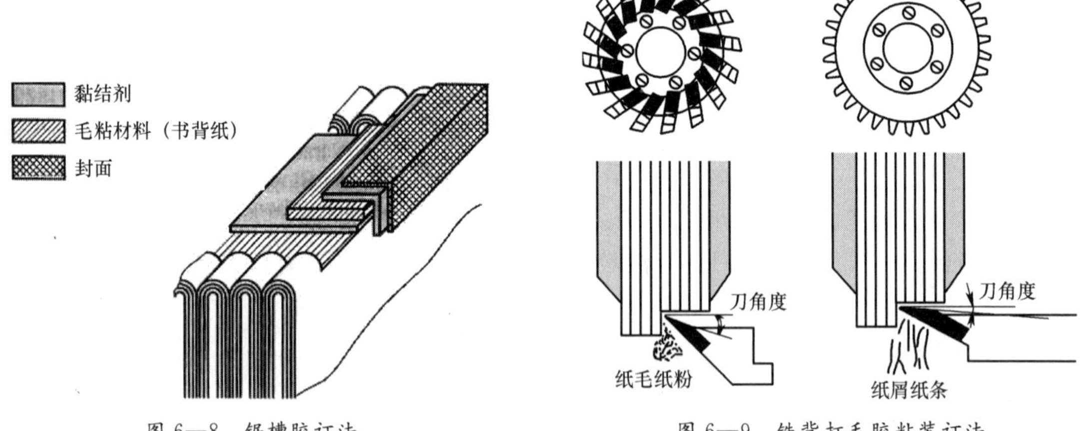

图6—8　锯槽胶订法

图6—9　铣背打毛胶粘装订法

配好的书帖经闯齐、夹紧后，沿着订口位置被高速旋转的铣刀铣去1.5 mm左右，使书帖订口边全部为散页，不再相连。

铣背的深度应视纸张的厚度和书帖的折数而定。一般纸张越厚，书帖折数越多，铣削的深度就越大。如果一本书里3折、4折的书帖都有，则应以4折为准。铣削深度也要合适，深度过大会影响读者的翻阅效果，深度太小又铣不透里层的折缝，胶液无法渗进。

当书籍过厚时，一般还要对书背进行打毛锯槽处理，打毛工序可以使经过铣背的书背表面粗糙化，以利于胶液发挥作用。锯槽是指将铣切好的书背，用专用刀具按一定距离和深度锯出凹槽，以增加热熔胶对书背的渗透性和接触面积，使书页之间能紧密地黏结。锯槽深度一般控制在0.8～1.5 mm，若纸张厚，纤维性差，则可锯得深一些，反之可锯得浅一些。锯槽宽度一般为5～7 mm，也可根据纸张情况适当调整。一般32开书芯可锯6～8个槽，16开书芯可锯8～10个槽，8开书芯可锯10～12个槽。若书帖铣背和锯槽的深度达不到要求，则会影响胶液的渗透，从而造成脱页、散页等质量缺陷。

在铣背打毛加工中，应注意以下几点：

（1）对于新闻纸、书写纸等纸质松软、纤维结构不紧密的纸张，铣背后还要对书背再进行打毛处理，以利于渗胶，增加黏结牢度，如图6—10所示。

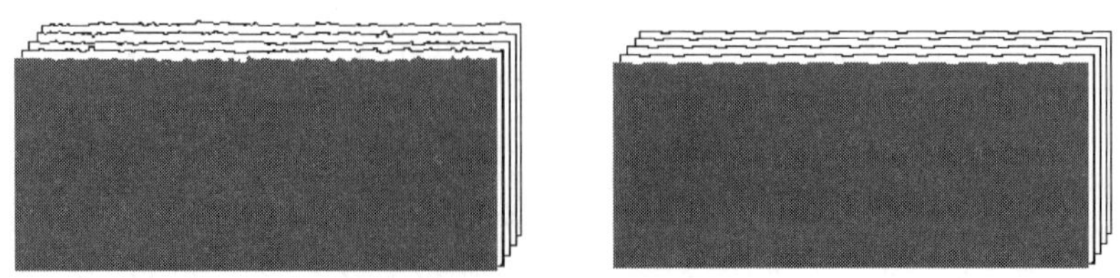

图6—10　铣背打毛书芯效果

a）打毛后的书芯　b）锯槽后的书芯

（2）加工处理胶版纸、铜版纸印刷的书芯时，为了增强黏结效果，在对书芯铣背、打毛后，还要在书背上铣成若干小沟，深度一般在 0.8～1.5 mm，间隔为 3～5 mm。这样刷胶后，不仅书背表面覆盖上胶层，沟槽中也灌满了胶液，增大了书页与胶液的接触面积。书背过厚时，再粘贴纱布或书背纸，即成为无线胶粘装订的书芯。

（3）铣背、打毛、锯槽后的书芯，一定要将纸毛、纸粉清除干净。否则，刷胶时会造成黏结效果下降，纸毛、纸粉落入胶锅中也会污染胶液，降低黏结强度。

4. 筒子页胶粘法

筒子页胶粘法如图 6—11 所示，适用于建筑、艺术类书籍和地图册的装订。因为它采用简单一折页，每帖由两页构成，书背无需经过切孔或铣背等机械处理。书芯闯齐后，刷上胶液，待干燥后即成为无线胶订的书芯。由于不再对折缝处进行铣切或锁线加工中的订线，因此不会影响书籍中图片或内容的完整性和准确性，特别适合有大量满版图文的书籍装订。同时，较之铣背后形成的单页，这时书帖与胶液的接触面积增大，黏结牢度高。采用这种方法折页和配页的缺点是成本较高，不适用于装订印量大的书籍。

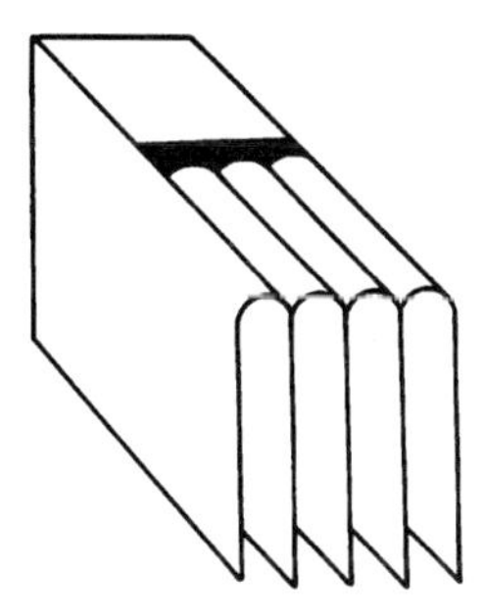

图 6—11　筒子页胶粘法

二、手工胶订

手工胶订即手工上胶、订联，目前主要用于产品样本、包装样盒的制作，以及信纸、收据等散页印刷品的装订。手工胶订操作使用的工具很简单，主要是毛刷和用来盛放胶液的容器。

操作前要做好准备。首先要根据加工的纸质调制黏度合适的胶液：胶液不能过稠，否则不易在纸张上铺开并刷均匀；胶液也不能过稀，否则黏结能力下降。配好的胶液盛放在容器中，放置在工作台的适当位置，一般在右手顺手处。除此之外，还要根据加工对象的幅面大小选择相应规格的毛刷，毛刷过大容易溢胶，过小则费工。各种毛刷中以兽毛制作的毛刷质量最好，毛质均匀细腻，容易涂抹均匀。使用时，先将毛刷浸入水中，使毛质变软，然后蘸满胶液，并将多余的胶液在壁沿上刮去，最后均匀地涂刷在纸张上。用完后的毛刷要用水清洗干净，以备下次使用。

1. 散页裱头胶订

散页裱头胶订是指一些常用的单据、本册等的装订方法，如信纸簿、记事簿、收据簿、发票簿等的加工。这种装订方式比一般书刊装订的品种要复杂些，但工艺简单，使用范围较广，装订后的单页很容易从纸叠中撕下。

散页裱头装的订联形式包括铁丝平订、螺旋线圈订和胶订三种，本节主要介绍用胶粘方式装订成册的工艺，印刷厂中常称作“胶头”。由于加工品种繁多，且批量较小，大部分操作用单机或手工完成，其加工步骤如下：

（1）配页

一般本册无需配页，如信笺、介绍信、本册等。双联以上的发票、收据等需要事先配页。

（2）闯页及裁切

将所加工的产品依规格要求闯齐，裁切出所需要尺寸后，即可进行下道工序的加工。

(3) 刷胶

将按一定规格裁切好的页张堆放一致，闯齐，用木板压住，以利于排除页张间的空气。左手按住木板，右手用毛刷蘸上胶液，涂刷纸叠一侧。

刷胶前可以将侧边打毛，或划几道破槽口，以利胶液渗透，使页张牢固粘连，但应注意将纸屑、纸毛清除干净。

(4) 分本

待纸叠干燥后，按照其每本所需张数计数，用平刀分离成单本，错开堆放整齐。分本时，要掌握胶层干燥程度。如果胶层太湿，分本时书脊容易起毛变形，甚至出现散页现象；胶层过干，分本也难以进行。所以，最好是胶层在八成干燥的情况下进行分本。

为了使本册外观整齐，不使页张分散掉落，有时需要在胶粘后再在粘口处加粘包纸头，或另配一个封面，如记事簿、收据簿等，如图 6—12 所示。通常情况下，封面使用的纸张比内文略厚，且压有两道压痕线，压痕线的距离为书背宽度。

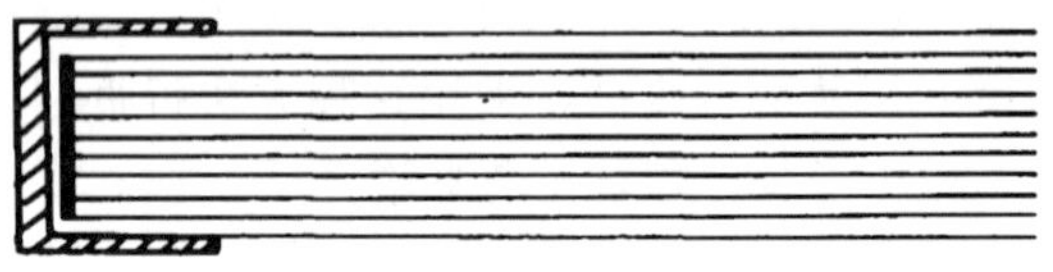

图 6—12　散页裱头胶订

2. 散页胶粘法（卢贝克胶粘法）

这种胶订方法最早是由一个叫卢贝克的德国装订工人在 20 世纪 30 年代发明的，它是自合成胶发明以来应用得最为成功的胶订加工方法之一。

配页和裁切后的纸叠经一个夹紧装置固定、夹紧，然后将纸叠向一个方向（向左或向右）披开，各页面间彼此错开 1.5～2 mm 的距离，用毛刷蘸胶液涂刷，松开，纸叠回拢，用手略微挤压，使页与页之间互相粘连，然后，再在书背上涂刷一层胶液，胶层厚度要均匀。为了进一步增强书芯的牢固度，可在书背粘口处加贴纱布、包背纸或封面。

取下本册，每本错开交叉堆放，不能互相粘连，直至本册完全干燥成为书芯。

这种装订方法的优点是：纸叠中各单页除与胶层相连外（100 g/m^2 的纸张厚度只有 0.1 mm），还与相邻的页张彼此黏结，这样就增强了黏结效果，所以这种黏结方法的牢固程度要好于普通的散页裱头胶订。卢贝克胶粘法如图 6—13 所示。

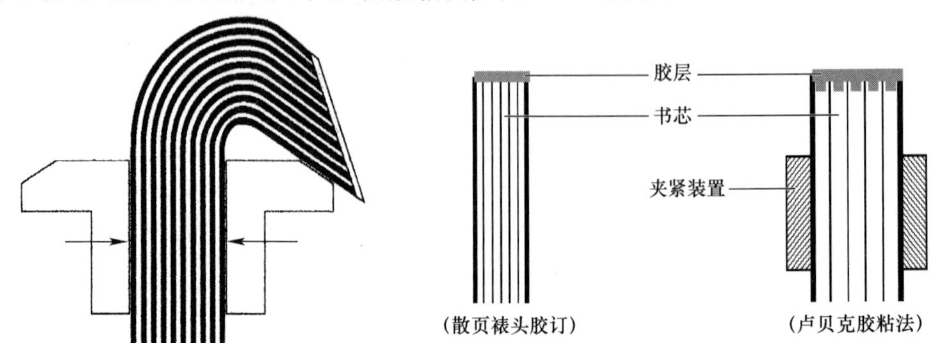

图 6—13　两种方法的书页的黏结情况

卢贝克胶粘法因其优良的黏结效果，目前主要用于报纸、期刊合订本的手工装订，平装坏书的手工修整，以及胶订精装书籍的手工制作等。

3. 手工裱纸

裱纸是指将一种材料平整地粘贴在另一种材料表面的工艺。通常情况下，当一种材料的特性不能满足应用需要时，可以采用裱纸这一方法弥补不足。

例如，月饼包装盒的手工制作、拼图玩具等，因这类产品的包装对厚度、硬度的要求过高，暂不能使用现有的印刷方式印制，通常做法是采用普通印刷方式印制表纸，然后再将表纸粘贴在木板、卡纸或瓦楞纸上，经模切或压痕处理，制作成型。

裱纸可以手工进行，也可使用专门的裱纸机操作。

下面以一张对开幅面的粘贴画粘贴在相同尺寸大小的卡纸上为例进行说明。操作步骤如下：

(1) 招贴画反面向上平铺，左手按住其中一角，以免发生移动。

(2) 右手握住毛刷，蘸满胶液，直接涂抹在招贴画反面的中间部分，然后分别从里向外涂刷至纸张边缘。

(3) 蘸取少量胶液，进行第二次涂刷。此次涂刷的主要目的是使胶液分布均匀，招贴画四边无胶液堆积。

(4) 将刷过胶的招贴画翻身与卡纸粘贴，并用干净的干抹布或其他物品将其抹平。

手工裱纸可以使用糨糊、糊精或白乳胶。裱纸过程中，当刷第二遍胶时，纸张已充分吸收了胶液中的水分，可能会发生轻微变形，尺寸有所增大。因此，在裁切卡纸的尺寸时，应预先考虑到这种变化因素。除此之外，还应尽量使卡纸的丝缕方向与纸张相同，或者在卡纸的背面再粘贴一张与招贴画同样纸质的纸张，以防止裱后纸张变形。

第三节　封面覆膜

本书的封面印刷完后，进入印后加工车间的第一道工序是覆膜，覆膜工艺不仅能提高封面的光泽度，更能很好地保护封面，特别适用于学生教材。

一、覆膜的原理和作用

印刷品覆膜工艺（简称贴膜或覆膜），就是将塑料薄膜涂上黏合剂，与纸质印刷品经加热、加压后使之粘在一起，形成纸塑合一的产品的加工技术。

覆膜工艺按所采用的原材料及设备的不同，可分为即涂覆膜工艺和预涂覆膜工艺。即涂覆膜工艺操作时先在薄膜上涂布黏合剂，之后再热压，为目前国内所普遍采用。预涂覆膜工艺是将黏合剂预先涂布在塑料薄膜上，经烘干收卷后，在无黏合剂涂布装置的覆膜设备上进行热压，从而完成覆膜过程。

1. 覆膜的原理

覆膜的原理就是黏合剂、被黏合物（BOPP 塑料薄膜、纸质印刷品）在具有相容性的前提下，用化学方式和机械外力的作用，迫使两者相互间紧密接触，并保证较高的接触复合温度和较长的接触时间，加速它们相互间分子的扩散、渗透，让这种扩散作用穿越黏合剂和被黏合物向纵深方向交织进行，借助扩散作用形成牢固的黏合。

覆膜属于干式复合。热压复合前，黏合剂涂布装置将胶液均匀地涂敷于塑料薄膜表面，经干燥装置干燥后，由复合装置对塑料薄膜与印刷品进行热压复合，最后获得纸塑合一的产品。印刷品覆膜后的截面如图 6—14 所示。覆膜产品的黏合牢度取决于薄膜、印刷品与黏合剂之间的黏合力。

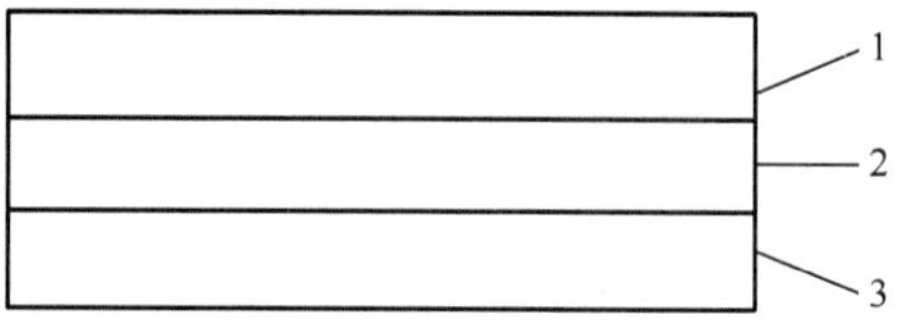

图 6—14　印刷品覆膜后的截面

1—塑料薄膜　2—黏合剂　3—印刷品

2. 覆膜的作用

书刊封面、商品样本、广告、说明书、各种证件和纸质包装制品等经过覆膜，表面更加平滑光亮，同时还具有耐磨、耐光、防潮、防水和防污的功能，不仅保护了印刷品，延长了使用寿命，而且还提高了印刷品的观赏性。覆膜在很大程度上还可以弥补印刷产品的质量缺陷。许多在印刷过程中出现的印刷品的表观缺陷，经过覆膜以后（尤其是覆亚光膜后）都可以被遮盖。

二、即涂覆膜工艺与操作

即涂覆膜工艺是用辊涂装置将黏合剂均匀地涂布在塑料薄膜上，然后经过烘箱（道）将溶剂蒸发掉，再将已印刷好的印刷品牵引到热压复合装置上，并在此将塑料薄膜和印刷品压合，成为纸塑合一的覆膜产品。即涂覆膜工艺流程如图 6—15 所示。

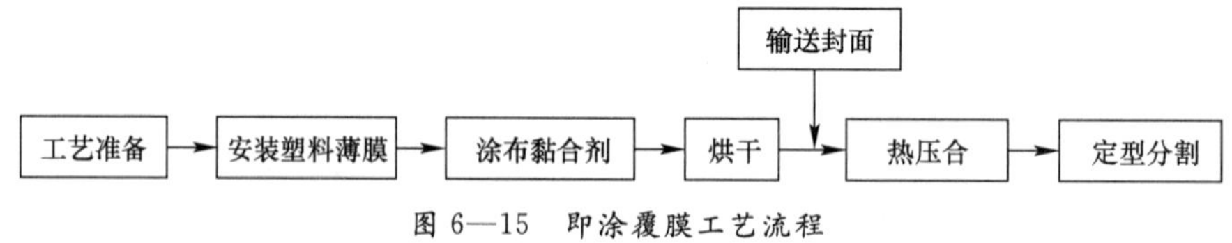

图 6—15　即涂覆膜工艺流程

1. 工艺准备工作

准备工作是否充分，对保证覆膜生产的正常进行，提高生产效率和产品质量有很大影响。覆膜生产的准备工作一般应包括待覆印刷品的检查、塑料薄膜的选用和黏合剂的配制等。

（1）待覆印刷品的检查

对待覆膜印刷品的检查，有别于对普通印刷品的质量检查，主要应针对覆膜影响较大的项目，如表面是否有喷粉，墨迹是否充分干燥，印刷品是否平整等，一旦发现问题，应及时采取处理措施。

（2）塑料薄膜的选用

塑料薄膜的选用包括塑料薄膜的选定及质量检查和分切卷料。覆膜材料选用是否恰当是影响产品质量的一个重要因素。

（3）黏合剂的配制

国内使用的黏合剂品种较多，主要有聚氨酯类、橡胶类和热塑高分子树脂等，其中以热塑高分子树脂黏合剂使用效果最好。

2. 安装塑料薄膜

将选定的薄膜按印刷品的幅面切割成适当宽度后，安装在覆膜机的出卷装置上，并将塑料薄膜穿至涂布机构上。要求薄膜平整无皱，张力均匀适中。如覆膜印刷品要做成纸盒，则须考虑留出接口空隙，否则黏结不牢。

3. 涂布黏合剂

首先，黏合剂的黏稠度应视纸质好坏、墨层厚薄、烘道温度、烘道长短和机器转动速度等因素而定。当墨层厚、烘道温度低、烘道短、机器转动速度快时，黏合剂的黏度应适当增大，反之则相反。其次，应掌握涂布胶层的厚度，使之均匀一致。

4. 烘干

烘干的日的是去除黏合剂中的溶剂。烘干温度应掌握在 40～60℃，胶层的干燥度一般控制在 90%～95%，此时黏结力大，纸塑复合最牢。

5. 调整热压温度和辊间压力

热压温度根据印刷品墨层厚度、纸质好坏、气候变化等情况来调整，一般应控制在60～80℃。温度过高会超过薄膜承受范围，薄膜受高热而变形，极易使产品卷曲、起泡、皱褶等，且橡胶辊表面易被烫损变形；温度过低，覆膜不牢，易脱层。一般铜版纸的热压温度较低，胶版纸、白板纸及墨层厚的印刷品的热压温度偏高。

辊间压力应视不同纸质及纸张厚度进行调整。压力过大，纸面稍有不平整或薄膜张力不完全一致时，会产生压皱或条纹；压力长期过大，会导致橡胶辊变形，辊的轴承也会因受力过大而磨损。压力过小或不均匀，则会造成覆膜不牢或脱层。

为了保证覆膜质量，覆膜操作中必须注意以下几点。

(1) 合理控制覆膜温度

加温的目的是使薄膜软化，使纸张与塑料薄膜相黏结。但温度偏高，薄膜容易断裂，会严重影响产品质量，此时应采取风扇冷却、关闭电热丝等措施。

(2) 不同纸张的覆膜要求不同

由于各类纸张的性能不同，覆膜温度、滚筒压力、黏合剂成分等必须做相应调整。胶版纸的纤维松，平滑度差，黏合剂的涂层要厚一些，温度要稍低一些。

(3) 覆膜松紧一致

薄膜即将用完时，会出现时松时紧的现象，主要是因为卷筒过小或拉力过大，使薄膜走势不均匀，此时，应该通过适当提高温度使薄膜软化，或者用手适当加大拉力等方法来调节。

三、覆膜质量的检查

1. 质量标准

我国行业标准《覆膜质量要求及检验方法》（CY/T 7.7—1991）对覆膜产品质量的要求为：

(1) 根据纸张和油墨性质的不同，覆膜的温度、压力及黏合剂应适当。

(2) 覆膜黏结牢固，表面干净、平整、不模糊、光洁度好，无皱褶、起泡和粉箔痕。

(3) 覆膜后分割的尺寸准确，边缘光滑，不出膜，无明显卷曲，破口不超过 10 mm。

（4）覆膜后干燥程度适当，无粘坏表面薄膜或纸张的现象。

（5）覆膜后放置 6～20 h，产品质量无变化。

（6）覆膜用薄膜的厚度为 0.01～0.02 mm 较合适。国内生产的覆膜用薄膜厚度为 0.02 mm，进口的厚度为 0.01 mm。

（7）聚酯薄膜的透光率一般为 88%～90%，其他几种塑料薄膜的透光率一般为 92%～93%。

2. 检查内容

覆膜中，要经常不断地检查成品的质量，随时观察薄膜的平展度、涂胶的均匀度、胶液的干燥程度、烘道和热压辊的温度、加压辊的压力和热压复合后的黏合牢度，根据黏合情况及时调整涂布的厚度、运转的速度和压力。

压胶时，要检查薄膜的运行情况和涂布情况。塑料薄膜在运行时要始终保持松紧一致，不出现局部涂不上的跳胶情况。

收卷时，应注意从机器热压复合滚筒出来的半成品要拉平，松紧一致。收卷辊不可过松或过紧，过松会收不齐，过紧会缠皱。

四、覆膜工艺中的常见故障与排除

覆膜工艺中的常见故障与排除方法见表 6—3。

表 6—3　覆膜常见故障与排除方法

覆膜常见故障	原因	排除方法
黏结不良	黏合剂选择不当，涂胶量设定不当，配比计量有误	重新选择黏合剂牌号和涂胶量，准确配制
	稀释剂中含有消耗 NCO 基的醇和水，使主剂的羟基不反应	使用高纯度（99.5%）的乙酸乙酯
	印刷品表面有喷粉	用干布轻擦
	印刷品墨层太厚	增加黏合剂涂布量，增大压力
	印刷品墨层未干或未干彻底	先热压一遍再上胶；选择固体含量高的黏合剂；增加黏合剂涂布厚度；增加烘干道温度等
起泡	印刷墨层未干	先热压一遍再上胶；推迟覆膜日期，使其干燥彻底
	印刷墨层太厚	增加黏合剂涂布量，增大压力及复合温度
	干燥温度过高，黏合剂表面结皮	降低干燥温度
	复合辊表面温度过高	降低复合辊表面温度
	薄膜有皱褶或松弛现象，薄膜不均匀或卷边	更换合格薄膜，调整张力
涂覆不匀	胶槽中部分黏合剂固化	更换或增添黏合剂
	压力小	加大复合压力
	胶辊溶胀、变形	更换胶辊
	塑料薄膜厚度公差大	选用厚度公差小的薄膜
	薄膜松弛	调整牵引力

续表

覆膜常见故障	原因	排除方法
皱膜	薄膜传送辊不平衡	调整传送辊
	薄膜两端松紧不一致或波浪边	更换合格薄膜
	胶层过厚，溶剂蒸发不彻底，影响了黏度，受压力滚筒挤压，纸张（印刷品）与薄膜之间产生滑动	调整涂胶量，增加烘干道温度
产品发翘	纸张（印刷品）过薄	避免对薄纸覆膜
	张力不平衡，薄膜拉得太紧	调整张力，改变纸张运行丝缕方向
	复合压力过大	减小复合压力
	温度过高	适当降低复合温度

第四节　无线胶订书籍工艺流程

随着印后加工行业的发展，装订行业也在逐步摆脱对手工和半自动设备的依赖，许多企业都已引进全自动胶订联动生产线，不仅能大大提高无线胶订书籍的生产效率，书籍的质量也有了保障。

一、胶订机的构成及工作方式

本书的印后加工在胶订机上进行，其主要加工步骤有书背处理、刷胶和上封面，如图6—16所示。

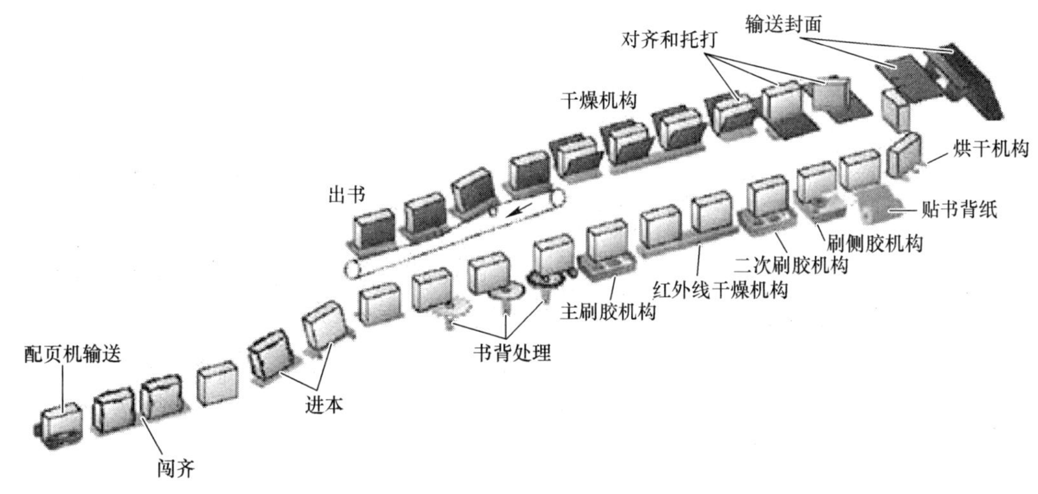

图 6—16　无线胶订工艺流程

书芯首先被一个夹书器夹紧，书背向下，进入进本机构。夹书器主要负担着书芯的夹紧和传递工作，输送书芯到各个工位接受加工。这些工位主要有进本机构、书背处理机构、刷背胶和侧胶机构、给封面机构、包本成型机构和收书装置。此外，有的胶订机还配有进本震齐装置、二次刷胶机构、贴纱布机构和干燥机构等。

为了保证一条生产线上的各个工位都能满负荷工作，较大的胶订机上都配有多个夹书器，夹书器根据工作节拍夹书或放书。

目前，胶订机的主要工作方式有单机运行、与一台配页机连接运行，以及组成胶订联动生产线，完成配页、胶订、干燥、三面裁切、包装等工作。其中，胶订机的种类很多，就其结构形式而言，最常见的有三种：

1. 直线型胶订机

直线型胶订机一般适用于规模较小的书刊装订厂，它工艺简单、价格低廉、使用方便，但是生产效率极低，其生产工艺流程是人工上书芯—书背处理—刷胶—上封面—包封面，这种直线型胶订机一般只配有 1 个夹书器。

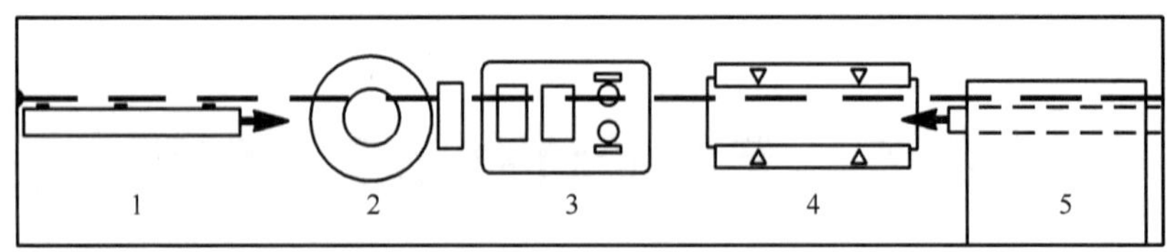

图 6—17　直线型胶订机

5 个加工步骤分别对应如图 6—17 所示的 5 个工位。操作人员站在工位 1，手工把配好的书芯放进夹书器内，夹书器夹紧书芯到工位 2 进行书背处理（铣背），再到工位 3 进行刷胶，在书背上刷背胶，在订口边刷侧胶，再到工位 4 上封面，上完封面后到工位 5 包封面，即对封面进行夹紧定位成型，成型后，夹书器松开，书籍下落，一个流程结束，夹书器再回到工位 1 进行下一个操作。

2. 圆盘型胶订机

圆盘型胶订机的外形呈圆盘状，故得名，如图 6—18 所示。圆盘型胶订机采用热熔胶粘连进行无线胶订，从结构上加进了铣背装置，还可以与配页机连接进行自动加工，连成一条生产线。圆盘型胶订机根据型号不同分别有 5、6、8 个夹书器，整个运作由大夹盘（即圆盘）的旋转来完成。圆盘型胶订机生产效率较高，多用于中等规模的书刊装订厂。

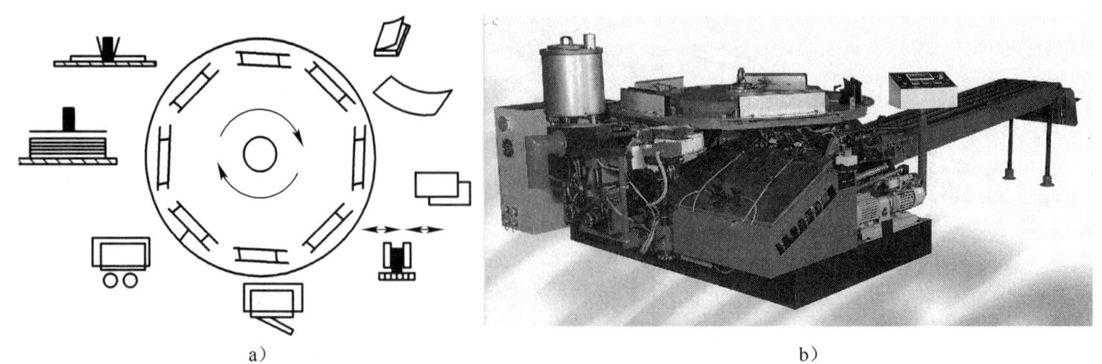

图 6—18　圆盘型胶订机

a）示意图　b）实物图

圆盘型胶订机的工作流程为：

（1）进本夹紧

进本夹紧即将半成品书芯送至夹书器内，夹紧定位后准备铣背或涂黏合剂的工作过程。进本方法有两种，一种是与配页机连接的自动进本，一种是人工进本。进本后夹书的作用有两个，一是对书芯起定位夹紧作用，二是带动书芯去各工位进行加工。当书芯落入夹书器后，托板将书芯的书背托到一定高度位置时，夹书器随夹盘的旋转动作，书夹的后挡规向前推动，将书芯闯齐后定位夹紧，并继续向前旋转送入铣背（或涂黏合剂）工位加工。

（2）书背处理

书背处理即铣背，有两种处理方式：一种将书背涂胶部分铣削光滑平整；一种是将其铣削成有规律的槽状。

（3）刷胶

刷胶时所涂刷的黏合剂一般为热熔胶，涂抹时由涂胶辊浸胶后旋转涂抹在书背上。涂胶有两种，一种是涂书背胶，一种是涂侧胶。涂书背胶的胶辊一般为两组，第一胶辊涂胶，第二胶辊补胶。

（4）上封面

书芯涂黏合剂后，由大夹盘旋转送入粘封面工位，此时书背正与封面的规定位置接触，将封面粘在书背上。

（5）托夹定型

书芯粘好封面后被大夹盘送至夹紧定型工位。夹紧定型由托平台板和侧夹板块完成，工作时由托平台板将书背托打平实，两侧夹板同时向里运动，将粘好封面的书册粘口夹紧、夹平实，完成圆盘型胶订机的胶订加工操作。

（6）收书

包好封面的书册由大夹盘的旋转夹紧板松开，书册掉下，将其送至收书工位。

3．椭圆型胶订机

同前面讲述的两种胶订机一样，椭圆型胶订机也是根据其形状命名的，它采用热熔胶或者 PUR 黏合剂来粘连书册。椭圆型胶订机的生产效率很高，其夹书器最多，一般配有 12～40 个，多用于规模较大的书刊装订厂，一般同配页机组、裁切机组组成高速无线胶订联动生产线。椭圆型胶订机如图 6—19 所示。

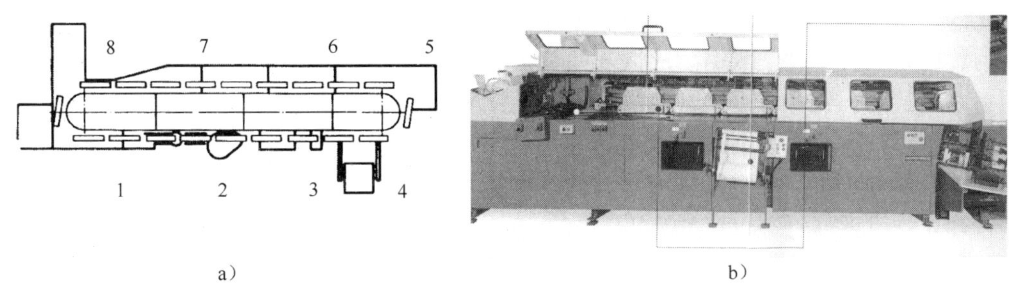

a）　　　　b）

图 6—19　椭圆型胶订机

a）示意图　b）实物图

二、无线胶订联动生产线

无线胶订联动生产线是一种用黏合剂替代各种连接线将书帖连接，使其成为书册的平装（也有精装无线）生产线。它可以将配页、闯页、夹紧、铣背、刷胶、粘卡纸、包封面等十多道工序，连接在一起形成一条自动生产线。目前我国使用的这种联动生产线大部分进口于德国、瑞士等国家。

无线胶订联动生产线主要由配页机构、胶订机构、裁切机构三部分构成，其生产工艺流程为配页—胶订—裁切。

1. 配页机构

配页机构采用叠配法完成配页，相关内容见第四章第二节。

2. 胶订机构

胶订机构一般采用椭圆型胶订机。这是因为胶订生产线工作速度快、效率高，椭圆型胶订机最符合要求。

椭圆型胶订机由进本装置、书背处理装置、刷胶装置、上封面装置、夹紧成型装置和收书装置组成。其相对应的工作流程为：进本—书背处理—刷胶—上封面—托夹定型—收书。

（1）进本

配页机将配好的一本书芯，由传送链条拨辊带动，逐步立起。在拨辊的带动下，书芯的天头被拨书辊闯齐，之后，书芯爬上 17°左右斜坡，同时震齐书背，由托书轮将书芯送到定位台上。这时夹书板将整齐的书芯夹紧定位后，输送到书背处理处以待下面的加工。在无线胶订联动生产线的过桥部分，有的机器装有错书检测装置，当配页机配出的书芯出现多帖或少帖时，可以将其自动推到错书台上（或漏在下面），以保证所配书芯帖数正确（一般错帖、倒页码等则无法控制）。进本如图 6—20 所示。

图 6—20　进本

（2）书背处理

震齐后的书芯，在上胶之前，要经过书背处理，即用铣刀或锔刀将书芯后背铣开或铣成沟槽状的工作过程。书芯经定位夹紧后被夹书板送到铣刀（或锔刀）部位，经铣刀（或锔刀）的旋转动作将书背铣（锔）成散开的单张页或沟槽状。其作用是为了使胶水浸透，达到黏结书芯的目的。铣背深度一般为 2.5 mm 左右，应根据纸张的厚度和书帖的折数进行调整。纸张厚，折数多，铣削量要大些。一些大型胶订机除配有铣背工位外，还有打毛、锯槽、清除纸屑等工位。在实际应用时，可根据实际需要选择是否增加打毛或锯槽工位。书芯经过处理，铣成散开毛边口深度为 1.5～2 mm，铣锔成沟槽状宽度一般为 2 mm，沟槽的间隔一般为 2～5 mm。书背处理如图 6—21 所示。书背经铣背、锯槽后，纸毛屑容易堵塞锯槽孔，使胶水溢出涂层，无法渗入槽内，造成书芯内无胶的掉页现象。因此，书背经铣背、锯槽后，必须清除纸毛屑。

（3）刷胶

刷胶是在已经经过处理的书背和订口处涂上热熔胶，分为上背胶和上侧胶。

上背胶的刷胶机构由胶锅、两个刷胶轮、刮刀和一个逆向旋转的热胶轮组成。在加工过程中，胶锅需持续加热，并保持恒温；第一个刷胶轮与书背的间隙较小，主要是将胶液压入书芯小沟槽内，并在书背上形成一个薄胶层；第二个刷胶轮将书背上的胶液刷到一定厚度；刮刀主要用来控制书背上的胶液量；热胶轮将胶层烫平并除去胶丝，其温度比前两个刷胶轮略高。上背胶如图 6—22 所示。

图 6—21 书背处理

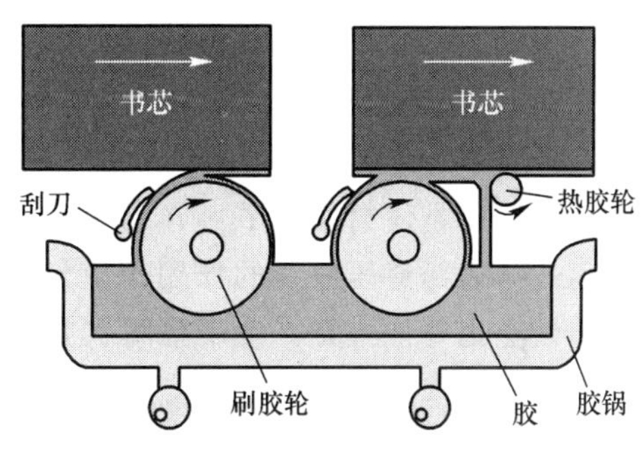

图 6—22 上背胶

上侧胶的位置在订口处，主要通过书芯从两个旋转的圆铁片中穿过来完成。侧胶同背胶性质略有不同，前者的干燥速度较快。上侧胶如图 6—23 所示。

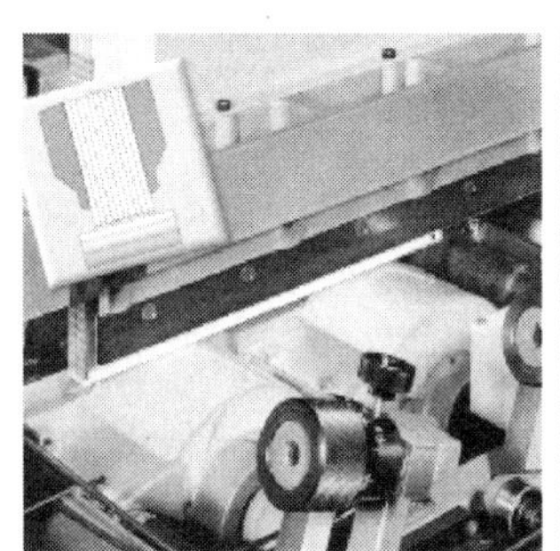

图 6—23 上侧胶

背胶的涂抹量大，涂层也厚，胶液要渗入槽孔内；侧胶则以能将封面粘牢即可，且涂层应在保证黏结强度的情况下越薄越好，侧胶胶层若太厚，会造成书背高凸，使书册表面不平整，会因无法裁切成形而影响书籍外观质量。

较先进的无线胶订机械还有背胶断胶装置，其作用是限制无线胶订机涂背胶的长度，即涂到所需长度时停止涂胶。断胶后书背上涂胶部分应比书背长度短 4 mm，待书背托夹定型后胶液冲出，将 4 mm 空胶处填满。断胶的目的是保证书背涂满胶后，胶不会溢出造成脏带和脏书。

对于厚度在 15 mm 以上的书芯，为了提高书背的连接牢度和平整度，在与封面黏结前，还要在书背上粘贴相应尺寸的纱布或卡纸，这一操作称为粘纱卡。卡纸一般采用 150 g/m^2

的卷筒胶版纸，应注意，粘纱卡时在天头要空出 2～3 mm，地脚要空出 3～5 mm，两侧各空出 0.5 mm。粘纱卡如图 6—24 所示。

粘贴完纱布或卡纸的书芯，要进行刷二遍胶，主要作用是粘贴封面。刷胶时既要将书面粘住，又不能将纱布、卡纸粘掉。因此，刷二遍胶的胶水应比第一次刷胶时胶水的稠度低些。

图 6—24　粘纱卡

(4) 上封面

上封面就是把处理好的封面粘贴到上过胶的书芯上的工艺。在这个工艺中，必须准确控制最佳的粘贴时间，以保证粘贴时的牢固程度。封面在输送进机器同书芯套合前，要经过压痕处理（相关内容见第三章）。一般要压四道压痕线，中间的两道压痕线间距为书背宽，其作用是使封面同书芯在书背处能更好地粘贴在一起。旁边两道压痕线的作用是使封面在订口同侧胶黏结处能更好地打开，便于翻阅。上封面如图 6—25 所示，压痕如图 6—26 所示。

图 6—25　上封面

图 6—26　压痕

平装书籍选择的封面纸张必须“亲胶”和能够压痕。同时，封面纸的丝缕方向应与书背平行。纸张的定量应参照书背的厚度选择，不应过薄或过厚。根据经验值，书芯厚度与封面纸张定量的关系见表 6—4。

表 6—4　书芯厚度与封面纸张定量的关系

书芯厚度（mm）	封面纸张定量（g/m^2）
3～5	120 以下
6～8	120～180
9～15	180～250
超过 15	250～320

(5) 托夹定型

托夹定型时，书背要经过两次由下至上的托打和侧面的挤压，经过托打和挤压后，书背平整，书籍成型才美观，如图 6—27 所示。需注意，为了保证托打、挤压时不出现溢胶，弄脏设备，封面纸张应比书芯长 5 mm 左右。

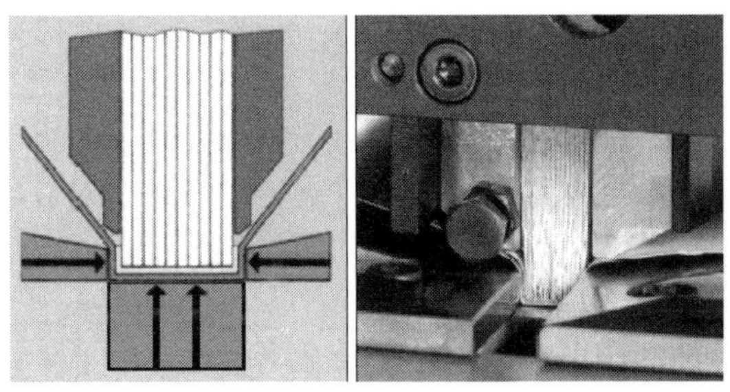

图 6—27　托夹定型

(6) 收书

书芯同封面托夹定型后，即进入收书机构。夹书板完成任务自动松开，书册掉落到传送带上。无线胶订联动生产线使用外部传送带将未裁切的书籍传送到三面切书机。传送带的作用有两个：一是将包好封面的书册传送到预定位置；二是利用其长度进行黏合剂的冷却、凝固、干燥，使书册到达预定的切书位置时正是所需的干燥程度。在传送过程中，书芯的温度也从 160～180℃ 降至 60～80℃，书背上形成了稳定的胶层，从而书籍成型。收书如图 6—28 所示。

图 6—28　收书

3. 裁切机构

裁切机构采用刀式裁切原理进行三面切，由一台三面切书机和一个送书、出书机构组成。三面切书机装有三把切纸刀，即侧刀两把，裁切书籍天头和地脚的毛边，前刀（门刀）一把，裁切书籍前口（切口）的毛边。三面切书机裁切顺序一般是先切天头、地脚，再切前口，如图 6—29 所示。

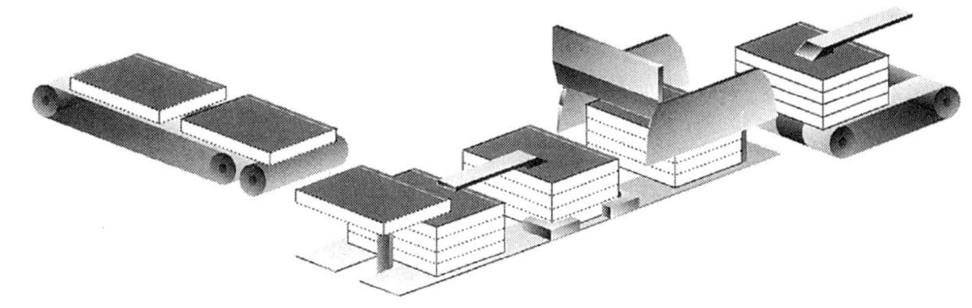

图 6—29　三面切书机裁切顺序

三、无线胶订联动生产线的相关操作

目前，由于无线胶订工艺已普及全国，胶订书籍的加工量已占据装订市场的大半江山，所以无线胶订联动生产线逐渐成为许多企业的首选。用好无线胶订联动生产线，保证产品质量，最大限度地发挥产能，是企业普遍关心的问题。

1. 无线胶订联动生产线的摆放与布局

无线胶订联动生产线的摆放要方便操作者堆积书捆和搬贮书帖，且注意采光。书捆、书帖不应靠墙、靠窗堆放，冬天不应靠暖气堆放，防止纸张受潮或受热后破坏其内部水分分布，造成书册不平整，无线胶订联动生产线上的配页机贮帖人员身后要有充分堆积书捆、书帖的空间，并保证足够的采光，以保证操作者准确观察机器运转情况。

2. 书帖的检查整理

书帖的外形平整度和松紧度的好坏，不仅关系到无线胶订联动生产线能否正常运转，而且对成书的质量也有着直接的影响。书帖如果未闯齐、捆扎不平、不压实，就转入铣背、锯槽工序，即使被夹书板夹紧后，书背仍然不平，这样可能直接导致铣刀铣不到位，书背锯槽深度不够好，胶订后产生脱页、散页、空背、缺背等诸多质量问题。因此，书帖的检查整理工作十分重要。把书帖抖松、闯齐，并进行捆扎，即将一定数量的书帖放在捆扎机上，每捆书帖的两端用硬质木板作为垫板，垫板规格尺寸应与书帖规格尺寸相符合。开动捆扎机，将疏松的书帖压实后，再用绳带捆扎。书帖堆放时页码准确，不得有串帖、串捆、串纸台现象。

3. 配页机的操作

开机前做好准备工作，核对样书和加工方案，防止串册现象，保证所配书册正确无误。贮帖前看准页码后再打捆，以保正确贮帖；贮帖时要检查核对页码版面（或字头）的顺序是否正确；每贮一叠书帖都要检查有无串帖、串册、白板、套帖、折错等工序差错；遇有不平整书帖，应将其按平或分散插放在其他平整书帖内，使吸帖不受影响，减少停机次数；贮帖不可过高，一般应与贮帖挡规等高，最高不超过 150 mm。

4. 夹书板的调节

书芯经进本震齐定位后被夹书板夹紧，以待进行后续加工。书芯进入夹书板时，夹书板张开的距离一般要比书芯厚度大 13 mm 左右，夹书板与定位台的高度距离应依铣背的深度、效果，以及书芯纸质和厚薄情况而定，一般情况应为 10～12 mm。夹书板夹紧书芯后的距离应根据书芯的厚薄，以及纸质的好坏、松紧、压实程度而定。夹书板夹得过紧，铣背时容易造成书芯中部微微凸起，书芯的前后部分铣不透或被打皱；夹书板夹得过松，易造成书芯歪斜，甚至跌落。一般情况下，夹书板夹紧书芯后的距离应比书芯实际厚度小 1～2 mm，要以能夹住书芯且不使其有移（错）动为宜。夹紧后的书芯后背要平直，不得有歪斜或马蹄状等现象，如图 6—30 所示，以保证铣背等后续加工的顺利进行。

5. 把握书背处理的原则

铣背应以能铣断书芯“最里折张”为原则。在书帖整齐的条件下，尽量减少铣背量，以减轻铣背刀和割槽刀的磨损，并减少书芯下部对固定板和活动护板内侧的摩擦力。此外，还应调整好两板间距，使书芯在固定板与活动护板之间既能顺利通过，又略感有轻微阻力。这样，铣背刀盘工作时，书芯下部不会在两板间发生较大的震颤摩擦，从而减轻刀口对应的两

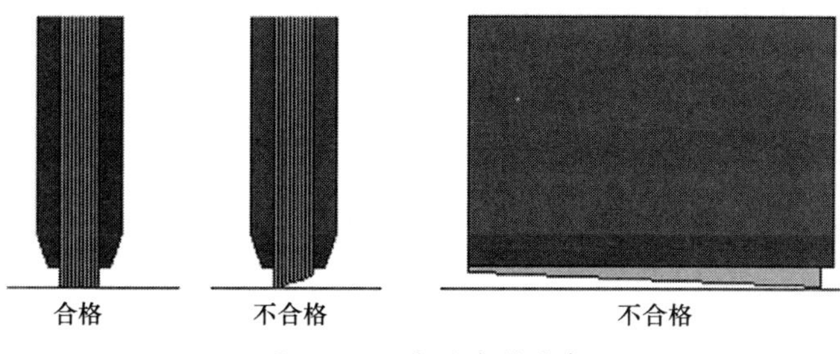

图 6—30　书芯夹紧要求

板内侧边的磨损，以确保铣背质量。

6. 正确使用热熔胶

(1) 正确认识和掌握热熔胶的各种型号和技术性能。不同型号的热熔胶，其开放时间、固化时间、硬化时间等也不同，地区不同、气温不同时，其开放时间、固化时间等也会发生变化。

印后加工术语

开放时间：开放时间指将胶液涂在被粘物上等待黏结的时间，一般为 7～13 s，即从涂胶液开始到封面与书背、黏口黏结、夹紧为止的工作过程。

固化时间：固化时间指液状黏合剂凝固的过程，一般为 7～14 s。

硬化时间：硬化时间指书刊黏结后冷却定型牢固待裁切的过程，一般为 3 min 左右。

(2) 固体的热熔胶在使用前，必须先用预热装置预热达标后，再将其释放到涂胶的工作胶盒使用。用胶过程中不可在涂胶工作胶盒内直接掺入固体胶块，防止胶体温度不均、流动性不佳，也不可将没有完全熔化的胶体涂在书背上，造成涂胶不均或黏结困难，影响书籍外观质量。

(3) 在热熔胶的开放时间内，要完成全部黏结过程。如遇停机时，书夹内正要涂胶的书芯要立即取出，以防产生次品。在无线胶订机长时间修理阶段，应关闭预胶锅和工作胶盒。

(4) 热熔胶胶体的温度要严格控制在一定范围内，不可任意改变，特殊情况下允差最多±10℃。

(5) 热熔胶涂抹后的开放时间和固化时间等都受室内温度和湿度影响，厂房车间内温度应保持恒温，以 15～27℃为宜（国外要求 22～27℃），相对湿度应保持在 50%左右。

(6) 预胶锅和工作胶盒要定期清理，保证胶锅（盒）内的清洁，防止胶液中杂质沉淀、积余而影响温度控制的准确性，甚至造成恒温器失灵，导致胶体燃烧现象。

7. 三面切书机操作注意事项

(1) 贮本要整齐，不歪斜，一叠书册贮进后保持垂直状，每本书册都要紧靠规矩。

(2) 压书的高低根据书叠的厚度而定，不得过高或过低，否则将会影响裁切书册质量的稳定。

(3) 压书板的规格大小根据所切书刊的开本尺寸而定，不得过大或过小。压书板规格过大，会导致无法切书；规格过小，则导致表面书册尺寸加大而影响切书质量。

（4）切书所用刀片的角度要与所切书册的厚度及纸质相符合，刀片不锐利要及时更换。

（5）下刀的高低要按规定调整合适，刀片在切书时的最低程度应能将一叠书册切透，又不可切得过深而造成塞纸撕页。一般情况下，刀片切入刀条内的深度为 0.3～0.5 mm。

第五节　胶订书籍质量检验

如今，无线胶订工艺应用范围越来越广，备受市场青睐。实际生产过程中，也常出现一些问题书籍，不仅影响使用，而且会对企业的声誉带来负面影响。所以，为了保证无线胶订书籍的质量，必须针对问题书籍进行分析，找出原因，及时解决。

一、无线胶订工艺的适用范围

无线胶订工艺是当今工业化加工书籍的重要订联方法，几乎适用于所有不需要长期保存的产品，如广告宣传品、期刊、平装书籍、商品目录，此外还适用于精装书芯的制作。目前，超过 80%的平装书籍，以及部分精装书芯的制作采用无线胶订工艺完成。该工艺的优点体现在高效性和经济性上。由于它的工作节奏和配页机、三面切书机能保持一致，所以三者组成的联动生产线效率极高，加工的书籍质量稳定，广泛用于大批量书刊的装订。

装订印量较小的产品，可以采用手工胶订或者半自动装订设备。

采用冷胶装订的书籍，虽然装订质量较好，但由于其干燥速度较慢，所以需要较大的半成品堆放地。采用其他干燥方法，能源成本则较大。

采用热熔胶装订，生产效率高，但装订质量和阅读质量都受到一定限制。

二、胶订书籍常见质量问题及处理

胶订书籍质量问题的发生不仅与热熔胶本身的质量问题有关，同时也与印刷企业的设备、环境、材料、工艺有关。影响胶订书籍质量的主要因素有黏合剂的种类及使用温度、纸张种类及需黏结部位的准备情况、刷胶工艺等。无线胶订书籍的常见质量问题、形成原因及解决办法见表 6—5。

表 6—5　　无线胶订书籍的常见质量问题、形成原因及解决办法

常见质量问题	形成原因	解决办法
书本脱胶、散页	书芯铣背深度不够，书帖页没有完全铣成单页	增加铣背深度，提高折页质量
	开槽深度不够	调整开槽刀间的深度，并保持开槽刀的锋利
	书帖不齐	书帖进入夹书板前应震齐
	热熔胶温度过低，致使胶液流动性差，热熔胶无法渗透到书芯开的槽内	将热熔胶升温到 160～180℃使用。热熔胶的最佳熔化点视车间温度进行调整（热熔胶要求车间温度为 20～30℃）。在冬季，北方企业的胶订车间要有供暖设备，南方企业的胶订车间为保证胶包质量也需要有供暖设备

续表

常见质量问题	形成原因	解决办法
书本脱胶、散页	书背脊热熔胶上胶过薄	控制背胶的厚度，一般控制在 0.6～2 mm，并调整上胶轮与书背的距离
	热熔胶型号使用不当	选择使用热熔胶应与胶包机的机型和装订时的季节相匹配
	纸毛、纸屑混入热熔胶内	铣槽后应及时清理纸毛和纸屑，避免刷不上胶
	书芯由铜版纸和胶版纸混合装订	开槽深度、上胶等应以将两种纸张粘牢为准
书背脊不方正	使用不锋利的铣背刀	更换锋利的铣背刀
	背胶上胶不均匀	调整上胶机构，使背胶上胶均匀
	托板定型机构调整不当	调整托板定型机构
	书帖整理不平整	做好整理工作，保证书帖平整
	定型时间过短	生产中应按书芯的大小、厚薄控制胶包机速度，并同时注意调整包本的速度
书背脊出现气泡和空胶	热熔胶受潮，含水量高	热熔胶应存放在干燥的库房内，避免受潮
	铣背开槽后书背不平整，造成背胶上胶不匀，出现空隙	检查铣刀、开槽刀是否锋利，反之，做到及时更换与磨削，控制背胶的涂抹均匀度
	托板与书背不平行	调整托板机构
书背脊不平，呈圆凸形	托板高度不够	调整书背与托板之间的间隙
	封面纸质较软或封面压痕不好	更换硬质封面，调整封面压痕轮间距
书芯侧面的胶层上有空洞	热熔胶的适用温度不正确	重新调节热熔胶至适当温度
	纸张不干燥	等纸张晾干
	热胶轮的温度不正确	重新调节热胶轮至适当温度

技能训练

胶 订 操 作

一、采用卢贝克胶粘法胶订一叠白纸

1. 目的和要求

（1）熟悉白乳胶的特点。

（2）掌握卢贝克胶粘法的操作过程。

2. 设备和材料

白乳胶、纸叠（297 mm×210 mm×15 mm）、毛刷、小刀、秒表。

3. 训练步骤和工艺要求

（1）认识白乳胶

学生每 3～5 人分成一组，每组发一小瓶白乳胶，结合教材中关于白乳胶的理论知识，观察白乳胶的颜色、气味等特征。

（2）调和白乳胶至合适的黏度

加水稀释白乳胶至一定的黏度，再利用黏度测量仪测试稀释后的白乳胶黏度值。

（3）处理纸叠的背部

每组分发一叠 297 mm×210 mm×15 mm 的纸叠，首先将四边闯齐，再利用小刀将纸叠的长边书背部刮粗糙，并划出间距为 2～3 mm 的划痕。

（4）给书背刷胶

采用卢贝克胶粘法，利用毛刷将调制好的白乳胶均匀地涂刷在经过处理的纸叠书背表面。

（5）记录完全干燥的时间

从刷胶开始计时，直到书背上的胶层完全干燥（可通过手感觉胶层的干燥程度，或翻开书芯观察没有明显的脱胶现象），记录完全干燥的时间。

二、认识无线胶订联动生产线

1. 目的和要求

（1）熟悉无线胶订联动生产线的基本组成和结构。

（2）掌握书背处理和刷胶装置的工作原理。

（3）掌握热熔胶和白乳胶的区别。

2. 设备和材料

无线胶订联动生产线、温湿度测量仪、胶订样书、秒表。

3. 训练步骤和工艺要求

（1）认识配页机构、胶订机构及收书机构

学生分组，每组 3～5 人，在无线胶订联动生产线上寻找配页机构、胶订机构和收书机构，并观察它们的基本组成和结构。

（2）在书背机构中认识夹书器、铣背机构及刷毛机构

结合理论知识，观察夹书器、铣背机构和刷毛机构的组成和结构，在工厂操作人员的指导下，每组胶订两本书籍，了解书背机构的工作原理。

（3）辨识热熔胶并比较其与白乳胶的区别

观察胶订书籍书背上热熔胶的特点和变化情况，并从胶的干燥时间、工作温度、黏结强度等方面与之前利用白乳胶手工胶订的书籍进行比较。

（4）记录加工书籍时的温度、季节、天气情况

记录利用热熔胶胶订书籍的环境温度、湿度，分析环境对热熔胶工作效果的影响。

（5）胶订书籍干燥时间对三面裁切的影响

将胶订的样书分别在三个时间段（1 min、3 min、5 min）进行三面裁切，观察书背的情况和天头地脚被裁切后的情况。

知识拓展

胶订书籍的质量标准及检测方法

为了保证胶订书籍质量的稳定性，胶订书籍的生产、热熔胶的选用和书籍的质量都必须符合相关的行业标准。

一、胶订书籍质量标准及热熔胶选用的技术标准

1. 胶订书籍的质量标准

胶订书籍装订应达到行业标准CY/T7的相关要求。根据行业标准《平装书刊质量分级与检验方法》(CY/T 15—1995)，其成品外观质量还应达到如下要求。

(1) 封面与书芯粘贴牢固，书背平直，无空泡，无皱褶，粘口符合《印后加工质量要求及检验方法　平装书芯质量要求及检验》(CY/T 7.2—1991) 的要求。

(2) 成品裁切尺寸误差符合《图书和杂志开本及其幅面尺寸》(GB/T 788—1999) 的要求。

(3) 成品裁切尺寸歪斜允差不超过2.0 mm。

(4) 成品封面缩胀页、露色、露白允差不超过1.0 mm。

(5) 成品裁切后无严重刀花，无连刀页，封面破口不超过2.0 mm。

(6) 成品书背字居中，书背字不超过书背面，封面字、书背字及封面图案歪斜允差不超过5.0%。

(7) 成品护封上下裁切尺寸误差按行业标准《印后加工质量要求及检验方法　精装书壳质量要求及检验》(CY/T 7.6—1991) 的要求，护封或封面勒口的折边至书背尺寸允差不超过1.0 mm。

(8) 成品书脊平直，杠线不超过1.0 mm，无粘坏封面，无折角。

(9) 成品外观整洁、无脏污。

(10) 书刊封面上国际标准书刊号码印刷按《商品条码　零售商品编码与条码表示》(GB 12904—2008) 的要求。

2. 热熔胶选用的技术标准

热熔胶在我国的生产与推广应用时间并不长。胶订工艺的推广使印刷企业对热熔胶的需求量不断上涨，但国内印刷装订厂商由于技术力量、设备状况，以及检测和控制手段存在差异，胶订产品质量也参差不齐，严重影响了印后加工的质量，所以必须通过行业标准规范热熔胶的生产和使用。针对热熔胶的特点，其技术标准具体涵盖以下几个方面：

(1) 软化度

热熔胶的软化度和固着速度有直接关系。软化度过低时，其固化速度会变慢，这样会导致书在裁切时变形或者不能裁切，影响联动生产线的生产效率，从而增加生产成本；软化度过高时，固化速度会加快，但会影响热熔胶的开放时间，导致开放时间过短，造成书芯与封面脱开。一般要求热熔胶的软化度，背胶大于82℃，侧胶大于69℃。

(2) 黏着性、流动性能

由于热熔胶的特殊用途，要求其具有一定的熔融黏度，才能保证热熔胶具有良好的流动性和润湿性，并对纸张纤维有充分的渗透能力和黏结强度。如果热熔胶的熔融黏度过低，会使书背上胶量不足；而熔融黏度太高，流动性就差，影响书背的黏结效果，翻书时容易产生散页或在书背上出现裂痕。

(3) 对温度的适应性

热熔胶对温度的敏感性比较高，好的热熔胶应具备耐低温、高温，以及对温度的热稳定

性等性能。热熔胶的耐低温性能即脆性温度，是指在规定的条件下，热熔胶的试样不产生断裂的最低温度，常用摄氏度（℃）表示。耐高温性能直接与热熔胶的老化性能有关。

（4）抗拉强度、硬度

为了使书刊装订后成型好，在频繁翻阅、折压展平时不发生散页、掉页等现象，热熔胶既要有适当的硬度，也应有一定的韧性。在对纸纤维进行了充分渗透的前提下，具备较高的拉伸强度和适当的断裂伸长率是有必要的，一般是通过硬度和抗拉伸强度两项指标来评价热熔胶的性能的。

热熔胶的硬度与所胶订书籍的抗折强度有直接关系。硬度高，书页订缝间就能承受一定的抗折力，书背坚挺、美观。

在热熔胶与纸张足够亲和，即热熔胶对纸纤维有充分渗透的前提下，热熔胶还应具备较高的抗拉强度，以保证热熔胶对书的黏结力和使用强度，使书在使用过程中不发生散页、掉页和开裂现象。

（5）色度和气味

除特殊情况外，一般优质的胶料或胶片表面光滑有光泽，没有粗糙的杂质颗粒，色泽均为乳白色或淡黄色，光泽柔润，密度一般在 0.93 g/cm^3 左右。没有光泽的胶，其原料混熔性差，如原料不能充分混熔，将会失去原料应有的作用，这种胶对纸张的渗透性差，黏结力不强，胶订质量就没有保证。同时，热熔胶在熔融过程中散发出的气体也应在评测指标之内，一般操作人员倾向于无毒、无异味的热熔胶。

（6）密度

只要把胶放在水中即可检测胶的密度，优质的胶应长期漂浮于水面，不下沉。一般相对密度大于 1 的胶会沉入水底，相对密度小于 1 的胶则浮于水面。相对密度大于 1 的胶，综合性能指标低于相对密度小于 1 的胶，另外，胶的密度越大，在胶层相同时，单本用胶质量越大，而这也会明显增加生产成本。

二、胶订成品书籍质量检测方法

胶订成品书籍质量检测方法主要有目测法、测量法、解剖法和拉力法。

在日常随机抽检中，无论抽取样书数量多少，检测时都必须将这四种方法融合在一起使用。检测步骤如下：

1. 测量样书的裁切尺寸

首先将样书墩齐，用直尺逐个测量裁切是否方正（误差不超过 1.5 mm），大小尺寸误差是否在允许误差范围内（误差不超过 1.5 mm），误差（即样书的前封面与后封面尺寸大小误差）是否超过 1.5 mm，样书与样书之间裁切尺寸相对误差是否超过 1.5 mm。

2. 检测压痕质量

压痕线到书脊的距离应不超过 7 mm，检查有无前后侧胶（小于 3 mm 为无侧胶）、溢胶。一手压着书芯，另一手将封面用适当的力向外拉，检查侧胶是否牢固。

3. 检测书背质量

检查上下有无破头，切口有无刀花，是否光洁，书脊字是否居中，书背是否平直，误差不超过 1.5 mm。从上切口和下切口目测书脊两边与中间胶的厚度是否一致。

4. 检查书芯质量

检查书芯有无错帖、缺帖、连刀、折角、“八”字皱，版心、折页误差是否超标等。

5. 检查胶订的牢固度

胶订质量的好坏主要体现在其牢固度上，而牢固度又主要表现在书籍经常翻阅时，书背胶层是否容易发生断裂，以及书页是否容易从胶层中脱落。通常使用两种方法检测胶订的牢固度。

（1）手工测试

将书籍从中间分开放在平台上，手掌沿着中缝自下而上推压，看书背有无折断和裂开而造成散页、脱页的现象。为进一步求证该批书籍牢固度是否符合标准，可用裁纸刀从书籍的中间剖开，检查槽口渗胶厚度。

（2）使用检测仪器

可以用专业仪器检测和评价书籍成品的黏结牢度，通常进行两种试验：一种为拉伸试验，一种为弯曲试验。

应注意的是，采用冷胶装订的书籍应在成型后 20～40 h 进行测试，结果较为准确。热熔胶装订的书籍则在成型后 1～24 h 进行测试。

拉伸试验实际上是一种统计试验方法。被测试的书籍首先被固定在桌面上，测试页张穿过桌面的缝隙被一对咬牙夹紧，下拉的力量随着时间的延续均匀递增。力量通过咬牙均匀分布在整个书页上。应当至少进行 8 次相同试验，书页要求从书籍的前部、中部、后部选取，并且每次所选书页的间距相等。8 次测试值中的最大值和最小值要剔除，以减少随机误差。其余 6 次测试值取平均值，再除以书背总长，得出统计结果。测试值的单位为 N/cm。拉伸试验的经验值见表 6—6。

表 6—6　　拉伸试验的经验值

经验值（N/cm）	质量
＜4.5	不合格
4.5～6.2	合格
6.2～7.2	良
＞7.2	优秀

弯曲试验是一种动态的检测方法。被测书籍书页朝下，固定在测试仪器的工作台上，被测书页穿过仪器中间缝隙，被一对咬牙夹紧，施予一定的拉力。接着，工作台围绕其中心位置来回旋转，直至被测书页从胶层中脱落。这种方法模拟了翻阅书籍的动作，德国行业经验值为：冷胶 3 000～5 000 次，热熔胶 400～1 000 次。

实践操作题

1. 采用卢贝克胶粘法，手工制作一本胶订小册子。
2. 参观胶订书籍生产企业，重点了解胶订生产线。
3. 收集有质量问题的胶订书籍，针对问题分析产生原因。
4. 利用胶订书籍质量检测方法，检验一本胶订书籍的装订质量。

思考练习题

1. 通过何种方法可以对胶与纸张的黏结效果进行判断？
2. 卢贝克胶粘法与散页裱头胶订法有何区别？
3. 选择覆膜使用的黏合剂应满足哪些条件？
4. 胶订书背的处理方法有哪几种？各有何特点？
5. 封面覆膜常见哪些质量问题？如何解决？
6. 胶订机由哪些工位组成？无线胶订联动生产线主要有哪几种工作方式？
7. 对照图示，填写各加工工序的名称。
（上封面/配页/成品/三面裁切/铣背/折页/包本成型/书背上胶）

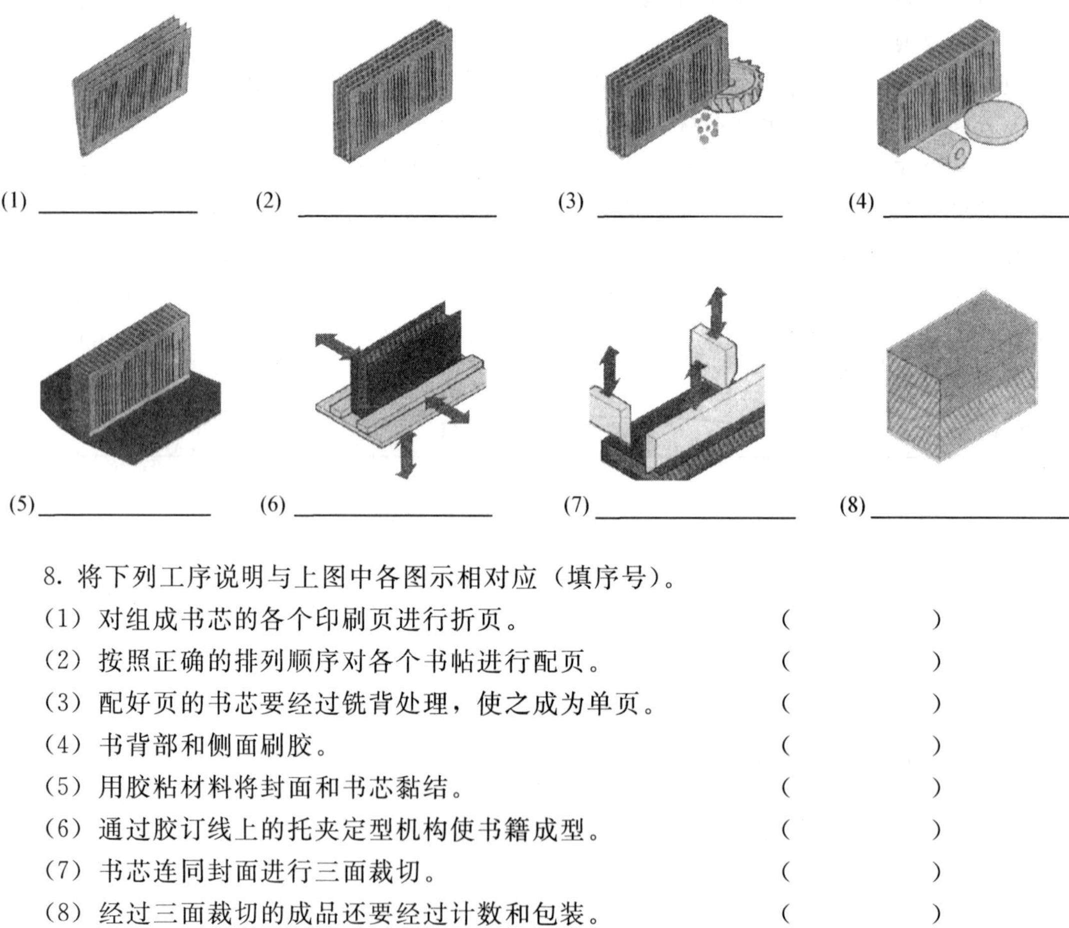

8. 将下列工序说明与上图中各图示相对应（填序号）。
（1）对组成书芯的各个印刷页进行折页。（ ）
（2）按照正确的排列顺序对各个书帖进行配页。（ ）
（3）配好页的书芯要经过铣背处理，使之成为单页。（ ）
（4）书背部和侧面刷胶。（ ）
（5）用胶粘材料将封面和书芯黏结。（ ）
（6）通过胶订线上的托夹定型机构使书籍成型。（ ）
（7）书芯连同封面进行三面裁切。（ ）
（8）经过三面裁切的成品还要经过计数和包装。（ ）

第七章　精装书籍印后加工

知识目标

掌握锁线订的工作原理及工艺要求，熟悉精装书书壳的种类及特点，掌握精装书书壳的制作流程，熟悉精装书书芯和书壳套合加工工艺流程，掌握精装联动生产线的工艺流程，掌握精装书籍的质量检测方法和常见问题分析。掌握精装书籍书壳的尺寸计算方法，能够手工制作精装书籍。

精装书籍是指不同于普通装订（平装、骑马订装）的一种需对书芯和书封都要作一定造型加工的装帧精美的书籍。精装书籍的特点是精美和结实耐用，可分为普通精装书籍和特种精装书籍两大类。

普通精装书籍的生产工艺比平装书籍复杂，原材料和辅助材料也多样化，适用于经常翻阅的资料性工具书，如各种词典、字典、经典著作、画册等。它的加工方式可以是手工操作，也可以是单机作业，还可以使用生产线。

特种精装书籍的图文经常是具有极高文化价值的经典名画或名作，制版和印刷工艺极其讲究，常采用手工完成。

本章以精装《新华字典》为例，介绍精装书籍的加工工艺。

精装《新华字典》的印后加工工艺流程可归纳为书芯加工、书封加工和套合加工三个部分，精装书籍的生产工艺流程如图 7—1 所示。普通精装书籍的结构如图 7—2 所示。

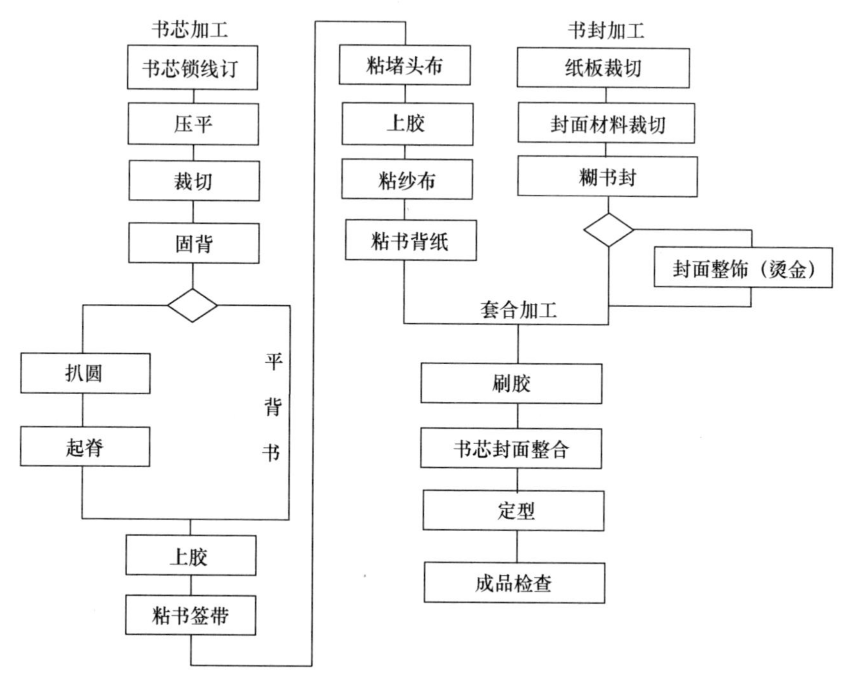

图 7—1　精装书籍生产工艺流程

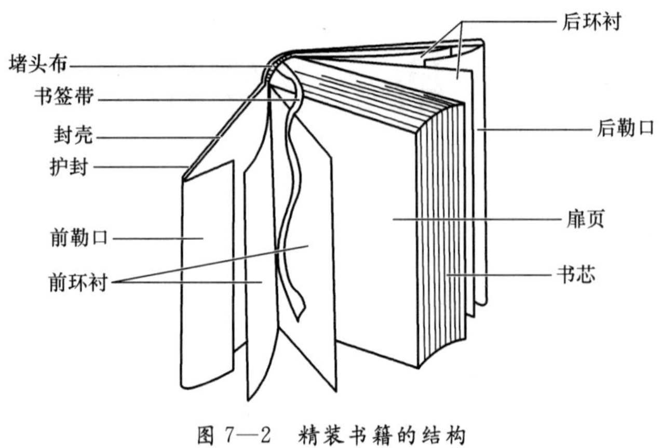

图 7—2 精装书籍的结构

第一节 精装书籍书芯加工

精装《新华字典》的制作不同于普通书籍。平装书籍的书芯经订联后直接与封面黏结，连同封面进行三面裁切即成为成品。而精装《新华字典》的书芯和书封都需要单独制作。精装书籍书芯的制作包括折页、配页、锁线订、书背造型加工，其中折页、配页在前面的章节已经介绍过了，本节介绍精装书籍书芯的锁线订和书背造型加工。

一、精装书籍书芯锁线订

大部分精装书籍和平装书籍都是由多个书帖组成，对于印张较多、书芯较厚的情况，一般采用锁线订的装订方式，即用线将配好的书芯一帖一帖地顺序穿联起来，并相互锁紧。对于多帖书籍的装订，锁线具有两个基本的功能：连接每一帖中的各页，并使书芯的每一书帖相连，如图 7—3 所示。

图 7—3 经锁线的书芯

锁线订主要用于多帖平装书籍和精装书籍书芯的连接。这种方式具有装订结实、持久耐用、易于摊平等特点，因此大都用于需要经常翻阅的辞典、百科全书、艺术类书籍等的装订。

当然，还有另外一种订联方式也采用“线”来连接书页，即缝纫线订。这种方式目前多用于证书、证件的内文加工，如团员证等。缝纫线订用于真正意义的书刊订联较少，这里不再赘述。

1. 锁线订的工作原理

锁线订的工作原理如图 7—4 所示。

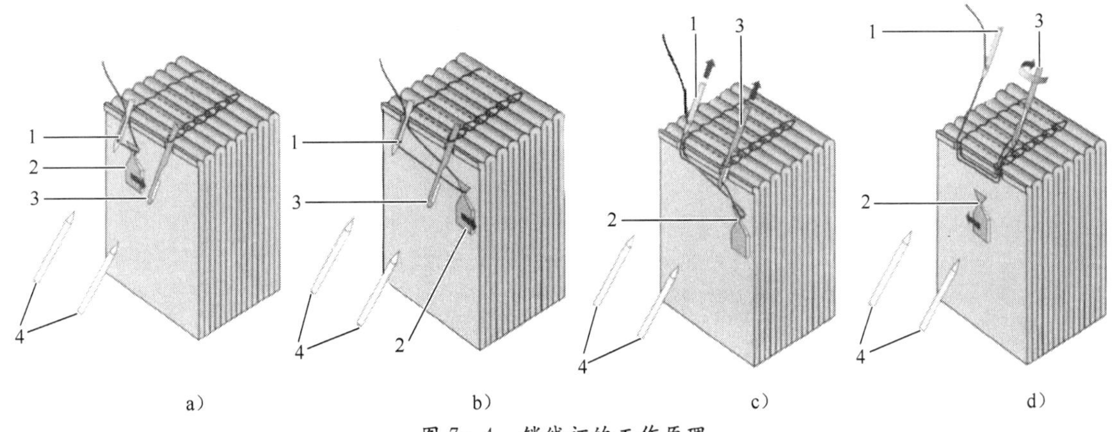

图 7—4　锁线订的工作原理

1—订书针　2—钩线板　3—钩线针　4—底针

a) 底针将书帖从折缝处由内向上穿孔　b) 订书针和钩线针带着纱线由上向下进入穿好的孔眼中，同时退后 2～3 mm，在纱线上形成一个弯折，便于钩线板钩线　c) 钩线板从弯折处钩住带入的纱线，并向前送至钩线针上，卡紧　d) 钩线针绕自身的轴线作 180°旋转动作，并同订书针一起向上抬起，把纱线带出书帖，同时钩线板退后，准备下一次任务。完成第一帖

锁线的形式有平锁和交叉锁两种，如图 7—5 所示。

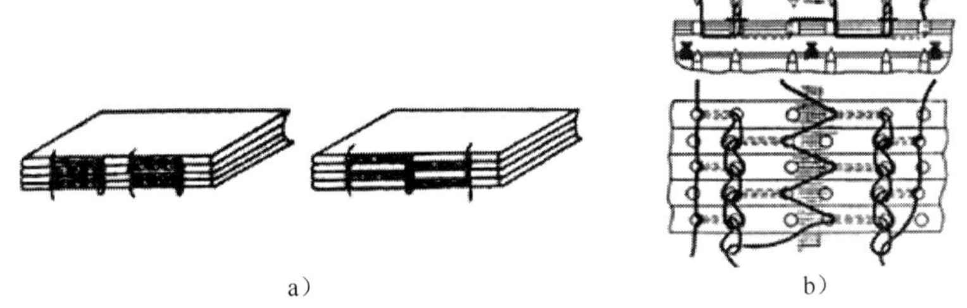

图 7—5　锁线订的两种形式

a) 平锁　b) 交叉锁

平锁是在锁线时用一条线锁一个书帖，而交叉锁是用一条线在两个书帖之间来回交叉跳着锁线，即一条线路锁两帖。对于 40 g/m² 及以下的四折页书帖，41～60 g/m² 的三折页书帖，或相当于以上厚度的书帖可用交叉锁，因为此类书帖属于薄书帖，采用交叉锁可以减少由于线层过多造成的书背过厚或书脊过高问题，避免对后续加工产生影响，从而提高书籍整体的平整度和外观质量。超出以上范围的厚书帖要用平锁锁线，因为线层多对厚书帖不影响，且厚书帖需要连接牢度大的锁线形式。

锁线工作可由手工和机械完成，目前较多地使用机械加工，使用的设备称为锁线机。如图 7—6 所示为一台半自动锁线机，在机架的右边有一条输帖链，利用输帖链与靠板的配合动作，将书帖自动送入靠板上，并进入锁线部分锁线，使之成册。锁完后，停搭一帖，空转一次，自动割线刀利用空转时间将每本之间的纱线自动割断，使每本分开成册。

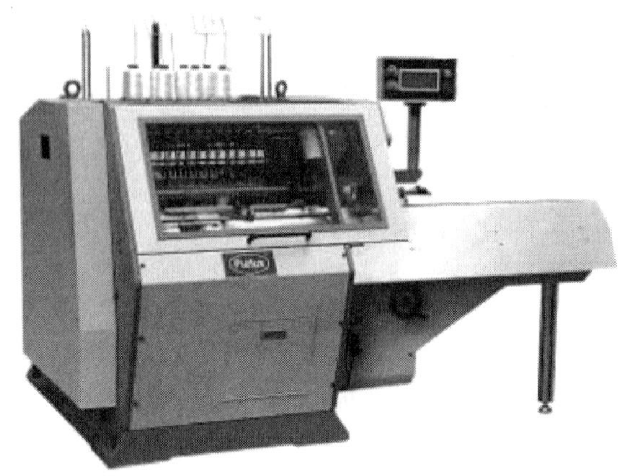

图 7—6　半自动锁线机

锁线订是一种牢固度高、使用寿命较长的订书方法，质量要求高和耐用的书籍多采用锁线订，同时，这种订联方式对纸质的要求低，适用于加工各类纸张印刷的产品。锁线订工艺流程如图 7—7 所示。

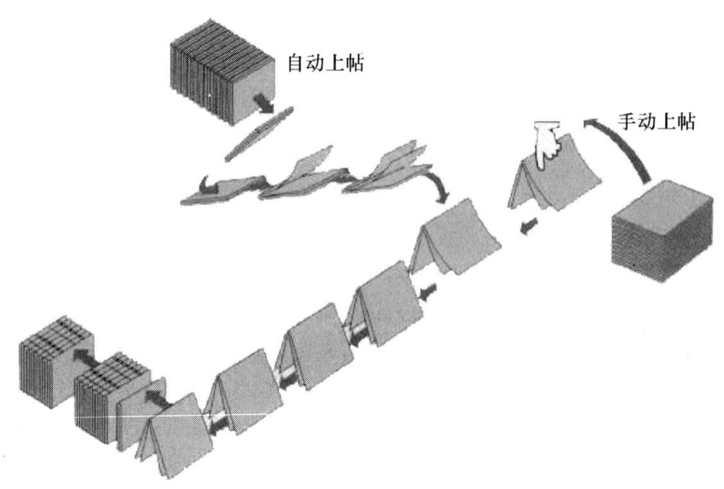

图 7—7　锁线订工艺流程

2. 锁线机类型及结构

(1) 锁线机类型

按锁线机自动化程度不同，一般可以将其分为半自动和全自动两种。全自动锁线机如图 7—8 所示。

(2) 锁线机结构

不管哪种类型的锁线机，其基本结构都包括输帖机构、定位机构、锁线机构、出书机构等，全自动锁线机还配有贮帖机构。下面以全自动锁线机为例，介绍锁线机的各部分结构及基本功能。

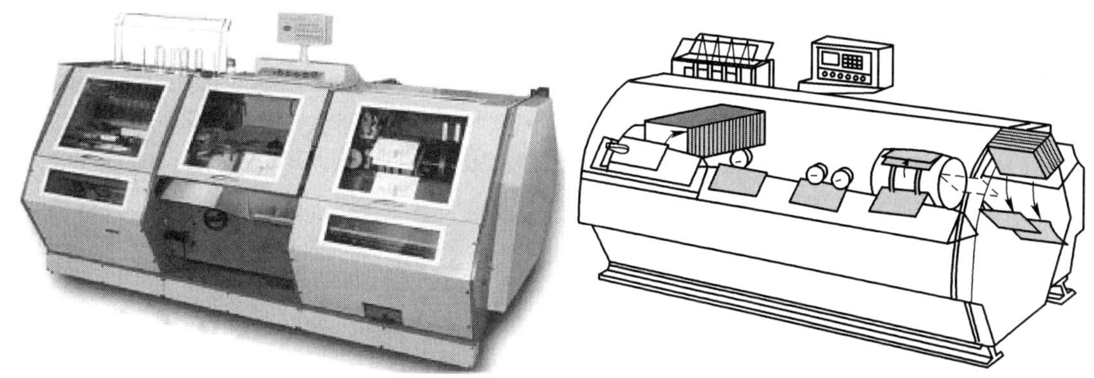

图 7—8　全自动锁线机

1）贮帖机构。贮帖机构用来贮存已经配好页的书芯，并经过书帖的分离、输送，把书帖输送到输帖链条上。书帖经吸风嘴、叼帖轮进入垂直双层皮带夹向上传送，经过送帖轮改变方向，进入水平双层皮带夹，传送到高、低角后分帖，分帖后送入传送链条，经过颜色检测装置进入上、下送帖轮。书帖由链条装置进入双层皮带，加速到定位处，处于静止状态。如果书帖无长、短边，则用三角板与吸风嘴配合将书帖分开。

2）输帖机构。输帖机构的作用是把搭页机上的书帖输送到订书架上进行定位。输帖机构由传动机构、送帖轮、输送链和推书片组成。

3）定位机构。定位的目的是使高速输送来的每一书帖，都有同一个固定位置。当书帖到达定位板后，双层皮带紧紧地将书帖夹住，使书帖不能有丝毫位移。

4）锁线机构。无论是自动锁线机还是半自动锁线机，其锁线机构的结构基本相同，主要由订书架、底针、升降架、穿线针、牵线钩爪、钩线针与纱线拉紧机构组成。

5）出书机构。出书机构由敲书棒、打书板、挡书针和割线机构组成。其作用是将锁线后的书帖平稳地从订书架上分离，送到收书台上。

6）收书台。不同的锁线机，收书台组成不同。全自动锁线机的收书台由挡书板、帮刀、输送带、升降机构等组成，帮刀的作用是书芯被推出时保持书芯紧凑、整齐。

3. 锁线订工艺质量要求

锁线前检查配页有无差错，并根据开本尺寸与要求确定锁线的针数及针位，确定最上及最下针位与上、下切口的距离，见表 7—1。针位应均匀分布在书帖的最后一折缝线上。

表 7—1　　锁线订针位与针数

开本数	上、下针位与上、下切口的距离（mm）	针数	针组
≥8	20～25	8～14	4～7
16	20～25	6～10	3～5
32	15～20	4～8	2～4
≤64	10～15	4～6	2～3

锁线订中要合理安排针数，并使针位均匀分布，这样可以保证全书书背厚度和紧度一致。

锁线订中所用的线规格为 42 支纱或 60 支纱、4 股或 6 股的白色蜡光塔线，或相同规格的塔形化纤线。

锁线时，书芯各帖应排列正确、整齐，书帖整洁，无油污、撕破和多帖、少帖、多首少尾等错帖，无串帖、不齐帖（缩帖）、歪帖或穿隔层帖，无断线脱针或线套圈泡等不合格品。

锁线松紧适当，无卷帖、歪帖、漏锁、扎破衬、折角、断线和线圈，缩帖不超过 2.5 mm。书册卸车后，要认真检查错帖、漏针、错空等不合格品，保证锁线质量合格。

二、精装书籍书背造型加工

为了使经过锁线订的精装书籍书芯订联牢固，外形美观，一般都要对书背进行造型加工。

1. 精装书籍书芯加工形式

精装书籍书芯的加工形式主要有方背和圆背。圆背又可按有脊或无脊、方角或圆角、有堵头布或无堵头布、软衬或硬衬、有无筒子纸进行分类。

（1）圆背有（无）脊

圆背有脊是指将有一定圆势书背的书册在背与面相连的脊部进行造型加工，使脊部更突出。这种造型的书籍背部呈圆弧形，书脊高起，坚硬挺实，适合于装订较厚的书籍，书壳套合后有明显的书槽，翻阅方便，如图 7—9a 所示。圆背无脊是指圆背不经起脊加工，书背与书芯的厚度相同，但没有书脊。这种造型的书芯，一般与软质书壳相配套，如图 7—9b 所示。

（2）方背

方背是指书芯裁切后书背与书芯环衬互成直角，书背平直方正。方背书芯一般只用于厚度约为 20 mm 的精装书籍，如图 7—9c 所示。

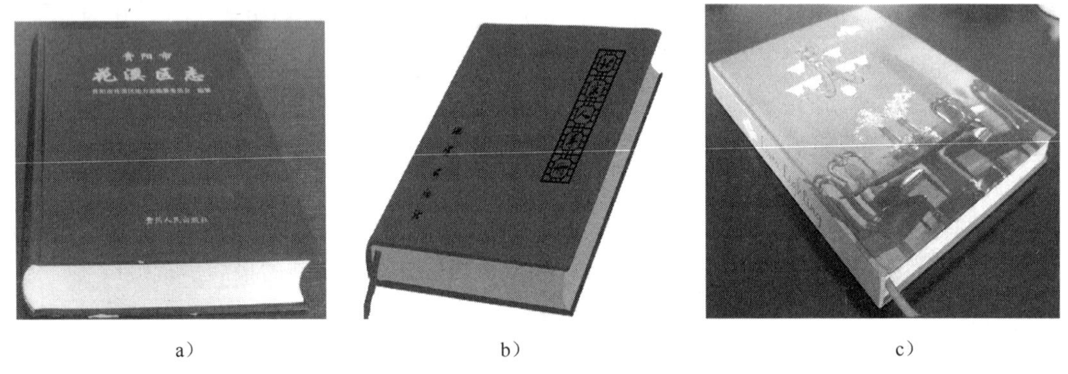

a） b） c）

图 7—9 精装书籍的类型

a）圆背有脊精装书籍 b）圆背无脊精装书籍 c）方背精装书籍

（3）堵头布

堵头布是在精装书籍书背上下两端所粘的布头，加工时有的要粘，有的不粘。

（4）软、硬衬

软衬是指与书壳黏结在一起的 250 g/m² 以下质地较软的衬纸；硬衬指在环衬上再粘上

的单张 250 g/m²以上的硬卡纸，插在书籍封二、封三的封兜内用来做活套精装书籍书壳。

（5）筒子纸

筒子纸是指在精装书背纸上粘贴的双层筒形纸，圆背厚书需粘筒子纸是为了保证书籍整体不变形，方背书籍和较薄的书籍可不粘筒子纸。

2. 精装书籍书芯和书背造型加工

以锁线订的圆背有（真）脊精装书籍书芯为例，其工艺流程为压平、裁切半成品、固背、扒圆、起脊、第二次涂黏合剂、粘书签丝带、粘堵头布、第三次涂黏合剂、粘纱布和书背布（纸）。

（1）压平

半成品书芯加工前必须压平，排除书芯内部空气。压平后的书芯平实，厚度基本一致。

通常，精装书籍书芯锁线订后松紧不等且线棱飘浮，书脊凹凸不平，书帖内存有空气，如果锁线后不压平，就不能保证书芯厚度基本一致，精装书籍质量就无法保证。因此，不压平的书芯是不能进行造型装帧加工的。

书芯压平必须通过书芯压平机来完成。书芯压平机按压平方式不同，可分为卧式压平机和立式压平机两种，按机器结构不同，可分为液压式压平机和机械式压平机两种，如图7—10所示。

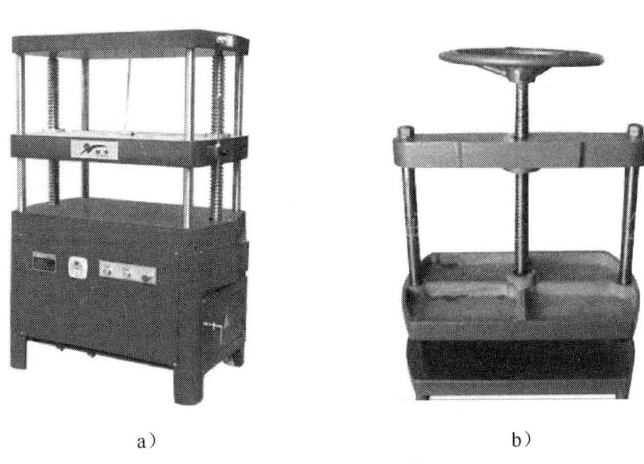

a）　　b）

图 7—10　书芯压平机

a）液压式压平机　b）机械式压平机

不论哪一种压平方式，都要根据纸张的特性和书芯的定型厚度来调整压力大小，并确定是一次压实还是两次压实。操作书芯压平机时应注意以下几点：

1）根据所压书芯的实际厚度及松紧情况，调好书芯压平机的压力规矩，试压检查无误后进行正常工作。

2）书芯要闯齐，不能有缩贴不齐、歪贴等现象；压平时要放平、放正。

3）压平后的书芯，各本之间的厚度要一致，并要错叠后平放在纸台上，每层数量一致，四角不溢出，每码齐一层，压垫一层板，以保证书芯厚度基本一致，不变形。

4）书芯在压平时，压力要适当，不可过大或过小。压力过大，书背扒圆时受影响；压力过小，起不到压平的作用。压力大小标准应使得书芯切成后的各角均为90°。

(2) 裁切半成品

精装书籍书芯的裁切与一般成品书籍裁切相同，只是不需要用划口刀。精装书籍书芯的裁切应符合《图书和杂志开本及其幅面尺寸》(GB/T 788—1999) 的规定，见表 7—2。

表 7—2　　精装书籍书芯裁切尺寸规定

系列	代号	公称尺寸（允差±1 mm）
A	A4（16K） A5（32K） A6（64K）	210 mm×297 mm 148 mm×210 mm 105 mm×144 mm
B	B5（32K） B6（64K） B7（128K）	169 mm×239 mm 119 mm×165 mm 82 mm×115 mm

非标准尺寸是指不在以上标准范围之内的尺寸，可按客户要求及所签合同进行加工。

精装书籍生产线所使用的自动三面切书机，与一般三面切书机的原理及工作过程基本相同，都采用刀式裁切原理，装有三把切纸刀。其中，侧刀两把，裁切书籍天头和地脚的毛边，前刀（门刀）一把，裁切书籍前口（切口）的毛边，裁切顺序一般是先切天头、地脚，再切前口。为了能自动切书并与其他单机合拍，输入书芯部分采用了自动贮本形式，即由自动进本器将书芯自动送入夹书器下进行切书。切完书册后，再由推本器将书芯逐本地推出，经传送后进入下道工序加工。相关内容在第六章中已有介绍，这里不再赘述。精装书籍书芯的裁切如图 7—11 所示。

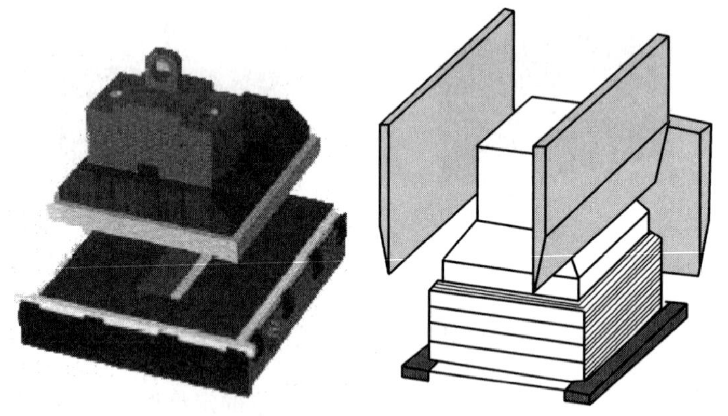

图 7—11　精装书籍书芯的裁切

(3) 固背

固背就是对书背上胶，将经锁线的书帖相互粘连，并将散帖黏结在一起，使书背初步定型，成为一个结实的整体，以便三面切书及扒圆时书帖间不发生相互错动，避免影响书芯造型加工效果，并提高书的牢固度。书芯第一次刷胶是起连接定型作用的，原则上要求干燥程度达到 70%～80%即可。在联动机上加工时，由于机械操作的限制和需要，其干燥程度可达到 90%左右。

固背操作时有两种方法：手工涂胶和机器涂胶。

1）手工涂胶。手工涂胶有先涂胶和后涂胶之分。先涂胶时，将压好的书芯闯齐扎捆后，用刷子蘸胶水在书背的表面涂上一层，当书背胶水干燥到7～8成时，分本进行裁切。后涂胶时，将压平的书芯闯齐后先裁切，然后堆码整齐。书背朝一方向，一手按住上面书册表面，另一手用毛刷在书背上涂胶，之后立即分本并错口，将书背露在外面，自然干燥。

2）机器涂胶。机器涂胶是利用精装书籍生产线的刷胶烘干机进行操作的，即先由震齐辊将压平后的书芯震齐，再由夹书板将书芯夹紧，通过传动使移动的胶辊将胶水涂在书芯后背的表面，然后进行烘干。根据需要，有时在涂胶的同时，还会粘上纱布类的固背材料。机器涂胶如图7—12所示。

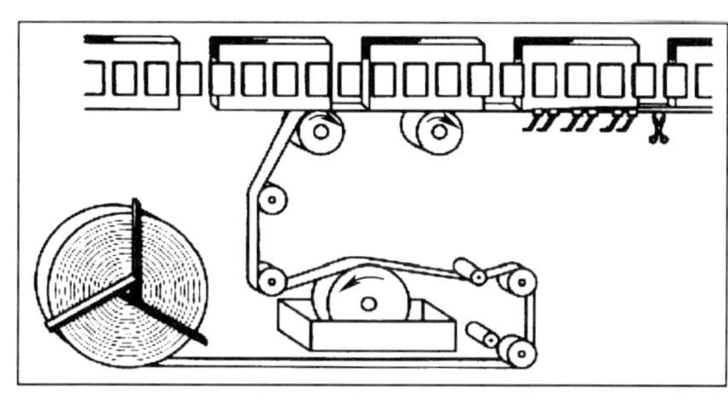

图7—12　机器涂胶

固背操作要求如下：所用胶水要稀（不得用面浆），过稠的胶水黏性强，影响扒圆弧度的准确性；涂胶时要薄而均匀，特别是书芯的两端必须刷匀，不得有漏刷的书帖，否则书帖扒圆起脊后会散开，书背也会龇裂，影响书籍外观质量。

（4）扒圆

扒圆是改变书背形状的加工过程，也就是把锁线订联后的方形书背加工成书籍设计要求的圆弧形书背。通过扒圆，各书帖中的订线不在同一个平面上，而是相互错开并在同一个圆弧面上。锁线高出的书背部分在圆背处得以补救，不致出现整本书籍前口低而书背处高的现象。扒圆有手工扒圆和机械扒圆两种。

1）手工扒圆。如图7—13所示，手工扒圆有两种方法，一种是用竹板刮背使书芯变形，另一种是用木槌敲打书背使之成型。

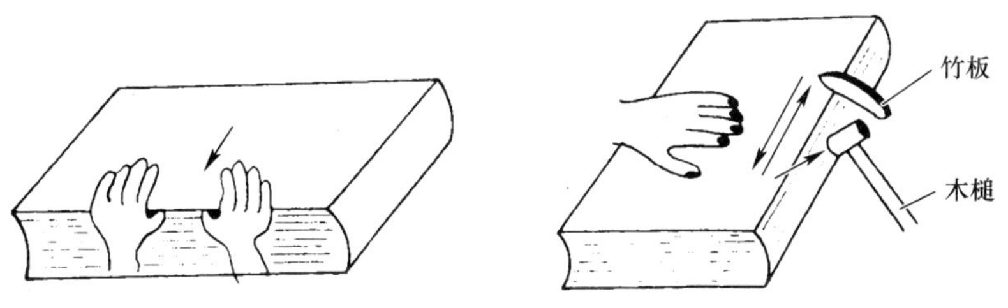

图7—13　手工扒圆

①用竹板刮背的方法。拿起一本书芯，后背朝外，前口朝里，双手大拇指伸进书芯内，位置在其厚度的一半或三分之二处；另外四指压在书芯表面，大拇指顶住书芯，四指向里揉

动，将书芯的各页由最外侧到书芯厚度的中间部位逐渐拉开一定的距离，此时的书芯前切口边便呈现出一个圆弧；然后一手压住书芯平放的表面，另一手用竹板压在书背部分来回用力刮动，使书背变成圆弧状；再捏住书芯翻身，用同样的方法刮另一面，直至将书芯后背变为两头对称的圆背状。

②用木槌敲背的方法。将一本切完刷胶后的书芯，后背朝里，前口朝外，用左手四个手指伸进书芯前口内，位置约在书芯厚度的一半或三分之二处，大拇指压在书芯表面；上下五指相互配合，捏住书芯上半部，向前口部分揉动或两手推动；待书芯上半部揉拉成一定圆势后，一手压住书芯拉出的圆势，另一手用木槌沿书背推出部分敲打数次；再捏住书芯并翻身，用同样方法敲打另一半，直至书芯后背圆势符合要求为止。

扒圆后的书芯，书背和前口部分要平整地交叉错开堆放，每一摞最上一本都要用铁块等物压紧，避免圆势消失或趋于消失。

扒圆操作要求如下：手工扒圆入手正确，入手应为书芯厚度的三分之二；敲或刮圆时用力得当，不可将书芯敲裂，敲皱；扒圆后的书芯，圆势大小按规定由始至终保持一致，不得一端大一端小，不得歪斜，切口边的上下四角应垂直，如图 7—14 所示；扒圆时发现有两端漏胶散帖时，应立即进行补胶，防止起脊时书背两端撕裂；书背的圆势以书芯厚度计算，书背扒圆后的圆弧所对的圆心角一般应在 90°～130°。

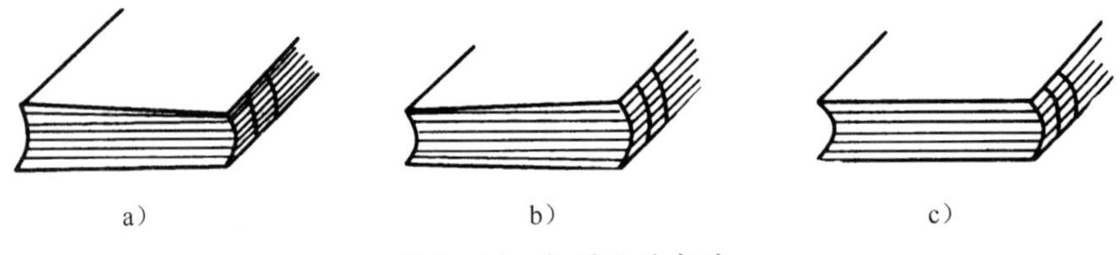

图 7—14　扒圆后的书芯

a）压力过大，圆势变小　b）压力过小，圆势变大　c）压力适中

2）机械扒圆。机械扒圆分为半自动机械扒圆和全自动机械扒圆。

①半自动机械扒圆。半自动机械扒圆的扒圆形式模仿手工扒圆，也需要用双手将书芯切口部分书厚的一半或三分之二处的书页翘起，略向后拉，只是成型借助于一个带有圆弧的扒圆辊锤击来完成，其压力大小、敲击的部位由操作人员控制，一般一次或数次敲击完成书背的圆弧造型。完成上半部分后，再翻身进行下半部分书芯的书背造型。

机械扒圆主要是通过圆弧辊或圆辊的滚压，向书背一侧施加一定压力，使其变形。由于书背两侧的压力大于书背中间的压力，又是对称的，所以滚压以后的书背呈圆弧形。简易扒圆机械如图 7—15 所示。

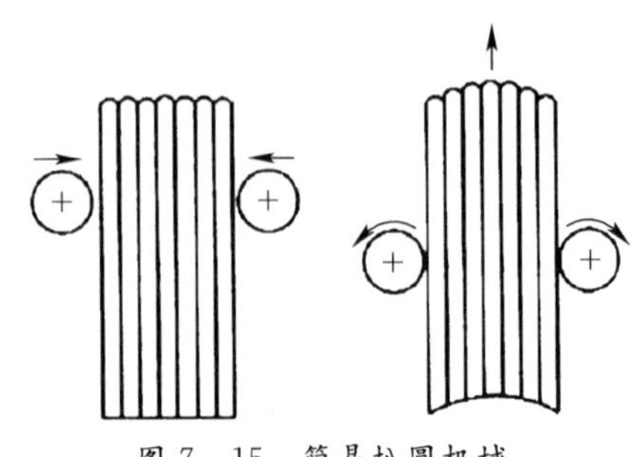

图 7—15　简易扒圆机械

②全自动机械扒圆（精装联动生产线中的扒圆机见图 7—16）。此类机械操作时，书芯的书背成型方式与手工操作截然不同。书芯放置呈垂直状态，操作时书芯平整地被送入夹书器中，书背向上，切口朝下。切口处有一个与书芯书背成品圆弧形状相似的成型模，书芯就架在成型模上。当书芯定位后，

呈凹状圆弧的扒圆起脊器就向书芯的书背处下压，同时有一组圆辊从左右方向压向书芯，在距书背三分之一左右的地方进行滚压。由于书芯两侧与书芯中间压力不一样，两侧的滚压力大，使书背呈现圆弧形。

呈凹状的扒圆起脊器是一个与书背圆弧方向相同（凹状）的弧形条状模块，圆弧半径必须大于书芯书背的圆弧半径，通过控制压力和下降，改变书芯书背的圆弧大小。

此类扒圆机械一般称为扒圆起脊机，扒圆、起脊两个工序可以一次完成，如图 7—17 所示。

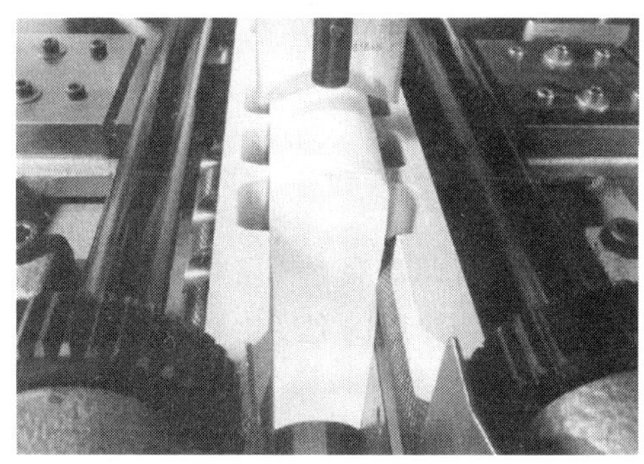

图 7—16　全自动机械扒圆

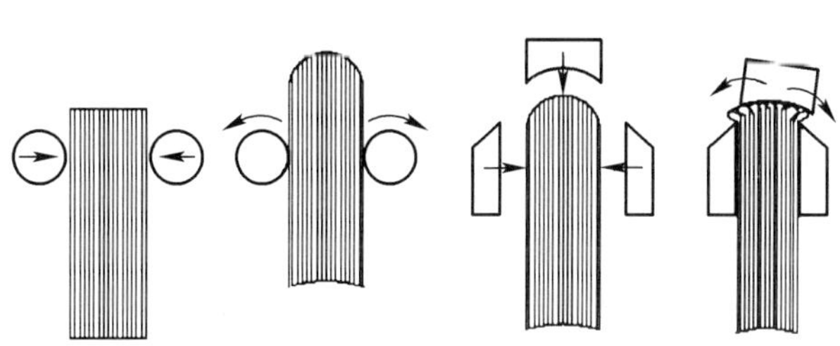

图 7—17　扒圆起脊

（5）起脊

起脊也称砸脊或敲脊，即将扒圆定型后的书芯夹压紧实，在书背与环衬连接边缘加工出一条由于凸起而形成的沟槽的过程。通过起脊可以确保扒圆所形成的圆弧形态，既起定型作用，也美化书籍外观。

起脊的高度为 3.0～4.0 mm，书脊高度与书芯表面倾斜度应是 120°±10°。起脊高度根据书壳纸板厚度的不同而不同。书壳纸板厚度小于等于 2 mm，起脊高度为 3 mm；书壳纸板厚度大于等于 2.5 mm，起脊高度为 4 mm。书脊高度与书芯表面的倾斜度关系到套合后的外观质量，因此规定只能在 110°～130°范围内。

起脊有手工操作和机械操作两种。手工操作时一般借助于夹书架（敲脊架）和木槌等工具。夹书架是一种简单的夹紧工具，其夹板一块是固定的，一块可以活动，可以随着调整杆的转动作平行移动，从而夹紧书芯。

操作时，将扒圆后的书芯放入夹板内，书背向上，切口朝下。稍作固定后，调整书背的边线，使之与夹书架的边线互相平行，按起脊要求，将书芯的书背高出夹书架一定距离（一般为 3 mm 左右），也就是相对比精装书籍书壳封面纸板的厚度略大一点。然后，重新调整活动夹板，使书芯在夹书架中固定位置上牢固地夹紧。这时用木槌向书背进行敲击，书芯的书背就比两边的页面凸起一条凸槽，而在书面上看上去形成一条凹槽，原本平整的书面上像起了一条山脊一样，如图 7—18 所示。

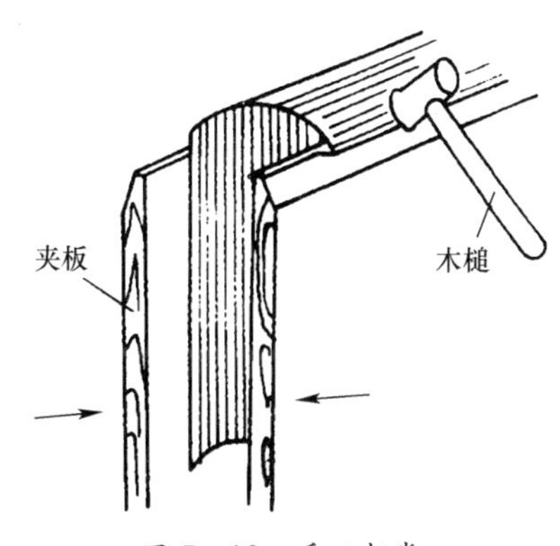

图 7—18　手工起脊

敲脊时要从书背的中间着力，先轻后重，软硬兼施，用力适当，使书背逐渐向两侧倾斜，迫使书芯书背的书帖向两侧弯曲，直至符合起脊的要求。起脊效果的好坏会影响精装书籍外观效果，如图 7—19 所示。

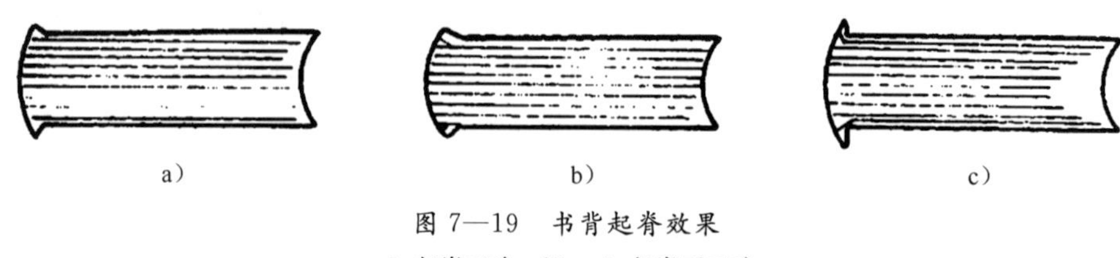

图 7—19　书背起脊效果
a) 起脊正确　b)、c) 起脊不正确

(6) 第二次涂胶

精装书籍书芯加工的第二次涂胶，是指将起脊后的书芯书背两端涂上一层黏合剂，用于粘贴书签带和堵头布。因此，第二次涂胶只刷书背的上下两端，涂胶的宽度比堵头布稍宽一些即可。

手工涂第二次胶时，先将起脊后的书芯、书背与前口互相交叉错开，整齐堆放成摞，书背外露在两边，然后进行涂胶，如图 7—20 所示。涂刷胶水时，要从书芯中间向两端（向外刷）推刷，不可来回刷，以避免胶水刮刷在上、下切口上，使书页粘连或撕页等。

操作时要求：刷胶蘸胶水不宜过多，防止胶水溢到切口上；涂胶要均匀，胶层薄而不花，厚而不堆积，胶花会降低黏着力，胶水堆积则使堵头布易移动或胶水溢出后脏、撕书页。

(7) 粘书签丝带

书签丝带既可以起书签的作用，又可以起装饰美观的作用，提高精装书籍的档次，如图 7—21 所示。

书签丝带采用丝绸材质，一般以红色居多。书签丝带应粘贴在书背上方中间位置，要粘正、粘平、粘牢。书签丝带应比书芯对角线长 10.0～20.0 mm；书签丝带宽度，32 开本及以下为 2.0～3.0 mm，16 开本及以上为 3.0～7.0 mm。

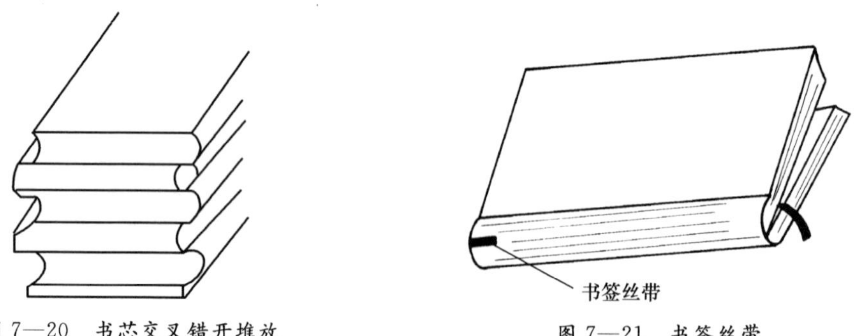

图 7—20　书芯交叉错开堆放

图 7—21　书签丝带

书签丝带不可过长，也不可过短，以捏住一端能通过书角将书翻阅为宜。书签丝带宽度依据书册的幅面大小而定，若书册小而书签丝带过宽或书册大而书签丝带过窄，都会影响书籍外观。同时还要注意书签丝带的花色、材质应与书籍封面颜色和档次相匹配。

（8）粘堵头布

粘堵头布是精装书籍造型加工的一个重要工艺程序，它既可以加固书背的造型，使扒圆的书背不发生变形，又遮盖了书籍帖与帖之间的连接处。根据图书封面的设计和材料的使用，可以用各类不同材料、不同花色的堵头布给精装书籍增添一份光彩。涂完第二次胶水后立即进行粘堵头布操作。堵头布的宽度是预先加工好的固定尺寸，一般为 10～15 mm，长度则按书芯脊背的圆势大小剪裁好。手工粘堵头布时，一手压住待粘的书芯，一手拿起堵头布，用大拇指捏住堵头布的线棱，粘在书背的上下两端正确位置上，如图 7—22 所示，粘后的堵头布线棱要露在书芯外面，以起到挡盖各书帖折痕并加固书背两端的作用。

图 7—22　粘贴堵头布操作

粘堵头布操作时应注意以下几点：

1）堵头布粘贴前，应用黏合剂将其过浆，干燥挺括后使用（因为目前所生产的堵头布均无过浆，软而不挺，且剪断后两端布头出毛，粘在书背上既不平直挺括，又因两端出毛影响书籍外观）。

2）堵头布粘贴位置要正确，不歪斜，线棱正确地露在书芯上、下端切口外面（其棱边应与书芯上、下切口面平行），不弯曲，无皱褶。

3）堵头布的长度与书脊背的弧长要一致（允差 1 mm）。

（9）第三次涂胶

第三次在书背上刷胶，着胶面不得超过堵头布。

（10）粘纱布和书背纸

粘纱布和书背纸与粘堵头布一样，书芯的书背和前口相对，交叉相叠，形成既互相交错隔开又可以两面刷胶的工作面。

操作时书芯堆放平整，保持应有的方脊或圆脊。用刷子将稍稠一点的胶均匀地涂刷在书背上，不要使胶层发花，也不要形成堆积，并有较好的黏度。在用刷子蘸胶时，胶量要适中，不宜过多，防止书背纸或纱布起皱不平，影响原书背所形成的挺直的方背和呈圆弧状的圆背。

粘贴时应先贴纱布，在书背两侧和天头、地脚要对称居中，不要歪斜。然后利用纱布孔内透过的胶水将书背纸粘贴上去，并用干刷子或干净的手抚平，如图 7—23 所示。其中：

纱布的长度＝书芯的长度－（15～20）mm

纱布的宽度＝书芯的厚度（或圆背的弧长）＋40 mm

书背纸的长度＝书芯的长度－（4～10）mm

书背纸的宽度＝书芯的厚度（或圆背的弧长）＋40 mm

书背纸的长度一般以压住堵头布为宜，但又不可与书芯长度相同而出现外露。为了增加其牢固性和挺括性，8 开以上幅面的画册要将书背纸加宽至与纱布相同的规格。

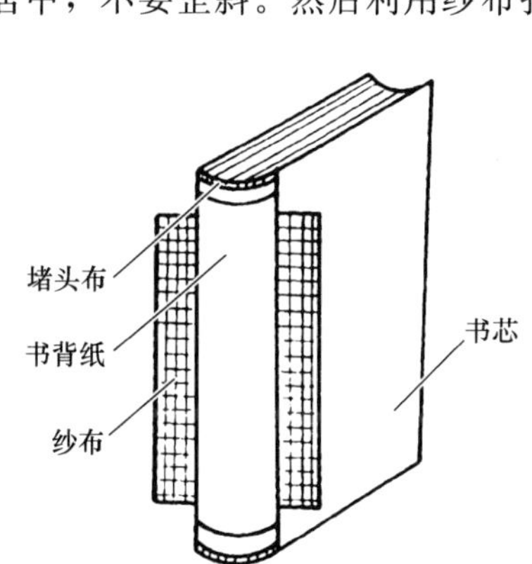

图 7—23　粘纱布和书背纸

粘贴纱布和书背纸是保持书芯书背成型的一个重要工序，也是精装书籍能否长久不变形的关键，其目的是增加书背的黏结强度，保证书背成型后的形状不易改变，使其更加结实，翻阅过程中不易变形。

第二节　精装书籍书壳制作

精装书籍书壳的制作是根据精装书籍书壳的设计要求而定的。精装书籍封面材料与平装书籍（基本上都是纸张类的）完全不同，可以使用很多种类的材料，如纸张、织品、皮革、复合材料和涂布纸等。所以，在书壳制作时，其工艺也略有不同，但基本组成都可以分成书壳纸板（也称作硬质纸板）、中径纸板和表层封面（也称作软质封面）等三个部分，它的制作就是把这三个部分组合起来。

一、精装书籍书壳的造型与结构

书壳是精装书籍的外衣，既起着外部装饰作用，又起着保护书籍和延长其使用寿命的作用。因此，精装书籍书壳的设计与制作都有一定的讲究。

1. 精装书籍书壳的造型

(1) 整面书壳与接面书壳

整面书壳由一张完整的封面材料制成；接面书壳则是封面和封底用一种材料，书腰用另一种材料拼接而成，如图 7—24 所示。

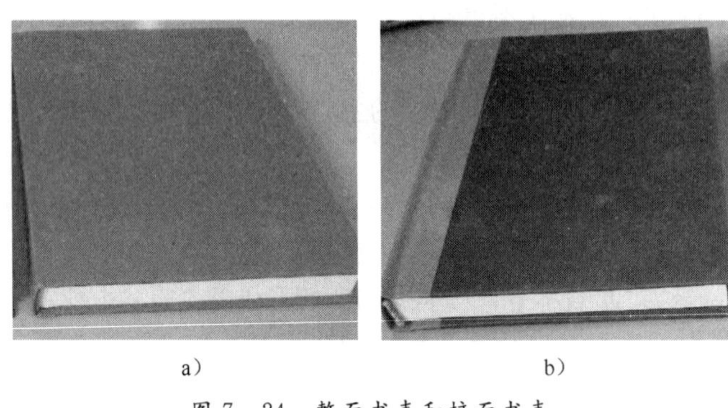

a）　　b）

图 7—24　整面书壳和接面书壳

a）整面书壳　b）接面书壳

(2) 圆角书壳、方角书壳、包角书壳

圆角书壳是将书壳纸板前口两角切成圆形，加工较麻烦，但使用时不易损坏；而纸板前口边互相垂直的书壳则称为方角书壳，方角书壳加工方便，但易损坏；包角书壳则是在书壳的前口两角上包上皮革或织品，这样可延长书籍的使用寿命。

(3) 活套书壳与死套书壳

活套书壳用软质封面料制成（如塑料、PVC 涂布等），并在封二、封三内粘压上书兜，供硬衬书芯插套用，即书芯与书壳可以随意分开和更换使用。塑料书壳既防水又耐磨，多用于经常翻阅的小开本字典、手册等工具书。死套书壳常用于普通精装书籍，即将糊制的精装书籍书壳与书芯套合时，书芯的上、下环衬着黏合剂后直接粘贴在书壳的封二、封三的纸板上。活套书壳与死套书壳如图 7—25 所示。

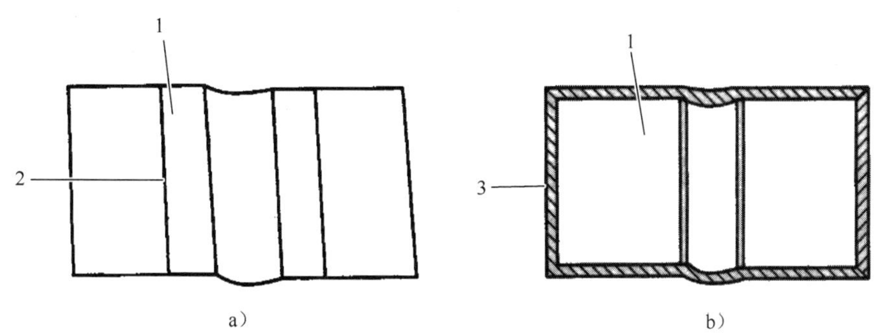

图 7—25 活套书壳和死套书壳
a) 活套书壳 b) 死套书壳
1—封里 2—活套 3—封面包边

2. 精装书籍书壳的结构与材料

常见精装书籍书壳是由软质封面、硬质纸板、中径纸板等经加工所组成，如图 7—26 所示。

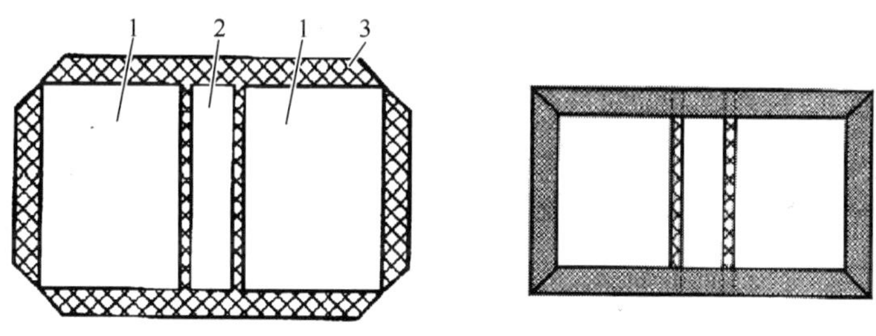

图 7—26 精装书壳
1—硬质纸板 2—中径纸板 3—软质封面

(1) 软质封面

用于制作精装书壳软质封面的面料种类繁多，大致可分为纸质面料、涂布类面料、织物面料和非织物面料等。制作时，既可做成整面封壳，又可用不同的材料连接成接面书壳。

1) 纸质面料。纸质面料有花纹纸、胶版纸、复合加工纸等。

2) 涂布类面料。为了改善封面材料的表面性能，提高其强度和耐油、耐水、耐脏污的性能，在纸张或布的表面涂布各种材料，得到性能良好、外表美观的涂布封面材料。常用的涂布类面料有漆布、露底布、漆纸、PVC 封面用纸等。

3) 织物面料。用于制作精装书壳封面材料的织物面料有棉布、丝绸等。

4) 非织物面料。非织物面料主要有皮革面料和塑料面料两类。

(2) 硬质纸板

书壳里层的纸板（即被封面包制时的纸板，也称封骨）一般用硬质材料，厚度在 1.5～2.5 mm。常用的硬质纸板有灰底白板纸、草纸板和黄纸板。

1）灰底白板纸。灰底白板纸又称书壳板纸，表面光滑平整（经压光处理），含水量适当，伸长率小，弹性较好，紧度适当，涂胶后不易变形，适合制作各类书壳，是目前制作书籍书壳和各种文件夹等用量最大的一种纸板。

2）草纸板。草纸板又称马粪纸板，其表面粗糙，呈黄色，主要原料是稻草纤维，厚度一般为 0.7 mm，是我国较早使用的一种装订用纸板。草纸板经过裱合可加大厚度，这种纸板紧度低、伸长率大、韧性差、表面吸湿渗透能力强，涂胶后由于水分浸透容易翘曲变形，但其价格低廉，可供加工低档次书壳使用。

3）黄纸板。黄纸板呈烟褐色（与牛皮纸颜色相同），表面平滑，质地坚硬，韧性较好，主要用于外封套和部分书壳的制作。用黄纸板制作的外封套耐久性好，不易磨损，可有效保护书籍，提高书籍档次。由于其紧度高，厚度误差小，也有利于控制烫印压力。

（3）中径纸板

圆背书籍的中径纸板可用薄纸板（厚度 0.7 mm）或 250 g/m^2 以上灰白卡纸，方背书籍为了造型可采用硬质纸板进行装饰，其宽度为封二和封三之间的距离。

精装书籍书壳使用的纸板要求较严格，应选择轻、松、挺、平的纸板。质量轻的纸板可以增加每吨张数；纸板的中层松不影响加工，且可减轻操作人员工作量；纸板挺括则不易变形；纸板表面平而光滑，少有纤维孔，可以使黏合剂不易很快渗透而出现变形。纸板储存时，要控制纸板的含水量不超过 12%，储存温度应为 5～30℃，相对湿度应为 50%左右，严禁露天放置。否则，纸板经裁切后就会出现变形，如尺寸缩小、翘曲不平等，甚至发霉。

软质封面、硬质纸板、中径纸板的牢固黏结，组成前、后封和有脊背的精装书籍封壳。封壳制成后，里层的中间距离（即两块硬纸板平放时，前后封之间的距离）称中径。前后封的硬纸板与中径纸板中间的距离，称为中缝，又称书槽。中缝的宽度应适当，为了保证翻阅时的平整以及与书芯的牢固黏结，既不可过宽影响书籍外观，又不可过窄影响翻阅。

3. 精装书壳材料尺寸计算

（1）封壳硬质纸板

1）长度＝书芯长度＋飘口×2

2）宽度＝书芯宽度－4.5 mm（圆背）

或者书芯宽度－3.5 mm（方背）

（2）中径纸板

1）长度＝书芯长度＋飘口×2

2）宽度＝书背弧长度＋两个中缝宽度（圆背）

或者书背宽度＋两个中缝宽度＋两张书壳纸板厚度（方背假脊）

（3）中缝

1）一张书壳纸板厚度＋6 mm（圆背）

2）两张书壳纸板厚度＋6 mm（方背假脊）

（4）软质封面（以整面书壳为例）

1）长度＝（封壳硬质纸板宽度＋中缝）×2＋中径纸板宽度＋包边×2

2）宽度＝书芯长度＋飘口×2＋包边×2

一般情况下，32 开及以下开本的飘口宽度为 3.0 mm（误差范围是 0.5 mm），16 开本的飘口宽度为 3.5 mm（误差范围是 0.5 mm），8 开及以上开本的飘口宽度为 4.0 mm（误差范围是 0.5 mm）；包边指将组成书壳的纸板用硬质封面材料包粘住的四个边，宽度一般为 15.0 mm，若纸板较厚，计算长度时还要考虑到纸板的厚度。以上所给出的一些具体数字，如 4.5 mm、3.5 mm、6 mm 等，只是参考数字，在生产中可根据实际情况进行调整。

通过上面的计算，就可以在已知精装书籍书芯的光本尺寸和规格的情况下得到封壳各结构组成（硬质纸板、软质封面、中径纸板）的尺寸。再联系上一节所学内容，也可以得到书背材料（即纱布、堵头布、书背纸）的尺寸。

二、精装书籍书壳的制作

精装书籍书壳纸板裁切的尺寸误差为±1.0 mm。因为纸板尺寸关系到与书芯的吻合和飘口的尺寸，故尺寸误差定为±1.0 mm；书芯与纸板的倾斜度以对角线测量为准，书芯为 1.5 mm，纸板为 1.0 mm。

1. 精装书籍书壳的糊封加工

精装书籍书壳的糊封加工主要通过糊封机或制壳机来完成，糊封机一般是单机独自操作，操作时可以包全面、半面方角的书封壳，制壳机如图 7—27 所示。

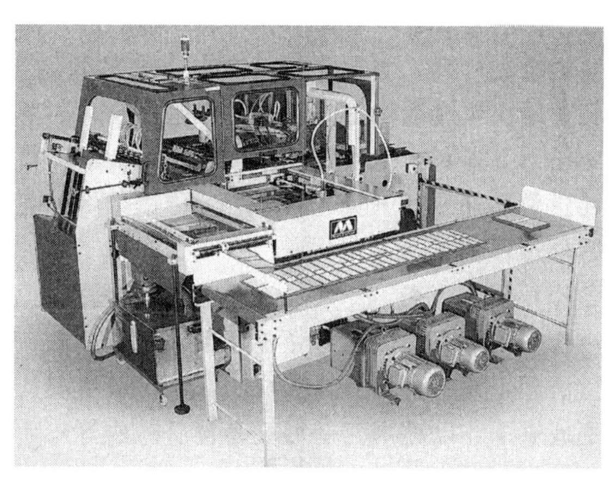

图 7—27　制壳机

糊封机的操作过程主要包括封面输送、刷胶、送纸板和送中径纸板、包书壳边塞角、压实输出和整理检查。书壳糊封原理如图 7—28 所示。

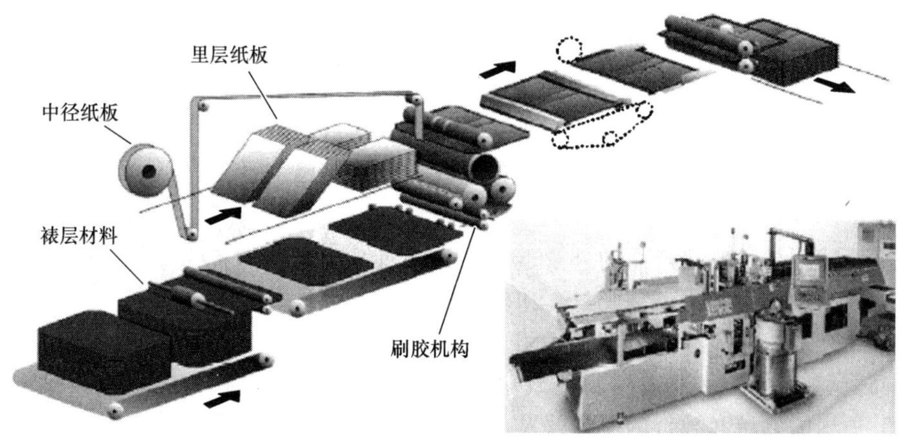

图 7—28　书壳糊封原理

（1）操作前的准备工作

操作糊封机前，除去机器工作的正常准备外，还要准备好温度与稀释程度都合适的胶液，并把封面的四角都裁切掉。

(2) 输送封面刷胶

机器开动后，封面通过滚筒的咬牙夹住后旋转，使其封里经过胶辊后涂上胶层，然后被拉纸器拉到与纸板接触的规定位置，完成输送封面与刷胶工作过程。

(3) 输送纸板与中径纸板

在输送封面的同时，纸板推送器又将两边的纸板从纸板架内推出一张并送到预定位置，再由吸盘把两块纸板和中径纸板吸起旋转 180°后平稳地压在工作台上封面的表面（中径纸板则按规定位置放在两块纸板的中间），完成输送纸板与中径纸板的过程。

(4) 摆壳吻合与包边黏结

当封面与纸板（包括中径纸板）接触后，由包边器先把上、下两边包好，然后工作台与吸盘继续进行第二次下降，至左右方向的包边装置，把书封左右两边包好，完成包边的工作。在每次包边动作完成后，工作台都自动往上顶动一次，使包边（即封面边）与纸板在顶动的压力下紧密粘牢；最后工作台第三次下降，吸臂上升复位，输出装置将糊制好的封壳推出到压平部分进行压实，粘牢后由传送带将封壳送至收书封壳台上，完成摆壳吻合与包边黏结的全过程。

(5) 整理检查

压平粘牢后的书籍封壳要进行检查、整理，将歪斜、皱褶不平、溢出黏合剂等不合格品进行清理，并将合格品闯齐堆放好（一般情况应面对面地摞好放齐），使其自然干燥（不可暴晒或烘干，以免书壳变形、套合后翘曲等）后进行烫印、套合加工。

2. 精装书籍书壳的装饰加工

根据设计的要求，精装书籍书壳一般还要进行装饰加工，如烫金等，以增强书籍的美观性。

(1) 认识烫金

烫金加工是一种利用压力与温度将金属箔烫印到印刷品上的方法，由于常用的金属箔多为电化铝，所以实际生产中，烫金又称为烫电化铝。

烫金的最大特点是独特的金属光泽和强烈的视觉对比，采用这种技术加工的印刷品显得格外华贵。因此，烫金已成为提升商品包装与画册装帧价值的常用手段。封壳烫金的精装书籍如图 7—29 所示。

图 7—29　封壳烫金的精装书籍

由于烫金能明显地改善产品的外观造型，且具有强烈的视觉冲击力，因此经常使用于书刊封套和商品包装上。

目前，烫金加工手段十分丰富，适用于各种商品，从金属外观的高光、丝光或亚光箔到彩色或珠光效果的电化铝箔，都有其适用的领域和独特的整饰效果。

(2) 烫金工艺与操作

以烫电化铝为例，介绍烫金工艺的操作流程。烫电化铝利用热压转移的原理，将染色的铝层转印到承印物表面。其工艺流程为烫印前准备→装版→垫版→工艺参数确定→试烫→签样→正式烫印。

1）烫印前准备。烫印前的准备工作主要包括电化铝的选择与分切和烫印版的准备。由于电化铝的型号不同，其性能与适烫对象是不同的，因此，烫印前要选择合适的电化铝，并根据所烫印的面积将大卷的电化铝分切成所需要的规格。烫印常用的版材为铜版，其特点是传热性好、耐压、耐磨、不变形。

2）装版。装版是将制好的烫印版粘贴固定在机器底版上，并调整好压力和规矩。底版通过电热板受热，并将热能传递给印版进行烫印。

3）垫版。印版固定后，为保证各部位压力一致，需要对局部不平处进行垫版调整，并用复写纸碰压得出印样，然后根据印样轻重调整压力，直至印样清晰，压力均匀。

4）工艺参数确定。烫金工艺的主要参数有烫印温度、烫印压力和烫印速度。这些工艺参数的正确确定，是获得理想的烫印质量的关键。

①烫印温度。烫印温度过低，电化铝的胶粘层熔化不充分，会造成烫印不上或不牢，使印迹不完整、发花。烫印温度过高，则使热熔性膜层超范围熔化，致使印迹周围也附着电化铝而产生糊版，还会导致电化铝镀铝层和染色层表面氧化而失去光泽。

烫印温度的确定，应根据电化铝的型号、性能、烫印压力、烫印面积、烫印速度、图文结构，以及底色墨层的厚度等情况综合考虑。在烫印压力较小、机速快、底色墨层较厚的情况下，烫印温度应适当提高，其一般范围为 70～180℃。

②烫印压力。施压是为了保证电化铝能够黏附在承印物上，并对电化铝烫印部分进行剪切。烫印压力过小，电化铝在承印物表面的附着力不够，对烫印部分的剪切力也不充分，其后果是烫印不上或印迹发花；烫印压力过大，衬垫和承印物的压缩变形增大，会产生糊版或印迹变粗。

③烫印速度。烫印速度决定了电化铝与承印物的接触时间，接触时间与烫印牢度在一定条件下是成正比的。烫印速度慢，可使电化铝与被承印物黏结牢固，利于烫印。

以上三个参数对烫印工艺质量的影响是交叉的。在确定烫印工艺参数时，一般是首先确定压力，使版面压力适中、均匀，然后根据被烫印物和电化铝的特性，以及印版面积来确定烫印温度和烫印速度。

5）试烫、签样、正式烫印。烫印工艺参数确定后，先要试烫，并根据试烫结果调节工艺参数，当烫印质量达到要求后，经签样后即可正式烫印。

（3）烫金材料

印后加工所用的烫金材料通常是电化铝。

1）电化铝的结构。电化铝由基膜层、隔离层（释放涂层）、颜色涂层、金属涂层（镀铝层）和胶黏层组成，如图 7—30 所示。

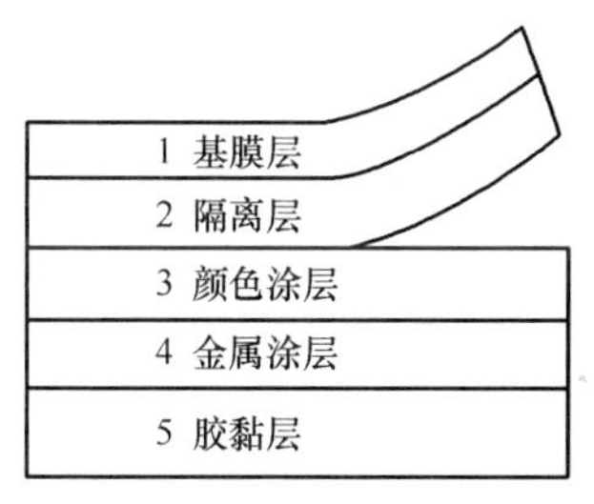

图 7—30　电化铝的结构

①基膜层。基膜层一般为涤纶薄膜，厚度约为 12 μm，主要起支撑作用。

②隔离层。隔离层的作用是使电化铝箔的颜色涂层与基膜层烫印时易分离。

③颜色涂层。颜色涂层的作用有两个，一是为电化铝提

供颜色，二是在烫印时起分层作用，保证电化铝从膜层上脱落并能印到烫印材料上。

④金属涂层（镀铝层）。气态铝在真空条件下均匀地附着在颜色涂层表面，形成金属涂层，它的作用就是使颜色涂层呈现金属光泽。

⑤胶黏层。胶黏层的作用是使电化铝在烫印时能在压力作用下使铝层黏结到被烫印材料上。此外，在保存时，胶黏层还能起保护铝膜的作用。

2）电化铝的分类与应用。电化铝可以按颜色与应用领域来分类。按颜色分类，金色是最常用的，其次是银色，此外还有大红色、橘红色、紫色、蓝色和黑色等，近年来还出现了具有花纹的电化铝。按应用领域来分，电化铝可分为纸张、塑料、皮革等几大类。电化铝的分类及应用领域见表7—3。

表7—3　　电化铝的分类及应用领域

系列名称	应用范围
LU/AL（金银系列）	印刷品、塑料制品等的表面装饰
Light Line（镭射系列）	印刷品、塑料制品等的表面装饰
Colorit（颜料系列）	印刷品、塑料制品等的表面装饰
Brush（拉丝系列）	家具、地板等
Touchwood（木纹系列）	电器用品及一般塑料制品的表面装饰
Chrome（铬箔系列）	汽车及室内外装饰用品
Magnetic（磁带系列）	存折、信用卡、会员卡等
Hologram（全息防伪）	商标防伪
TX/TXU（纺织/皮革系列）	布料、皮革用品

（4）烫印设备

电化铝烫印设备按烫印方式不同，可分为平压平、圆压平、圆压圆三种。

平压平烫印机的结构与平压平凸印机基本相同，只是将输墨装置改成了电化铝供卷、收卷装置。其中，卧式平压平烫印机输纸与收纸均为自动完成，生产效率较立式机高。

圆压平烫印机的结构与一般回转式凸印机基本相同，只是将输墨装置改成电化铝供卷、收卷装置。

圆压圆烫印机比上述两种烫印机有较大的优势，表现在以下几个方面：

1）生产效率高。圆压圆加工方式的生产线速度可以达到100 m/min以上，而平压平加工方式一般只能达到20～40 m/min。

2）总压力较小。由于圆压圆加工方式在加工过程中是线接触，从而降低了滚动摩擦力。此外，温度与压力对它的限制相对较小，因而烫印面积可达70%，这是其他烫印方式不可能达到的。

3）运动平稳。圆压圆加工方式滚动过程的冲击力比平压平加工方式要小得多，因此工作状态比较稳定。

（5）烫印常见故障与排除

1）烫印不上。所谓烫印不上是指电化铝不能理想地转印到承印物表面。造成这种故障的原因有以下几点：印刷品底色墨中含有蜡类物质，底色墨层太厚，底色墨层晶化，电化铝选用型号不当，烫印温度与压力不够等。解决的方法是：避免使用蜡类油墨，避免墨层晶化，选用适当的电化铝，调整烫印温度与压力。

2）反拉。反拉是指烫印后部分或全部底色墨层被电化铝拉起。造成这种故障的原因有以下几点：底色墨层干燥不充分，或浅色墨中过多使用了白墨作为冲淡剂。解决的方法是使印刷品充分干燥，降低冲淡剂中白墨的比例。

3）字迹发毛。烫印字迹发毛，多数情况下是烫印温度太低或烫印压力不够造成的。解决的方法是调整好烫印温度与烫印压力。

4）烫印图文的光泽度差。这种情况一般是由于烫印温度太高所致，解决的方法是适当调低温度。

5）图文字迹缺损。图文字迹烫印后缺损是由于电化铝箔过于张紧所致，解决的方法是适当调整压卷滚筒压力。

3. 精装书籍书壳的制作要求

（1）为了防止纸板吸湿过多而造成变形翘曲，应使用水分少、干燥快、黏结牢固的动物胶或性能相近的合成树脂胶糊制书壳。

（2）动物胶应提前浸泡，胶块软化后再进行加热，使其成为可以涂抹的胶液，加热要用套锅形式，不可直接与明火接触，以防老化。

（3）动物胶是热塑性黏合剂，胶锅内的温度直接影响胶体的流动性，在使用中为了保持胶体流动的均匀性，切忌加入冷水，以免冷热不均造成胶体分解，无法使用。

（4）使用动物胶时，为了实现纸板与软质封面的最佳黏结效果，胶温应保持在75℃左右，胶与水的比例一般为1∶3左右。

（5）使用聚乙烯醇合成树脂胶时，应使用套锅形式水浴加热，切忌直接与明火接触，造成黏度下降或提前老化。

（6）聚乙烯醇合成树脂胶的使用温度应是45℃左右，胶与水的比例一般为1∶2左右。

（7）当胶体的黏度、强度调整好后，涂胶应少而匀，切不可用加量多涂的方法来增加黏度，造成胶液溢出，不易干燥；也不可涂量过少，达不到黏结效果。

（8）书壳纸板和中径纸板组合正确，长度允许误差不超过1.5 mm，宽度允许误差不超过2.5 mm。

（9）书壳糊制后应表面平整，无胶脏粘连，方角整齐；圆角塞折（指包角时，手工一折一折地塞成圆形角）至少五折，圆势适当、整齐；包边坚实、牢固，无空套。

（10）书壳糊制后，为了防止封面胶脏，应面对面堆积、压平。书壳压平后立放，自然干燥10 h后，再进行堆积，自然压平，并不得烘干暴晒。

三、精装书籍书壳翘曲的原因及解决方法

精装书籍的质量优劣，一看书刊制版、印刷的效果，二看装订的加工造型设计和书籍的外观是否美观平整、牢固耐用等。

精装书籍书壳翘曲是精装书刊外观质量最常见的问题。

1. 书壳翘曲的原因

（1）选择的纸板表面不平整，含水量、厚度超标，层间黏结不牢，存在纤维颗粒、块疤等瑕疵。

（2）封面材料和纸板的丝缕方向搭配不当，黏合剂配用不合适、自然压平干燥时间不够等，都会造成封面材料和纸板之间的拉力悬殊，形成翘曲。

（3）当封面材料的线收缩率大于纸板的线收缩率时，书壳也会发生翘曲，特别是封面材料厚度远大于纸板的场合。

（4）储存纸板和封面材料的库房条件不统一，如温度不当、通风设备不好、湿度不符合储存纸板的要求、纸板存压时间过短等，都影响书壳制作后的质量。

（5）加工时，不能根据现有原材料的质量好坏采用适当的加工方法和选择合适的黏度，因而使加工完的书籍封壳变形翘曲。

由此可见，书壳发翘的原因，最主要是水分的蒸发、干燥程度和加工方法之间的影响。所以，在储存材料和加工方法等方面，都应着重从水分、干燥程度和加工方法上分析解决。

2. 书壳翘曲的解决方法

解决精装书籍封壳发翘（主要是向上翘曲），应以改变加工方法为主，其他为辅，依其材料情况进行适当调整。

（1）热压烘干

在加工前，先将原张纸板进行热压烘干（热压温度一般为70℃左右）处理，使纸板内部纤维孔内的水分尽快蒸发出去，同时纸板表面的粗糙部分经一定的压力后变得光滑平整。当书籍封壳糊制成后，还可再进行一次热压，排除黏合剂中的水分。经过两次热压，书籍封壳的表面平整压实，翘曲的可能性就小多了。

（2）选用适当的黏合剂

糊封面时要选用水分含量少、黏结能力强的黏合剂。常用的几种黏合剂中，骨胶的水分含量最少，干燥快，比其他黏合剂优点多，很适合用于糊制精装书籍封壳。

（3）处理好书壳封面与封里拉力

无论是糊制书籍封壳还是套合扫衬时，原则上加工封里的拉力要超过封面的拉力，这样处理使书籍封壳表面经套合加工后没有向上（外）翘的能力。因此，一般精装书籍的封面在糊制时用骨胶，封里扫衬时用面粉糨糊为宜。加工大画册时，封面糊制和封里扫衬同样均用骨胶，然后在封里与衬纸之间再加一层里子纸（粘里子纸时可用糨糊），这样使封里部分多一层黏合剂，以便向里产生强拉力，控制封面向上翘的力量。同时，在选裁封面料时应以横纹为宜，横纹翘曲的可能性较小。

（4）书籍加工后的处理

精装书籍经套合、扫衬、压槽后，交叉错口堆放在纸台上，要平整不歪斜。压平的时间要长些（不低于12 h），待书籍完全自然干燥后，再进行成品检查，包护封或包装。

第三节　书芯与书壳的套合加工

套合加工指的是通过刷胶使已经加工好的精装书籍书芯与精装书籍书壳黏结固定的工艺，也称为上书壳。

一、精装书籍的套合造型

套合的造型加工，是精装书籍装帧的最后一道工序，即待书芯和书封壳经过各种造型加工后所进行的组合加工形式。套合造型的精致与否直接关系到书籍外观质量的高低。除进行活套和死套之外，还有以下各形式的加工：

1. 圆背书籍套合造型

圆背书籍套合造型包括柔背装、硬背装、腔背装，如图 7—31 所示，以腔背装造型套合最为常见。

（1）柔背装即利用书封中径纸的柔软性，在套合时与书芯的后背纸直接粘连。这种套合形式出现较早，在翻阅时可以任意打开铺平，但由于书背部分与书封壳中径直接粘连，因此若翻阅次数过多，书背易损坏，所烫的字迹等容易脱落，影响外观质量。

（2）硬背装即将封壳中径部分粘上硬质纸板后再与书芯后背纸直接粘连。这样书背可以不变形，保持了烫印的耐久效果，但由于书背被中径硬纸板所固定，阅读时很不方便（铺不平，摊不开）。

以上两种套合造型也可称为死背加工。这两种套合方式各有欠缺之处，经过工艺上不断改革和提高，这两种加工形式已基本被腔背装套合所代替。

（3）腔背装也称活背或活腔背，采取了以上两种套合的优点加以改进，将书芯脊部与封壳中缝相粘连，再利用环衬作用，将书册套合牢固。这种套合加工的书册，在阅读时既能翻得开，摊得平，又不影响烫印效果，是现在常用的一种精装书籍套合形式。

a)

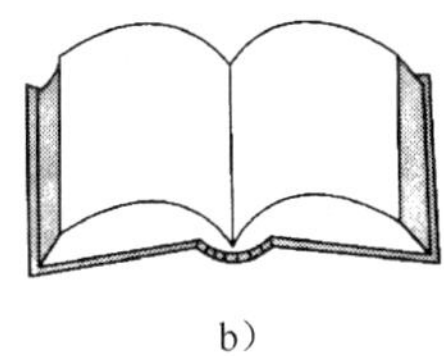
b)

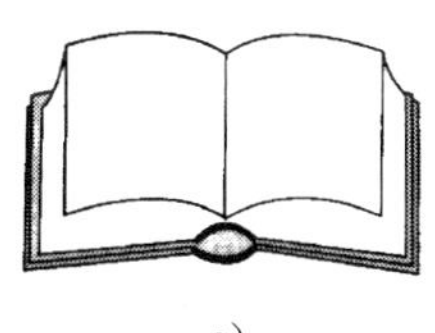
c)

图 7—31 圆背书籍套合造型
a）柔背装 b）硬背装 c）腔背装

2. 方背书籍套合造型

方背书籍套合造型有方背假脊、方背平脊和方背方脊等，如图 7—32 所示。

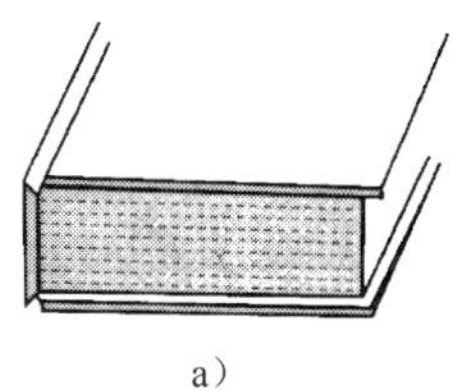
a)

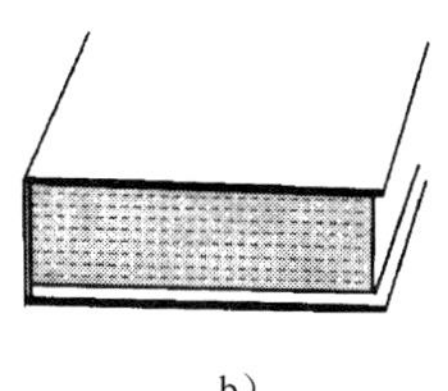
b)

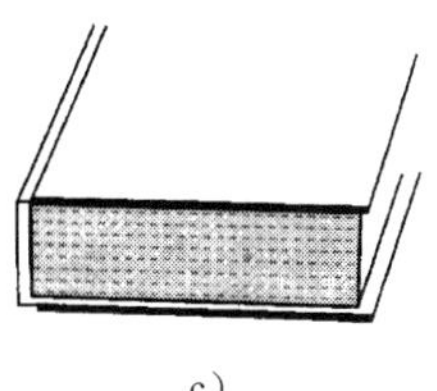
c)

图 7—32 方背书籍套合造型
a）方背假脊 b）方背平脊 c）方背方脊

二、精装书籍的套合加工流程

套合加工要在套壳机上完成，其流程为套合、压书槽。

1. 套合

套壳机先扫衬（刷粘环衬），后套合。精装书籍中环衬的作用是在胶的黏结作用下把书芯同封壳紧密地连接起来。环衬是经过简单一对折，一页连在书芯上，另一页黏结在书壳上，如图 7—33 所示。

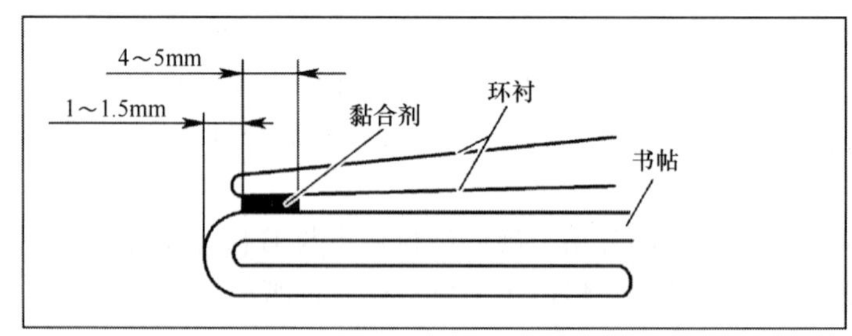

a）

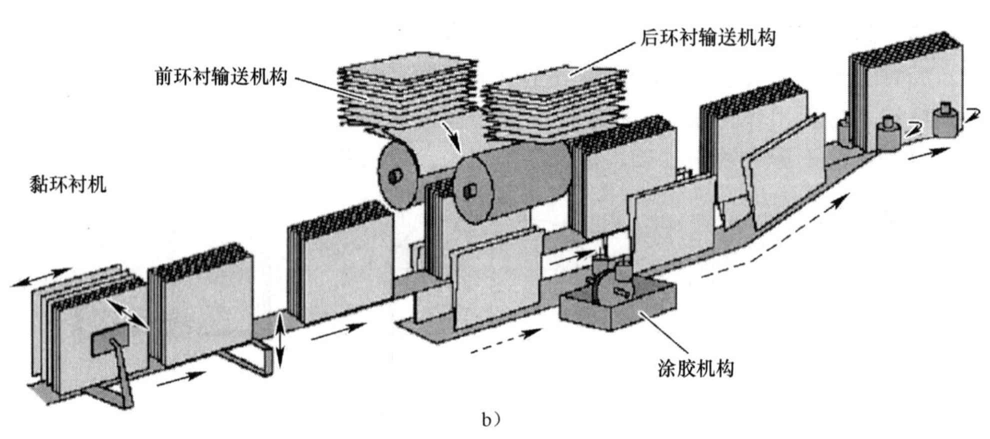

b）

图 7—33 精装书的环衬
a）环衬 b）机器粘环衬

书芯进入套合装置后，先由分本器将书芯中间分开，送入套壳传送板内。传送板上升，书芯经过两个相对旋转的刷胶辊，胶液传送后刷粘在书芯前后环衬上。套合传送板的不断传送，使到位的封壳准确地套在书芯上，经套合好的书册被夹辊和夹板合拢平实后，再送入压书槽装置。操作时，先依书芯厚度调好扫衬刷胶辊的间距，再依封壳的幅面及中径宽度调好贮封壳台及套合定位规矩，使书芯与封壳接触套合时正是理想的位置。规矩调好后，要先套几本检查是否合格，无误后方可正常加工。套合流程如图 7—34 所示。

2. 压书槽

书槽是书籍外部装饰的组成部分。扫衬、套合后的精装书籍经翻转传送进入压槽成型

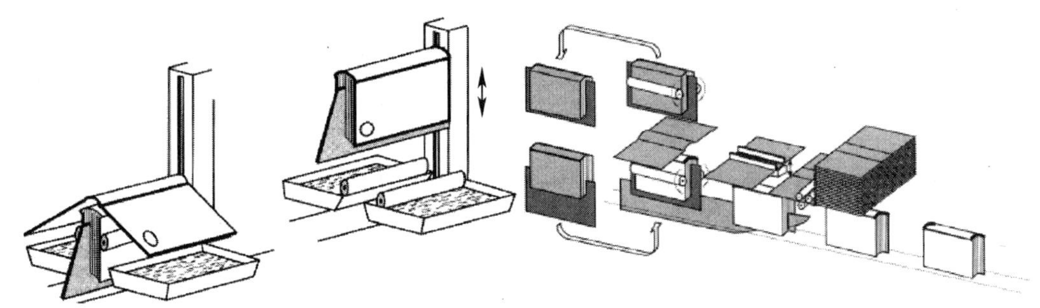

图 7—34 套合流程

机，使书册经压沟槽后定型，成为一本可以阅读的精装书籍。压书槽是指精装书籍套合后，在封面与书背接触部分的连线沟槽内利用机器的压槽器将沟槽压住、压深（3 mm 左右）。压书槽一般用铜、铝或硬塑料线板（高为 3.0 mm，宽为 3.0～4.0 mm）。

压书槽的作用是：使书封与书芯的连接更牢固，使精装书籍更美观，保护书芯不变形，使书籍翻阅时更方便。由于精装书籍封壳质地较硬，为了保证成型效果，在加压时还应保持（或给予）一定的温度。操作时，先根据书册幅面、厚度调好压槽器、压平板、夹书器和成型模板的规格，然后试压检查，无误后再进行正常生产，如图 7—35 所示。

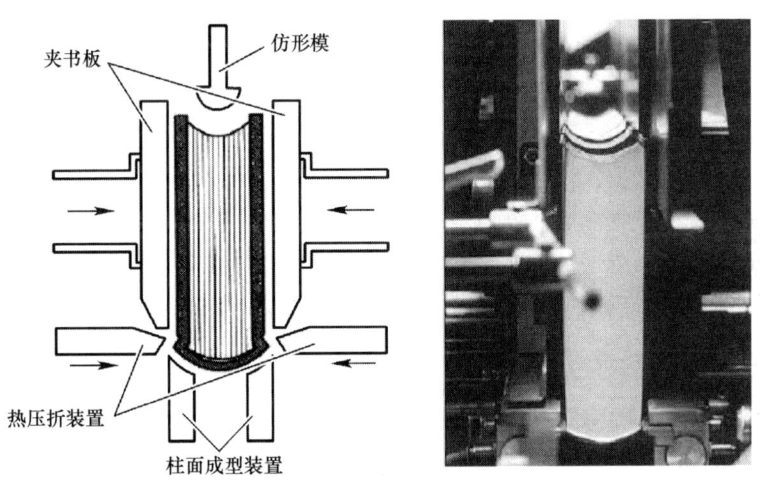

图 7—35 压书槽

经过上述一系列的操作后，一本精装书籍就生产出来了，在实际生产中，还可以根据需要，进行上护封、过塑等操作。

3. 套合质量标准要求

（1）根据封面质地正确选用扫衬黏合剂。

（2）套合时一律要涂抹中缝黏合剂，并不可涂溢在纸板边沿上。

（3）书壳与书芯吻合正确，套正不歪斜，套合后三边飘口一致，允差±1 mm。

（4）套后压书槽正确，压槽后的书册槽沟平整垂直，无皱褶、断裂，牢固不变形。

（5）扫衬黏合剂薄而匀，不溢不花，不吐衬，压平后无皱褶、气泡。如遇环衬过薄或是铜版纸时，要垫隔层覆膜纸，以免环衬或书芯前后出现丘陵状皱褶，影响书籍外观质量。

（6）加工完的精装书籍要立即整齐错口堆放 12 h，待自然干燥定型后方可进行成品检查与包装。

第四节　精装联动生产线

精装联动生产线是多机组合的机械化程度较高、工艺环节较少、无需半成品周转场地的高效生产流水线。它既可联动，又能单独运行或停止，为生产工艺的制定创造了良好的条件，如图 7—36 所示。

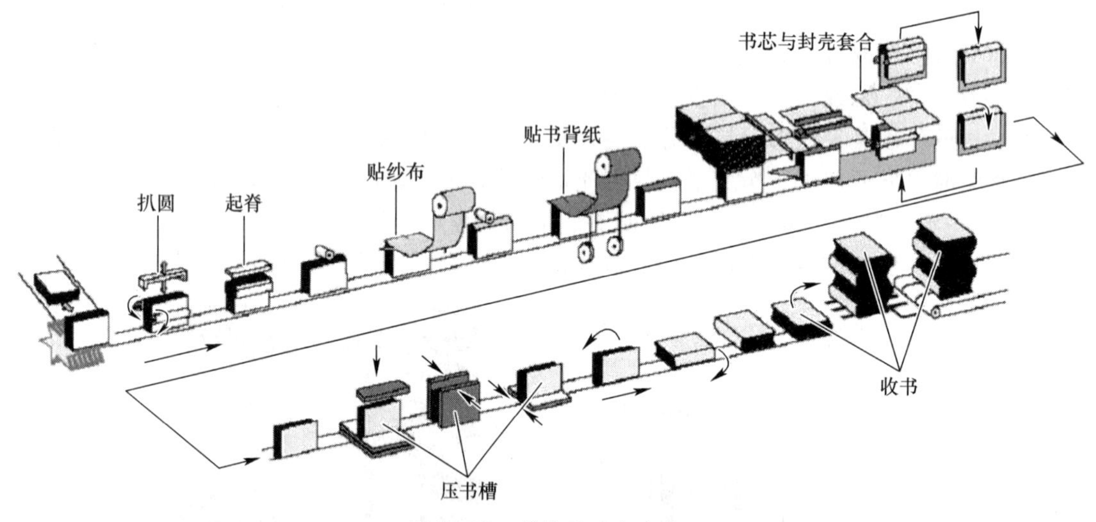

图 7—36　精装联动生产线

本节以柯尔布斯精装联动生产线（BF527）为例来叙述其工作原理和操作过程，经锁线订联、无线胶订或塑料线烫订的书芯都可以在该联动生产线上加工，本节以锁线的书芯为例。

一、进本机构

书芯经压平压实、三面裁切后，成为半成品书芯（俗称光本）。在书芯书背涂胶后，就可以作为紧凑型精装联动生产线的书芯料（联动生产线操作，必须先进行粘环衬或粘插页）进入书芯加工和套合。

书芯纵向进入传递书芯的输送带，其书背的侧向有一个远红外加热器，对书背进行加热，使书背的胶呈半干半熔状态，停机时加热器自动关闭（这种加热系统适合于无线精装产品的扒圆工作）。

然后通过一个转向机构，使书芯输入方向由纵向输入变为横向输入，从原来天头在前变为切口在前，书芯旋转了 90°。

经转向后的书芯进入星形传递轮，当书芯传递的平台高度与星形传递轮的一个星面一致时，书芯被置于星形传递轮的前端，通过星形传递轮的转动，又把书芯从水平卧式状态变成垂直的立式状态，这时书背向上，书芯在此后的加工中始终书背朝上。进本机构如图 7—37 所示。

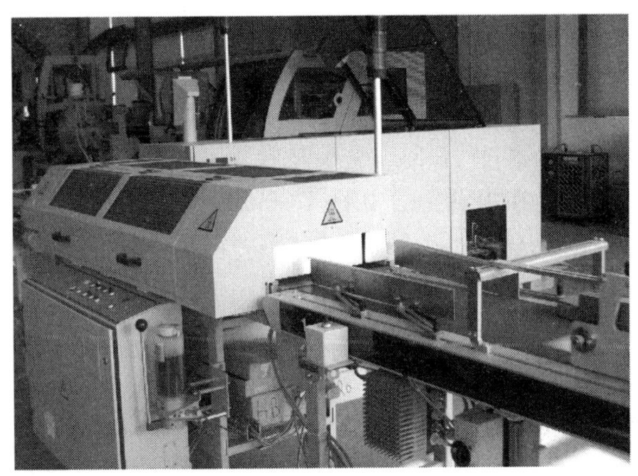

图 7—37　进本机构

二、扒圆、起脊机构

首先要对书芯进行预扒圆，使书芯的切口处（低面）定位在预成型器的定位器上，切口处初步形成了与书背相反的形状——凹圆弧形。这时，一对压力辊在书芯两侧滚动，同时施以精确可调的压力，使书芯两侧在同一高度得到速度和压力相等、力量平衡均匀的搓动力，由于书芯的书面受压不同，两侧大，中间小，从而使书背形成一个圆弧形。

紧接着通过成型块为书背加压、扒圆，使书芯扒圆效果得到稳固，书背、书帖之间的书槽也随圆弧形得以定型。

扒圆工作附有一个书芯厚度的控制装置，超过或低于指定尺寸的书芯均会被探测出来。完成扒圆后的书芯被转移到传送链条上（与无线胶订联动生产线主机传送链上的各个工位相同），同时由传感器校正书芯的厚度和长度。书芯被自动调整到一个恒定的高度，书边对齐，书背边缘保持一致，由起脊器对书脊进行加工。起脊后，书芯在传送链托架上的位置无需调整，直接进行上胶、上脊或上封面的加工。扒圆、起脊机构如图 7—38 所示。

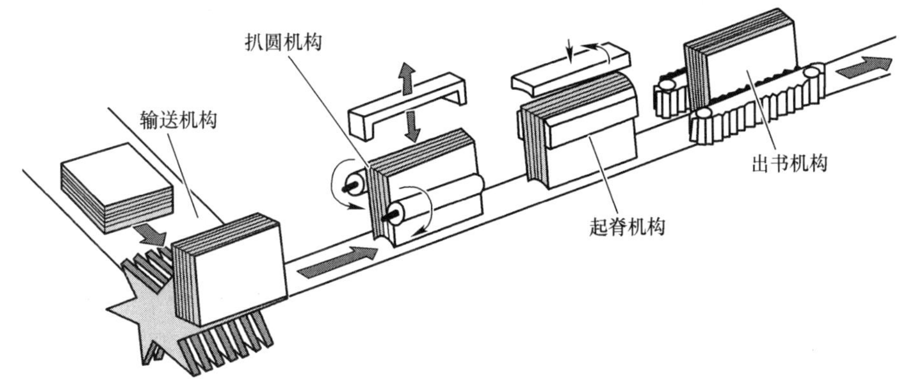

图 7—38　扒圆、起脊机构

三、粘贴纱布、堵头布和书背纸机构

扒圆、起脊后书芯进入上胶机构，先粘贴纱布，然后再刷胶粘贴书背纸和堵头布。

上胶辊的转动频率是可以控制的，停机时会自动偏开，避免书芯的天头、地脚沾有胶渍，或者涂胶不完全。

粘贴纱布先于粘贴堵头布和书背纸。纱布是卷筒状的，通过旋转刀具裁切成理想的宽度，自动切断后被准确地粘贴在书背上，如图 7—39 所示。

粘贴了纱布的书芯，被送至下一个刷胶机构，进行第三次刷胶，这次为书背全部着胶，着胶后的书背被粘贴上堵头布和书背纸。

机器粘贴堵头布和书背纸时，书背纸也是卷筒状的，通过旋转刀具裁切成理想的宽度，自动切断并粘贴在书背的正确位置上。

书背纸宽度通过计算机系统计算得出，并自动设置。操作时由带有真空吸气器的板架将裁切好的书背纸置于书背上，同时书芯被定位在一定的位置上，以保证粘贴准确。粘贴纱布、堵头布和书背纸机构如图 7—39 所示。

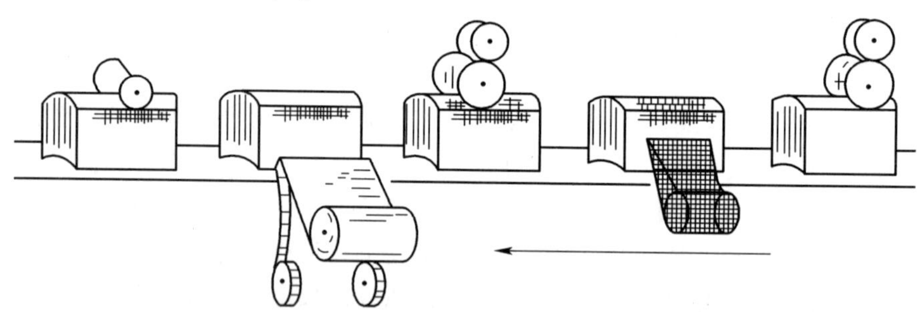

图 7—39　粘贴纱布、堵头布和书背纸机构

四、书芯和封面套合机构

书芯和封面套合也叫上书壳，它是将加工好的书封通过输送带送到书壳料斗中，书壳的背部得到预热，并经过一次弯折处理，这样在整合书芯时，增加了胶水的黏结力，防止书壳在书籍加工完成后出现开口的现象。

接着，书壳进入加热成型站，书壳背部被加工成配合书背的圆弧形状，通过检测系统可以检测出错误进入的书壳。

这时书芯在送书壳的下部通道，书芯被分隔器从中间分隔开，推到书本板架上的最终位置，并保持固定。

书本板架连接在链斗或升降系统上，通过传送将书芯引入双面都设有上胶装置的工位，在传动中，书籍的槽和环衬都上了胶。上胶量可以通过胶辊进行控制。

此时，书本板架将上了胶的书芯引入水平校准的书壳，在书本板架上的书芯就与书壳结合在一起，通过加压，夹书板架上放的下压辊使环衬和书壳粘贴在一起，且确保其没有皱褶。下压辊和压书板可按照书芯厚度自动进行调节。上了书壳的书本通过链斗或升降器传入输出装置，经书本定型后初步成型，由传递带堆积到书本压槽成型机上，这时书本由专门机构改变方向，平躺着传递输出。书芯与封面套合机构如图 7—40 所示。

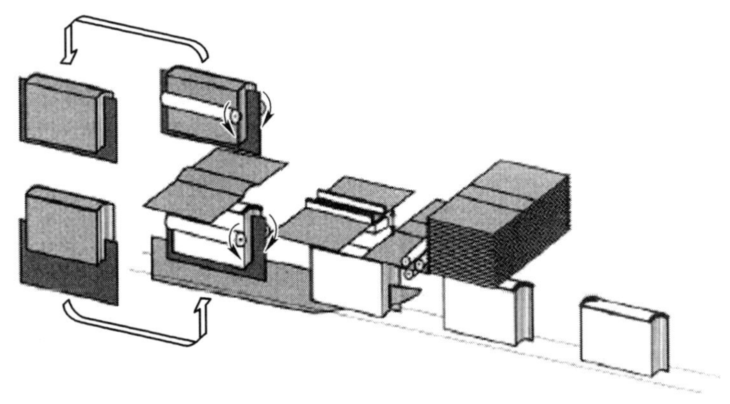

图 7—40　书芯与封面套合机构

五、压槽成型机构

套合后的精装书籍书芯经翻转装置被送进压槽成型机构，如图 7—41 所示。书册压槽成型后，上、下封面上形成一个明显的沟槽。通过压槽，书籍封面与书芯能够更好地连接，增加了精装书籍的牢固程度，并且美观大方，翻阅方便。

加工过程中，同书芯前口扒圆形状相同的成型铁块自上而下地将书芯牢牢地压入书壳。同时，书背被两条成型条压在书脊槽上，成型条的形状与扒圆的形状相匹配。在直线传送过程中通过几个压力站的加压，在压力的作用下完成书本的压槽成型工作。

成型条通过加热可以对书籍进行重复热处理，确保书籍压槽的稳定性。

图 7—41　压槽成型机构

六、精装书籍成品质量要求

1. 表面应平整，无明显翘曲，三面飘口一致，书的四角垂直，歪斜误差不超过 1.5 mm；书芯圆背的圆势应在 90°～130°之间，起脊高度为 3.0～4.0 mm，书脊高度方向与书芯表面倾斜度应是 120°±10°，扒圆起脊后的书芯四角应垂直，书背无皱褶、破衬。

2. 烫印字迹、图案清晰，不糊不花，牢固有光泽。

3. 书槽整齐牢固，深度和宽度均为（3.0±1.0）mm。

4. 环衬和书芯前后无明显皱褶。

5. 全套书籍的书背上、下误差不超过 2.5 mm。

技能训练

手工制作方背精装书籍

应用精装基本工艺流程和手工操作方法，动手制作一本 16 开的方背精装笔记本，要求如下：

成品尺寸：210 mm×297 mm（16 开）。

总页数：正文 154 页。

书芯厚度：15 mm。

外形：方背无脊精装书册。

一、目的和要求

1. 了解精装书籍制作工艺流程，掌握手工制作方背精装书籍的基本方法。

2. 掌握精装书籍书壳尺寸的计算方法。

二、工具和材料

1. 已胶订的书芯（在第六章已经完成）。

2. 软质封面纸为 157 g 胶版纸，封面纸板厚 1.5 mm，中径纸板厚 0.5 mm，环衬纸为 127 g 胶版纸，堵头布、纱布、书背纸（以上所有材料均已裁切好）。

3. 白乳胶、毛刷、裁纸刀。

三、训练步骤和工艺要求

学生分成 3 到 5 人一组。

1. 计算材料尺寸。根据书芯的成品尺寸计算裱层材料和书背材料的尺寸（封面纸板、中径纸板、表层封面、纱布、堵头布、书背纸等），并将计算结果与教师分发的材料尺寸进行对比，如结果不符，小组讨论分析错误原因。

2. 准备白乳胶。注意白乳胶的浓稠度，毛刷先用清水泡软，刷胶时注意涂刷方向和涂布厚度。

3. 加工书芯。将裁切好的纱布、堵头布、书背纸按正确的顺序和方法粘贴在书背上。

4. 制作书壳。制作书封时，以书背为中心，先粘贴中径纸板，然后左右对称地粘贴封面纸板和封底纸板，包边。

5. 粘环衬。将对折好的环衬分别粘贴在书芯前后，沿口 5 mm 左右。

6. 书芯和书壳套合。将制作好的书壳平放在桌面上，书芯对准中径纸板，上、下、左、右居中。在书壳上刷满胶液并涂布均匀，将环衬的一面粘牢至书壳，注意中间夹有纱布，合拢，按平。

7. 压书槽。用硬物沿着书槽按压。

8. 在上、下环衬中间各夹一张胶版纸，用来吸收书壳晾干时散发出的水分，防止书壳变形。

9. 将加工完成的精装笔记本堆放整齐，压平、晾干，并记录干燥时间。

知识拓展

精装联动生产线的发展趋势

随着短版、小批量、按需印刷产品的日益增多，自动化程度、换版时间、质量、精度已成为印后装订设备投资的首要衡量指标。近年来书刊市场供求失衡，简装、平装书籍产量呈逐年下降趋势，导致装订工价一路下滑，而精装书籍却是一枝独秀，产品比重逐年提高，与其他装订方式相比，其利润较高，给印刷企业提供了较大的发展空间。

然而，精装联动生产线的发展趋势深刻影响精装书籍的生产效率。目前，较先进的精装联动生产线采用模块式结构，占用空间非常小，为了适应短版、多品种、短周期产品的快速转换，特别设置了预调功能，较短时间内可以完成整线上的不同产品转换，通过指令系统可以直接输入生产数据，也可以通过网络与生产计划部的计算机相连，设备操作越来越简单，调整越来越方便，因而调机辅助时间越来越短，速度可达 70 本/min，为印刷企业提供了灵活、全面的解决方案。

精装联动生产线的书芯加工技术在传统书芯加工系统的基础上也有了较大的发展，其完整的工艺流程包括书背压紧、书面压平、连线上环衬、铣背压槽、上背胶（二次背胶可选择热熔胶、白乳胶或 PUR 胶）、上背衬、红外烘干、整形、压书背、冷却干燥输送（间歇式底部吹风装置促进干燥）及二次整形压书背。其展现出的先进性和实用性使得整条精装联动生产线的工艺组合更趋完善，性能更加卓越。

精装联动生产线的书壳加工和套合一般采用 PLC 控制、伺服传动、光电检测、液压纠偏等最新科学技术，自动完成面纸输送进给、表面涂胶、纸板进给、光电检测误差、液压纠偏定位、压角、四面包边等工序，生产出精装封面，并将生产好的精装封面通过中间传递机构送入贴内衬机，与此同时，贴内衬机自动完成内衬纸输送进给、表面涂胶、精装封面输送进给、光电检测误差、液压纠偏定位、内衬纸贴合、表面整平等工序，将内衬纸与精装封面贴合。

近年来，虽然印后加工工艺取得了很大发展，但装订仍是印刷业比较薄弱的环节。随着小批量、短周期印刷品的不断增多，印后装订面临的压力也会不断增大。自动化控制能缩短出书周期，加快校样调整时间，提高作业精度，节省劳动成本，这必将成为装订设备未来发展的一大趋势。

实践操作题

1. 参观精装书籍的生产企业，重点了解精装书籍装订设备的情况。
2. 手工制作一本方背精装小册子。

思考练习题

1. 精装书籍和平装书籍的区别主要有哪些？
2. 精装书籍的外观造型主要分哪几类？
3. 为什么书芯需要压平？扒圆对书背作了怎样的处理，其作用是什么？
4. 简述精装书籍各部分的名称。

5. 常见的制作精装书籍书壳的结构和材料有哪些？各有什么特点？

6. 简述精装书籍的加工流程。

7. 一本小 32 开本精装书籍，厚度 28 mm，圆背（130°）无脊，整面，纸板厚度 3 mm，试计算制作精装书壳的各尺寸规格。

8. 简述精装书籍书壳翘曲的原因及解决方法。

第八章　包装盒印后加工

知识目标

了解上光的作用和上光涂料的类型，了解上光涂料的干燥方式及对应的干燥装置，掌握模切版的制作流程，掌握平压平自动模切机的结构组成。对于存在上光质量问题的产品，能指出问题，并提出解决方法；掌握模切版的拆装方法；了解模切压力对模切质量的影响；掌握模切压力的调节方法。

以前人们常说“酒香不怕巷子深”，然而在市场竞争日益激烈的今天，如何扩大产品的销售范围，如何使自己的产品从琳琅满目的货架中脱颖而出，只靠产品的质量是远远不够的，越来越多的厂商认识到包装的重要性。好的包装，不仅可以保护商品在流通过程中的安全，方便消费者使用，拉近商品与消费者之间的距离，而且可以促进销售，提升企业形象。包装已成为商品生产不可分割的一部分，也成为各商家竞争的强力武器。在这些包装产品中，以纸制品包装最为普遍，如图 8—1 所示，本章以奥利奥饼干包装盒为例，介绍食品包装盒的印后加工流程，如图 8—2 所示。

图 8—1　奥利奥饼干包装盒（纸质包装）

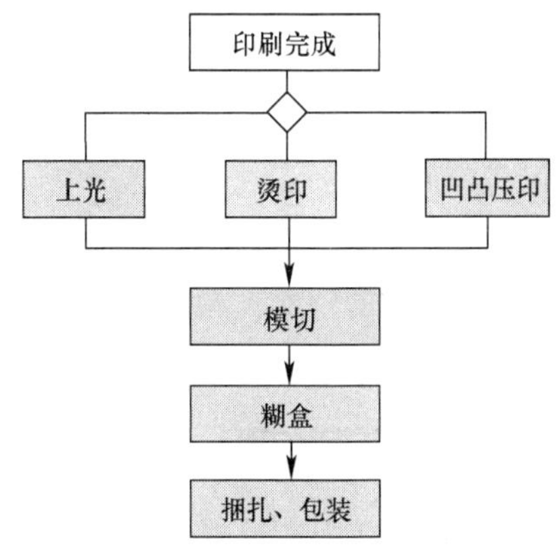

图 8—2　食品包装盒的印后加工流程

由图 8—2 可以看出，卡纸印刷完成后，首先应根据产品要求进行表面处理（包括上光、烫印、凹凸压印等工艺），对于本章案例奥利奥饼干包装盒而言，仅需进行上光操作，然后，利用模切设备将印好的单张纸板按盒型轮廓轧切成所需形状，经上胶糊盒成型后捆扎、包装。由于糊盒属于容器成型工艺，所以本教材不对其进行专门介绍。

第一节　上 光 工 艺

上光是在印刷品表面涂（或喷、印）上一层无色透明涂料，经流平、干燥（压光）后在印刷品表面形成薄而匀的透明亮层的加工工艺。奥利奥包装纸板印刷完成后，首先需要进行上光处理，上光后的纸包装更加光亮醒目，产品也会更有吸引力。

一、上光的作用

上光是一种重要的印刷品表面整饰工艺，可以提高和改善印刷品的外观效果、使用性能和保护性能，是提高印刷品质量和产品档次的重要手段。

1. 提升印刷品的外观效果

印刷品上光包括整体上光和局部上光，类型主要有光泽型、亚光型（无反射光泽）、珠光型等多种。无论哪一种上光，都可以提升印刷品的质感和外观效果，使印刷品更加厚实丰满，色彩更加鲜艳明亮，起到美化印刷品的作用。

2. 改善印刷品的使用性能

根据不同印刷品的特点，选择适宜的上光工艺及材料，可以明显改善印刷品的使用性能。例如，书刊封面经过上光处理后，可以防潮、防虫蛀、延长书刊使用寿命；扑克牌经过上光处理后，可以提高滑爽性和耐折性，改善使用性能；电池包装经过上光处理后，可以明显提高防潮性能。

3. 增强印刷品和商品的保护性能

各种上光涂料都可以不同程度地起到保护印刷品和商品的作用。上光处理提高了印刷品的耐水性、耐化学性、耐摩擦性、耐热性及耐寒性等，尤其在包装领域，可以加强包装产品的防潮、防水、耐磨、防污、防伪等保护功能，减少内容物在储运、流通过程中的损失。

4. 提高产品档次，增加附加值

包装的三大功能之一就是促销功能，经过上光的包装更能实现这一目标。包装印刷品经过局部上光或特效上光工艺处理，并与其他表面整饰工艺，如烫印、凹凸压印等工艺技术相结合，可以提升商品的档次。有些装饰画、摄影类复制印刷品，经过局部上光和特效上光工艺处理，可以增强作品的艺术效果。

二、上光的工艺流程

印刷品的上光工艺过程一般包括上光涂料的涂布和压光两项操作。

1. 上光涂料的涂布

上光涂料的涂布，即采用一定的方式，在印刷品的表面均匀地涂布一层上光涂料的过程。常用涂布方式有印刷涂布和专用上光涂布机涂布两种。

（1）印刷涂布

印刷涂布是利用印刷机进行上光涂料的涂布，实际上是用上光涂料代替油墨储放在墨斗中，经墨路传递至印版，再通过印版将上光涂料印至印刷品上。采用印刷机涂布上光不需购置专用上光涂布机，印刷机既可用于印刷，又可用于上光，一机两用，简便易行，适合中、小型印刷厂进行上光涂布加工。印刷涂布上光时多采用易挥发的溶剂型上光油，利用该类上光油干燥速度快的特点，使得印刷品表面获得一层比较均匀的上光油。溶剂型上光油对人体有害，同时会造成环境的污染，所以应用范围受到一定限制。

（2）专用上光涂布机涂布

采用专用上光涂布机涂布是目前上光涂布最为普遍的方法。上光涂布机安装有印刷品传输机构、涂布装置和干燥装置，适用于各种类型的上光油涂布，可实现涂布量的准确控制，因此涂布质量稳定可靠，适合各种档次印刷品（尤其是高档印刷品）的上光涂布加工，同时也适用于大批量、时效性强的印刷品上光。

2. 压光

在印刷品表面涂布上光涂料之后，仅靠涂料自然流平，干燥后还不能达到非常理想的光泽，对于一些光泽度要求高的印刷品，还需在上光涂布后经过压光机压光。压光机压光能够改变干燥后上光涂层的表面状态，使其形成理想的镜面。

三、上光涂料

1. 上光涂料的基本要求

随着上光技术的发展，与新型上光设备、涂布干燥方式、固化方式相适应的各种上光涂料也相继投入使用。无论用何种材料、何种方法生产的上光涂料，都应具备光泽性、稳定性、耐磨性、耐热性、柔弹性等基本性能。

（1）光泽性

上光涂料涂布在印刷品表面经过干燥或固化结膜后，其上光表面应透明，并有较好的光泽感，以增强印刷品对光的透射力和反射力。

（2）稳定性

上光涂料干燥、固化后的结膜应无色、透明、不泛黄，不会因为上光涂料的继续干燥、固化而引起印刷色彩的衰减或变化。

（3）耐磨性

上光涂料的结膜要有一定的表面强度，可以经受再加工、运输或使用中的一定压力和多次摩擦仍不损伤。

（4）耐热性

上光涂料及其结膜要有较好的耐热性，以保证其在较高温度环境中的稳定和成膜后再受热压力作用时不变质、不变形。

（5）柔弹性

上光涂料结膜后应有一定的柔弹性，以确保上光印品在折叠、模压、卷曲时不发生碎裂。

2. 上光涂料的类型

目前上光涂料可分为溶剂型上光涂料、油性上光涂料、水性上光涂料、UV上光涂料和热固型上光涂料等五类。

（1）溶剂型上光涂料

溶剂型上光涂料以苯类、酯类和醇类为溶剂，以热塑性树脂为成膜树脂，在成膜过程中溶剂挥发，使得树脂发生聚合或交联反应成膜。采用溶剂型上光涂料的设备投资小、成本低，适用于大宗印刷品的上光。但溶剂型上光涂料存在溶剂挥发和残留的问题，对人体会造成伤害，也会带来环境的污染。所以，随着经济的发展和人们环保意识的增强，溶剂型上光涂料的应用范围受到越来越多的限制，今后有被逐步取代并最终淘汰的趋势。

（2）油性上光涂料

油性上光涂料是早期胶印机上光使用的涂料，其性质与胶印油墨相同，也称作胶印亮光油。涂料通过印刷方式对印刷品表面进行整幅面上光，并与空气中的氧发生氧化聚合反应，最终结膜干燥。胶印亮光油有普通亮光油和快固亮光油两类，前者干燥速度慢，后者干燥速度快，适用于不同档次的印刷品。胶印用油性上光涂料由于印刷速度快，所以涂层较薄，光亮度和保护作用都一般，适用于质量和档次要求不高的大宗印刷品上光。

（3）水性上光涂料

水性上光涂料以水为溶剂，涂布干燥过程中没有有机溶剂挥发物，所以无色、无味、无毒、无刺激性气味，对环境无污染，对人体无害。新型的水性上光涂料性能稳定，干燥速度快，涂层透明，光泽好，耐磨性、耐水性、耐化学作用性、耐热性均能达到比较满意的效果。其热封性和印后加工的适应性都比较好，而且运输方便，安全可靠，现主要用于烟草、药品、食品、化妆品等商品包装。水性上光涂料适用范围将会越来越广，本章奥利奥饼干包装盒的上光处理采用的即为水性上光涂料。

（4）UV 上光涂料

UV 上光涂料即紫外线干燥（固化）涂料。这类涂料在紫外线的照射下，内部会发生一系列聚合反应，使涂料层由液态变为固态，从而结膜干燥。UV 上光涂料可省去其他烘烤设备，固化时间短，并且没有挥发物质，有利于保护环境。

UV 上光涂料所用紫外线干燥装置的光线波长要控制在 300 nm 以上，防止产生臭氧，还要采用通风设施，防止臭氧对操作人员和机器产生影响。实际生产中，需要采用惰性气体封闭印刷品表面。UV 上光涂料的一些单体会刺激皮肤，操作时需注意安全。紫外线辐射部分有少量 X 射线，应装备可靠的防辐射屏蔽装置。

（5）热固型上光涂料

这类上光涂料的成膜树脂中含有对高温敏感的活性官能团，当涂层遇热时，会发生交联反应，从而干燥成膜。热固型上光涂料主要用于卷筒纸多色胶印轮转印刷机，印刷完成后立即上光，印刷机带有烘干装置，印刷、上光完成后随即折页成帖。

绿色印刷是国家印刷发展新战略，上光涂料有害物质须符合《环境标志产品技术要求 胶印油墨》（HJ/T 370—2007）中技术内容 5.4 的要求，见表 8—1。

表 8—1　　上光涂料有害物质限量要求

控制指标	单位	限量要求	
		热固轮转干燥	单张上光干燥
挥发性有机化合物	%	≤25	≤4
苯类溶剂	%	≤1	
铅、镉、六价铬、汞总量	mg/kg	≤100	
铅	mg/kg	≤90	
镉	mg/kg	≤75	
六价铬	mg/kg	≤60	
汞	mg/kg	≤60	

注：产品应按照所标注的黏度最低值进行配比。

目前我国各类上光涂料的应用情况见表8—2。

表8—2　　目前我国各类上光涂料应用情况

种类	市场份额	发展现状	环境污染程度
溶剂型上光涂料	30%	逐渐淘汰	很大
水性上光涂料	40%	稳定增长	无
UV上光涂料	15%	增长迅速	微弱
热固型上光涂料	15%	增长迅速	无

3. 上光涂料的干燥方式

不同的上光涂料有不同的干燥方式，不同的印刷工艺对上光涂料和干燥装置的选择也不完全相同，在实际生产中应根据印刷工艺的需要选择上光涂料及相应的干燥方式。

（1）挥发型干燥

挥发型干燥是指当溶剂型或水性上光涂料涂布到印刷品表面后，通过烘道升温（红外辐射、固体导热、热风），使涂料中的有机溶剂或水分挥发，涂料中的成膜树脂在印刷品表面结膜干固。成膜品质与溶剂的挥发速度有关：挥发速度过快，会影响涂布的流平性，不容易涂布均匀；挥发速度过慢，会影响涂层的干燥和固化。

这种干燥方式的特点是：上光质量相对稳定，光泽度、附着力、稳定性都比较好；但溶剂型上光涂料耐理化性差，涂层易泛黄，溶剂挥发污染环境且对人体有害，水性上光涂料用于低定量的纸张容易造成纸张变形。

（2）氧化聚合型干燥

氧化聚合型干燥是指采用与胶印油墨相同的上光涂料印刷，印刷后印品表面涂料中的油性溶剂与空气中的氧发生聚合反应，使得表面结膜干固。

这种干燥方式的特点是：利用胶印机上光，减少设备投资，附着力、稳定性较好；上光质量一般，光泽度、耐理化性均较差，干燥速度慢，一般需要4～8 h才能彻底干燥，所以上光产品不能堆积过高，不能立即进行后续工序加工，不适宜联机上光。

（3）UV固化干燥

UV固化干燥是指当UV上光涂料涂布到印刷品表面后，经紫外光的照射，涂层内部发生光聚合反应和光交联反应，瞬间结膜固化。

这种干燥方式的特点是：上光速度快，瞬间完成固化，可以联机上光，光泽度和耐理化性能好，100%的涂料发生反应，无有害气体析出；质量控制较为复杂，成本较高，UV上光涂料对皮肤有刺激作用，干燥过程会产生臭氧，应通风排除。

（4）热固化干燥

热固化干燥是指当热固型上光涂料涂布或印刷到印刷品表面后，经过烘道升温加热，涂层结膜固化。干燥过程中无挥发性物质产生。

这种干燥方式多应用于高速轮转印刷机联机上光，上光速度快，但为保证干燥速度，烘道一般较长（6～9 m），所以能量消耗大。

（5）电子束（EB）干燥

电子束（EB）干燥是国际上推崇的新型干燥方式，它利用高能电子束辐照涂料层，使低分子液态树脂最大限度地转化为交联涂层，无后固化和溶剂残留等问题。

电子束（EB）干燥需要相应的涂料，这种涂料比 UV 上光涂料价格低，固化能耗低，但电子束设备较为昂贵。这种干燥方式在国外印刷企业有一定应用，国内目前普及情况较差。

四、上光设备

上光设备的主要结构包括输纸机构、涂布机构、干燥机构和收纸机构等。

1. 输纸、收纸机构

（1）输纸机构

上光时，印刷品的输入方式主要有手工续纸和自动输纸两种。

手工续纸是由人工将需要上光的印刷品一张一张送入上光机，如图 8—3 所示。有的机器输纸部分只有工作台，用手工的方法把印刷品直接送入涂布机构，由涂布辊将印刷品带入并涂布上光油；有的机器输纸部分有传送带，将印刷品按正确位置放在运动着的传送带上，由传送带将印刷品送入涂布机构。

自动输纸采用自动输纸机，印刷品预堆在输纸机上，由输纸机自动送入上光机的涂布机构，涂布上光油，再由传送装置送入干燥设备进行干燥固化，最后送到收纸台上，如图 8—4 所示。自动输纸机的结构和工作原理与印刷机使用的自动输纸机相同。

图 8—3　手工续纸上光机

图 8—4　自动输纸上光机

（2）收纸机构

收纸机构的收纸方式有人工收纸和自动收纸两种。

人工收纸是用手工把传送装置传过来经干燥固化后的印刷页摆放在收纸台上，堆放到一定高度后移走。人工收纸须和手工续纸、带式传送装置配合使用。

自动收纸采用自动收纸装置，它与自动输纸机和链式传送装置配合使用，与印刷机自动收纸装置基本相同。有的 UV 上光机还安装有纸张清擦装置，可以清除印刷品表面的喷粉和杂质。

2. 涂布机构

涂布机构是上光设备的核心部分，下面介绍几种常见的涂布机构。

（1）三辊式涂布机构

三辊式涂布机构由计量辊、涂布辊和衬辊共同作用完成上光涂布工作。其结构和工作原理如图 8—5 所示。

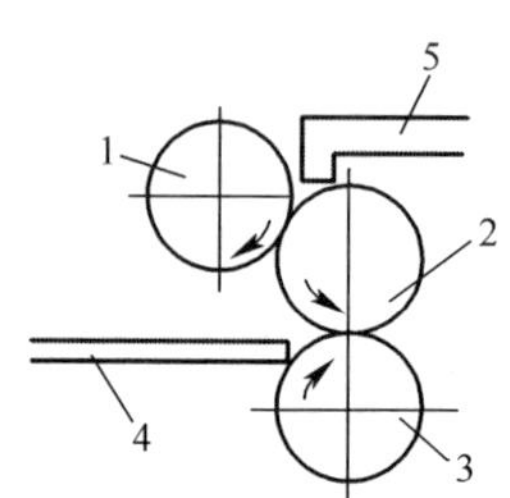

图 8—5　三辊式涂布机构

1—计量辊　2—涂布辊　3—衬辊

4—印刷品输送台　5—出料孔

三辊式涂布机构结构简单，并可以进行双面涂布。双面涂布时，从上面出料孔和下面料槽同时供料。涂布过程中，三辊之间在纸张通过时有一定压力。为适应不同厚度印刷品的加工要求，涂布辊与衬辊间有压力调整机构。涂布中多余的涂料由回收系统送回液体贮料槽中。

(2) 网纹辊刮刀式涂布机构

网纹辊是表面布满均匀、规则纹路的金属辊，如图 8—6 所示。网纹辊刮刀式涂布机构工作时，刮刀将网纹辊表面的涂料刮下，如图 8—7 所示，只在网纹辊网穴内留下定量涂料，在压力的作用下，网穴内的涂料转涂到包胶的涂布辊表面，为纸张上光。

图 8—6 网纹辊

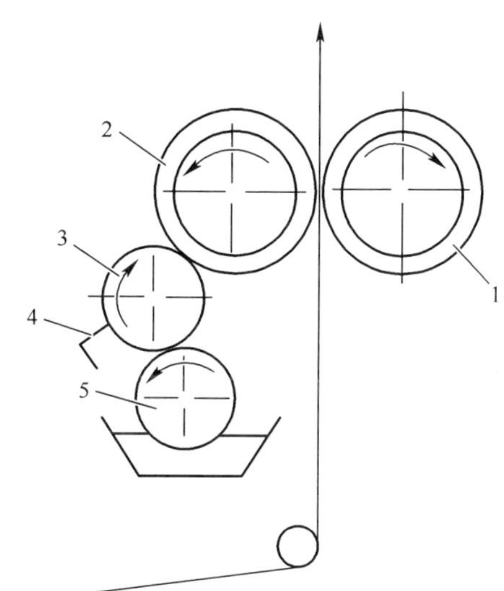

图 8—7 网纹辊刮刀式涂布机构
1—衬辊 2—涂布辊 3—网纹辊
4—刮刀 5—上料辊

由于网纹辊的表面纹路均匀、规则，所以上光涂层厚度和均匀性能够得到精确控制。当需要改变上光涂层厚度时，则必须更换不同规格的网纹辊。

(3) 气刀涂布机构

气刀涂布机构如图 8—8 所示，由涂布辊将过量的涂料涂布于纸或纸板表面，在纸张穿过衬辊与气刀之间时，由气刀喷缝喷射出与纸张成一定角度的气流，将过量的涂料吹落，从而达到所要求的涂布量，同时将涂料吹匀。

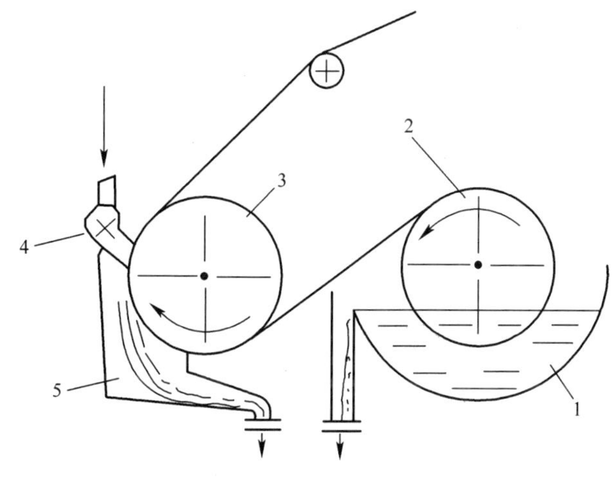

图 8—8 气刀涂布机构
1—料槽 2—涂布辊 3—衬辊 4—气刀 5—过量涂料收集槽

气刀涂布的优点是在纸面上能制得同原纸表面平整度一致的涂层，易于适应原纸品质、涂料浓度、黏度等工艺条件的变化。气刀涂布所用涂料通常限于水性上光涂料，因为溶剂型上光涂料将会随气刀气流大量气化，造成污染或损失。

除以上介绍的涂布机构以外，还有逆向辊涂布机构、腔式刮刀上光机构、刮刀涂布机构等。

3. 干燥机构

用于上光机的干燥装置主要有热风干燥装置、红外线干燥装置、紫外线干燥装置和电子束干燥装置。这几种干燥装置可以单独使用，也可以组合使用。

（1）热风干燥装置

热风干燥装置使用电热管或煤气等加热烘道中的空气，使烘道达到需要的温度，上光涂料中的溶剂挥发，废气从排气管道中排除，达到干燥的目的。

（2）红外线干燥装置

红外线干燥装置使用红外线管状石英灯作为辐射器，向涂布上光涂料的印刷品表面辐射光波。这种干燥装置可安装在机器的任何部位，也易于调节功率，对人体无害，使用周期长，耗电少，但辐射利用率低。

（3）紫外线干燥装置

紫外线干燥装置使用汞蒸汽灯或氙气灯作为紫外光源，向涂布了UV上光涂料的印刷品表面辐射光波，使上光涂层瞬间固化。由于干燥过程会产生臭氧，需要使用通风冷却系统把臭氧排出工作区域。此外，强紫外线光源辐射是有害的，会对人的眼睛和皮肤造成损害，所以必须安装屏蔽装置，防止人受到意外辐射。

（4）电子束干燥（固化）装置

电子束（EB）干燥装置主要用扫描束加速器或直线阴极加速器产生高能电子束流，对上光涂料进行固化。高能电子束流与物质碰撞时产生X射线，X射线穿透性强，必须给予充分屏蔽，并配备自动保险装置，以防辐射泄漏。

4. 上光设备种类

上光设备又叫上光涂布机，按加工方式可分为普通脱机上光设备（印刷、上光分别在专用机械上进行）和联机上光设备（上光机组连接在印刷机上，印刷、上光一次完成）。目前，国内印刷厂较多采用普通脱机上光设备，联机上光设备的份额也在逐渐增加。

（1）普通脱机上光设备

普通脱机上光设备通常由上光涂布机和压光机两部分组成。上光加工过程中，印刷品先由上光涂布机涂布上光涂料，干燥后，由压光机进行压光处理。

上光涂布机的加工对象一般为平张纸印刷品。按印刷品输入方式，上光涂布机可以分为手动续纸的半自动机和机械输纸的全自动机两种类型；按干燥源的干燥机理，上光涂布机可分为固体传导加热干燥和辐射加热干燥两种类型；按加工对象范围，上光涂布机可分为厚纸专用型和通用型两种类型。上光涂布机的基本结构如图8—9所示。

压光机是上光涂布机的配套设备，专供上光涂布后的各类印刷品压光使用。涂布上光涂料的印刷品经过压光机压光后，平滑度和光泽度可以大幅度提高。

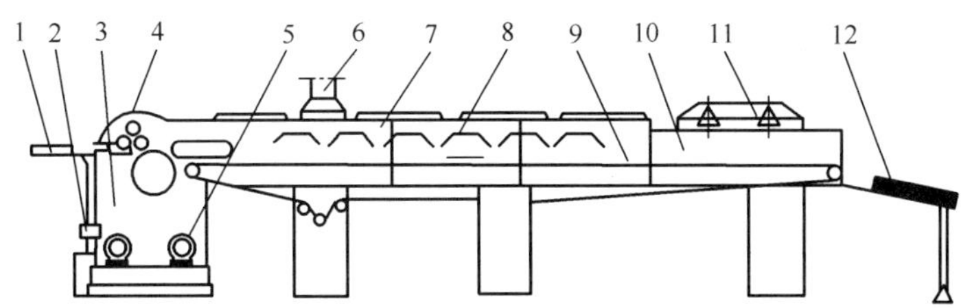

图 8—9　上光涂布机的基本结构

1—印刷品输入台　2—涂料输送系统　3—涂布动力机构　4—涂布机构　5—输送带传动机构　6—排气管道　7—烘干室　8—加热装置　9—印刷品输送带　10—冷却室　11—冷却送风系统　12—印刷品收集台

(2) 联机上光设备

联机上光就是将上光机组连接于印刷机组之后，完成印刷后印刷页被立即上光。联机上光的特点是速度快，效率高，加工成本低，减少了印刷品的搬运，克服了由喷粉而引起的各类质量问题。联机上光的缺点是对上光涂料干燥源和上光设备的要求很高。如图 8—10 所示为胶印机联机上光机结构示意图。如图 8—11 所示为凹印轮转印刷机涂布、模切联机示意图。

印后加工术语

喷粉：印刷完成后喷在印刷品表面，用于防止印刷品背后粘脏的微细颗粒。喷粉可以起到间隔印刷品的作用，让印刷品之间有充分的空气使墨迹得到更快的氧化干燥，保障墨迹的墨膜形成，不至于过背（过底）而造成印刷品粘花。

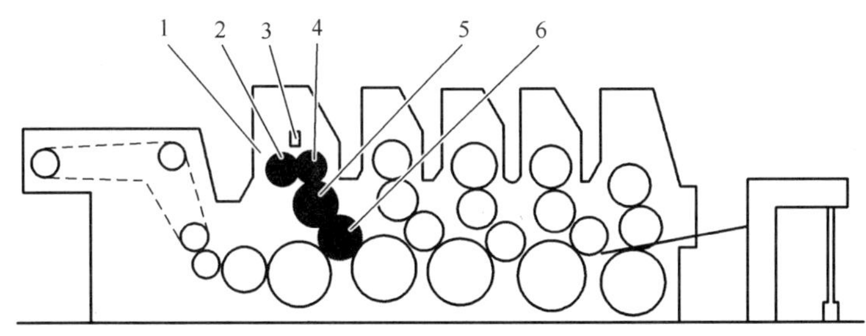

图 8—10　胶印机联机上光机结构示意

1—贮料槽　2—计量辊　3—出料口　4—送料辊　5—匀料辊　6—涂布辊

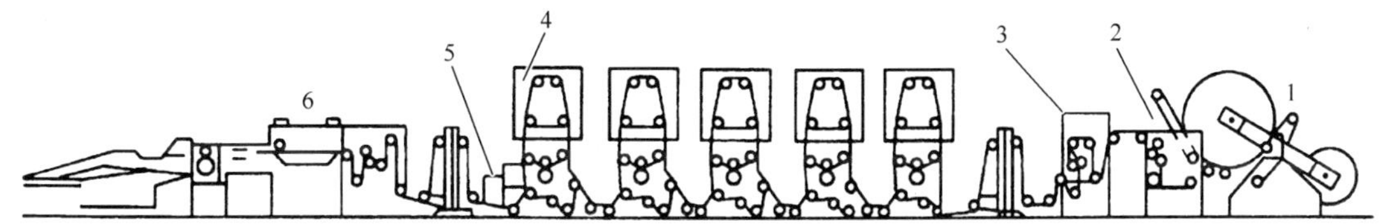

图 8—11　凹印轮转印刷机涂布、模切联机示意

1—放卷台　2—自动给纸装置　3—张力调整装置　4—UV 涂布装置　5—UV 干燥装置　6—模切装置

五、上光技术常见质量问题及排除方法

1. 龟裂

在对墨量大的印张进行湿—湿上光时可能出现龟裂，这种现象表现为油墨表面的上光膜断裂，在整个上光面上出现各个方向的细微裂纹。其原因在于上光涂料结膜过快，以至于当其下面的印刷油墨还在收缩时，上光涂料已经干燥。这种现象在纸堆中不易发现，只有在取出后才会暴露出来。改用结膜速度慢的上光涂料，或在上光油中添加一些阻尼剂可以避免龟裂现象。

2. 边缘光油堆积和溅射

在用水性上光涂料上光时，上光装置辊子的非上光部分经常出现上光涂料堆积现象。当印版上出现边缘上光涂料堆积或挤压边缘趋势时，一般随着黏度的下降，上述问题会随之改善。有时橡皮滚筒与印刷滚筒，或橡皮滚筒与压印滚筒之间压力过大也会导致挤压边缘现象，因此压力的掌握以“尽可能小”为原则。

3. 上光涂料在橡皮布上堆积

如果出现油墨连同上光涂料在橡皮布上堆积的现象，说明调节的上光涂料涂布量太少。有效的解决办法是加大上光涂料涂布量或降低黏稠度。

4. 光亮度低

影响光亮度的因素主要有上光涂料的使用量、印刷品纸张表面平滑度、纸张含水量、油墨干燥度和上光涂料的用料选择等，实际生产中，应分析具体原因，并采取措施加以改善。

5. 上光油剥落

故障的原因在于油墨与上光油不同的界面和表面张力关系。表面活性材料游离在油墨表面，从而使油墨与上光油不能理想结合。经验表明，承印材料对上光油剥落会产生很大影响。一般当涂布量大于 5 g/m^2 时才会出现上光油剥落，有时降低上光油涂布量便可解决问题，有时将上光完毕的印刷品存放一段时间或略微加热，这种剥落现象也会消失。

第二节　模切压痕

奥利奥饼干包装盒经过印刷和上光后，就将进入立体成型加工阶段。立体成型中最重要的一种工艺就是模切压痕。纸盒包装造型各异、规格不一，这些产品均需要通过模切压痕技术进行加工，模切后的印刷品如图 8—12 所示。

图 8—12　奥利奥饼干包装盒盒型平面展开图

一、模切压痕技术的特点与作用

把特定用途的纸或纸板按一定规格，用钢刀切成一定形状的工艺方法称为模切。利用钢线按一定规格，在纸或纸板上压出印痕，以便弯折，这种工艺方法称为压痕。

模切与压痕既可按照两道工序用模切机和压痕机分别完成，也可以合并在一起，由模切压痕机一次完成。模切与压痕工艺特点相似，一件待加工产品往往既要模切又要压痕，而且模切工艺与压痕工艺不相冲突，所以很多场合都把模切与压痕工艺一次完成。一般把模切压痕工艺简称为模切工艺或模压工艺，把模切压痕机简称为模切机或模压机。

纸板可以通过模压工艺制成精美的包装产品；书封面经过压痕处理，可以使书背平整美观；塑料皮革产品经过模压工艺，可以做成各种容器或用具。因此，模压技术广泛应用于包装纸盒、纸箱、书封面、商标、吊牌、不干胶产品、塑料皮革等产品的印后加工，它不但可以根据轮廓切除产品废边，实现立体成型，还能增加产品艺术效果及使用价值，节约材料，提高生产效率。

二、模切版制作工艺

模切版是对成型材料进行模切或压痕的模板，如图 8—13 所示。

图 8—13 模切版

模切版的制作有手工制版、半机械制版和数字激光制版等方法，目前主要采用数字激光制版法。下面以奥利奥饼干包装盒盒型的模切版为例，介绍模切版的制作流程，如图 8—14 所示。

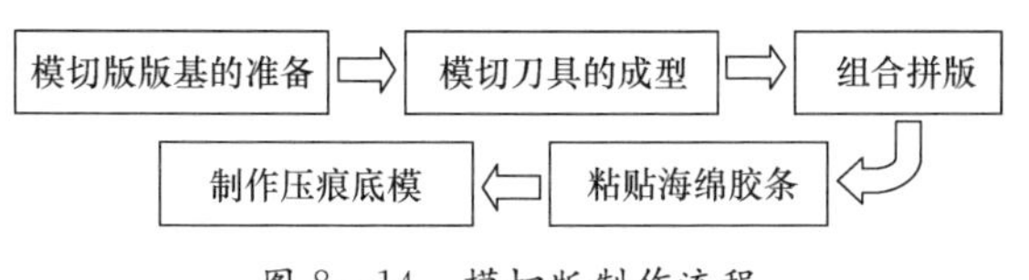

图 8—14 模切版制作流程

1. 模切版版基的准备

(1) 模切版版基的种类

常用的模切版版基有木板、PVC 板、钢板三种。加工奥利奥饼干包装盒所用的模切版版基为木板，这是因为木板具有较高的硬度和韧性，而且便于加工。PVC 板是 5 mm 的木板代用板，比木板结实，使用寿命长，效果好，通常与木板组成三层复合式模切版。钢板的成本较高，所以通常也与木板制作成复合式模切版。虽然钢板成本高，但由于制成的模切版结实耐用，且可多次换刀（高达 40 次），因此也很受欢迎。

目前的模切版中，最为常用的版基是木板，好的木板具有较高的硬度，可耐模切冲压力，木质均匀，韧性好，可以缓解因弯刀不贴切使木板产生应力，模切出来的纸张受力均匀，不会发生断裂，而且对刀的损耗小，可延长模切刀具的使用寿命。在木板版基中，胶合板制作的模切版质量较高，且刀模质量轻，所以木板底板中常用的是胶合板。例如，模切卡纸产品用 18 mm 厚的胶合板，模切瓦楞纸或海绵产品、吸塑类产品则用 15 mm 厚的胶合板，20 mm 胶合板多用于制作胶片和不干胶产品的模切版。

（2）绘制模切版轮廓图

模切版的结构取决于产品结构。模切版版面设计的内容包括版面的大小、模切版的种类及规格、模切版格位与印刷格位关系等。仍以奥利奥饼干包装盒为例，介绍在绘制模切版轮廓图（见图 8—15）时，哪些方面应值得注意。

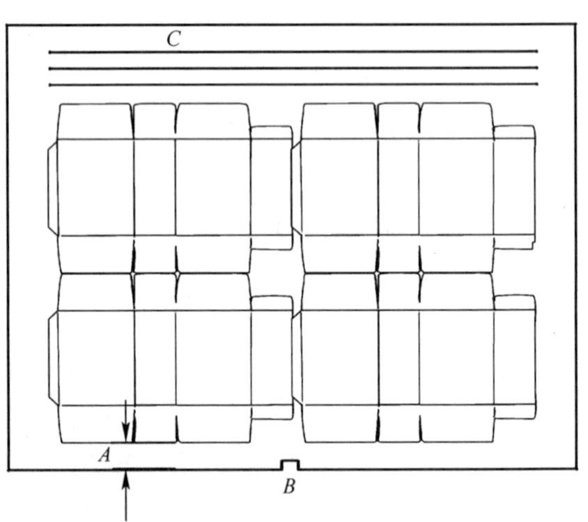

图 8—15　模切版轮廓图

1）确定模切版版面的大小。首先根据奥利奥饼干包装盒所选用模切设备的规格和工作能力，选择与之匹配的模切版尺寸，既要保证加工质量，又要较好地发挥设备能力。

2）确定模切版种类及规格。对于奥利奥饼干包装盒的模切，可选择 18 mm 厚的木板作为版基。

3）确定模切版格位与印刷格位的关系。模切版格位应与印刷格位相符，工作部分应居于模切版的中央位置；线条、图形的移植，要保证产品所要求的精度。版面刀线要对直，纵横刀线互成直角并与模切版侧边平行，断刀、断线要对齐，如图 8—15 所示。

4）模切版上首条钢刀与模切版起始边的距离应不小于 13 mm，见图中标注 *A*，以确保模切机的咬口边留有一定宽度的纸板；确定模切版中心槽，见图中标注 *B*，即在刀模的起始边的中线上有一个长方形槽口（15 mm×8 mm），有时也为半圆形；在刀模的背面钻有与模切机版台固定用的小孔；为了补偿压力，使模切版整体受力均匀，不致压损钢刀，要在刀模的尾端加设几条钢刀，见图中标注 *C*；为便于清除废料，需加上废料分割线。

2. 模切刀具的成型

模切压痕常用两种刀具，一种是用于裁切的钢刀，另一种是用于压痕的钢线，经压力作用完成不同的加工要求。

（1）钢刀

钢刀又称模切刀或啤刀，利用其锋利的刀具刃口将纸板切断，得到所要求的纸盒坯料形状。钢刀是模切印版的主要材料，应具有锋利、耐磨损、弯曲方便等特性，被模切产品切口要光滑，不允许粘连。

常用的模切纸板的钢刀高度一般为 23.8 mm，厚度一般为 0.71 mm。钢刀材料分为硬性、中硬性、软性三种，可根据模切材料的不同灵活选用。钢刀的软硬指刀体部分，钢刀的刃口都很硬。硬性钢刀适用于模切很硬、难切的物品，如电路板、橡皮板等，也适用于相对较软的物品，如纸张、塑料等；中硬性钢刀适用于模切不干胶纸、贺卡、名片、纸板等；软性钢刀适用于模切不干胶纸、名片、胶片、纸板等。

钢刀需具有弯曲特性，这是由于被模切产品形状各异，需要将钢刀弯成各种各样形状。软性钢刀弯曲特性最好，而且其刃口经淬火处理，非常锋利，适合于多用途及难切材料。

为了适应不同的模切要求，钢刀有不同的刃口，钢刀刃口形状如图 8—16 所示。

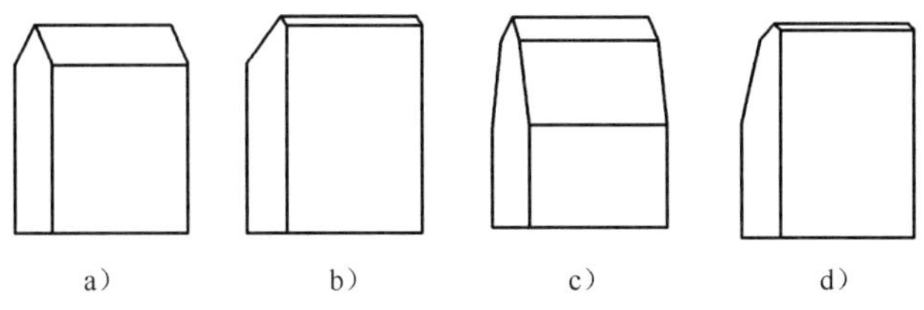

图 8—16　钢刀刃口形状

a）矮刃口　b）单面矮刃口　c）高刃口　d）单面高刃口

（2）钢线

钢线又称压痕线或啤线。钢线材料要具有耐磨损、弯曲度大等特性。

钢线的高度略低于钢刀，一般为 22～23.8 mm。根据压痕纸张的厚度，一般相差 0.3～0.8 mm 或更多一些。钢线的厚度与钢刀相同。常用钢刀高度为 23.8 mm，钢线高度为 23 mm，厚度均为 0.71 mm。

根据不同压痕需要，钢线的形状有单头线、双头线、圆头线、平头线、尖头线等，如图 8—17 所示。

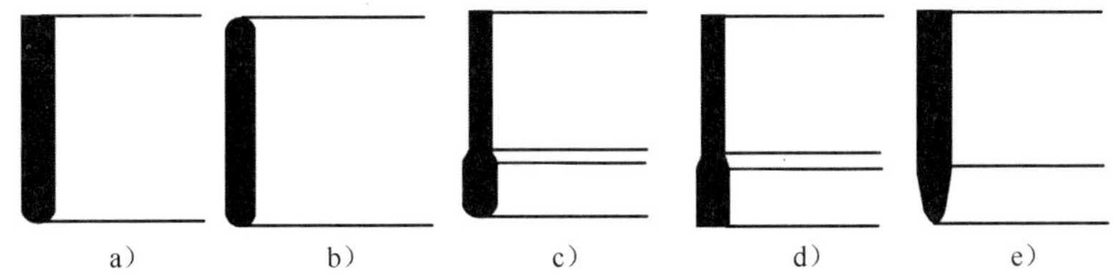

图 8—17　钢线的形状

a）单头线　b）双头线　c）圆头线　d）平头线　e）尖头线

（3）钢刀、钢线的成型

钢刀、钢线的成型是指采用一定的工具和方法将钢刀或钢线按照模压要求制作成不同形状的过程。目前，钢刀、钢线的成型方法主要有手工单机成型加工和自动弯刀机成型加工两种。

1）手工单机成型加工。在以手工为主制作刀模的工艺中，通常要借助一些成型设备，如用于长度方向裁切的刀片裁切机、用于圆弧或角度成型的弯刀机、用于刀线搭桥成型的刀片冲孔机、用于刀线相交处钢刀切角成型的刀片切角机等。根据结构设计图上标示的长度、角度、半径等尺寸，再利用这些设备对刀线进行裁切、弯刀、切角、冲孔等操作，将刀线制成与槽缝相匹配的形状。值得注意的是，在对刀线进行弯刀成型时要借助模具，但由于刀线钢质的回弹性，要求模具的半径或角度应略小于结构图标示的尺寸，这样才能保证钢刀、钢线的半径或角度与版基的槽缝相匹配。

2）自动弯刀机成型。随着计算机技术的发展，20 世纪 90 年代开始出现了全自动数控弯刀机，这套系统将裁切、弯刀、冲口、切角整合在一台机器上一次性完成。该系统首先将计算机中的刀模轮廓图分割成一段段连续的刀条，然后由计算机控制自动弯刀机，将卷装刀线按照结构图标示的长度、半径、角度等尺寸高速切出所需形状的刀线，最后再借助一定的人工修补，就可以得到与槽缝形状相匹配的钢刀、钢线。采用这种新技术可大大提高生产效率。

（4）滚筒模切压痕刀具

滚筒模切压痕刀具用于圆压式模切压痕机上，与平压式模切压痕一样，滚筒模切压痕刀具分为模切刀具（即钢刀或啤刀）和压痕刀具（即钢线或啤线），如图 8—18 所示。

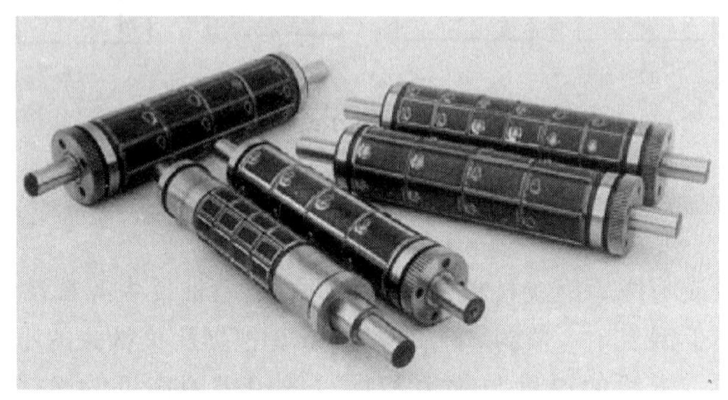

图 8—18　滚筒模切压痕刀具

3. 组合拼版

组合拼版就是将成型好的钢刀、钢线镶嵌到切好槽缝的模切版基中。其工艺步骤如下：

（1）版基开槽

版基开槽工艺历经了从最初纯手工的铅块排制刀模槽、手工木板锯槽法，到后来采用机械方式进行加工的锯床切割法，而发展到现在，越来越多的模切版开槽已采用激光切割法进行加工，大大提高了工作效率和加工精度。下面以激光切割法为例，简单介绍版基开槽工艺。

1）激光切割法的原理。从激光器发出的高能激光束，经透镜聚集后，焦点直径只有0.1～0.2 mm，具有很高的功率密度，能使材料温度瞬间就达到沸点以上，并熔融、蒸发。此时，材料中易气化的成分产生一定的气压，使熔融物爆炸性去除。激光切割木材时，还需要喷吹一定压力的气体，以利于加工的进行。

激光切割技术制作模压版，精度高、速度快、重复性好，是模压制版发展的方向，但激光切割机（见图 8—19）价格昂贵。

图 8—19　激光切割机

2）激光切割工艺

①留桥。从奥利奥饼干包装盒展开图可以看出，它是由若干个几何图形拼成的，如图8—20所示。如果按展开图的线条切割，得到的将是一些零散的木块，并不是一个完整的版面。为了使版面不散开，必须在图线的某些位置留出一些线段不切，这在切割工艺上叫留桥。这些线段像桥梁一样，把版面连成一个整体，如图8—21所示。

图8—20 奥利奥饼干包装盒展开图

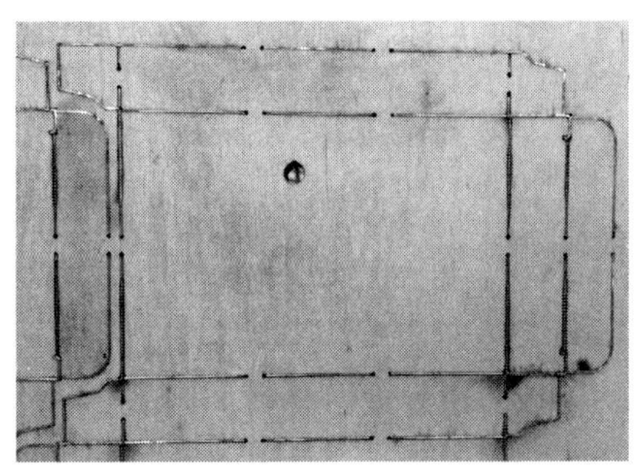

图8—21 模切版版基留桥

②切边框。边框的切割则相当于切割一个方形件。根据模切机要求确定的尺寸，可切出整齐的边框，有利于模切版迅速、牢固安装。

（2）钢刀钢线嵌入版基

首先将切好槽缝的模切版基放在版台上固定，将一段加工好的刀线背部朝下，用专用刀模锤锤打刀线上部刃口，将刀线镶入刀模中。刀模锤头采用高弹橡胶或铜制成，这样就不会损害刀线的刃口。

在组合拼版时应注意以下几点：

1）当两条钢刀相交时，钢刀应进行切角，以使两条钢刀紧密相交，否则会在模切时出现未切断的漏洞，如图8—22所示，图中的a处表示切角的位置。

2）对应模切版上的留桥工艺。钢刀钢线为了能装卡进入，需要在钢刀钢线的背部，对应模切版的留桥位置进行冲孔搭桥，冲孔的宽度与模切版留桥相同，也为5～8 mm，高度要比版基的留桥高0.5 mm，如图8—23所示。

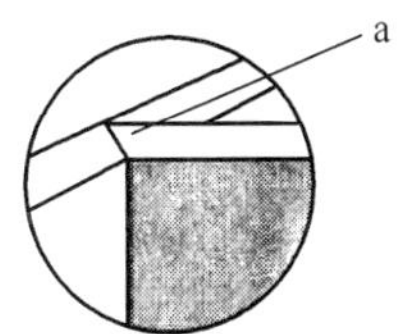

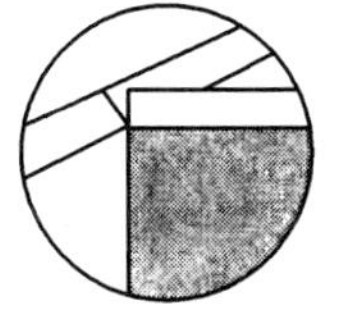

图8—22 两条钢刀相交处的处理

图8—23 模切刀具的背部冲孔搭桥处理

3）在刀线的搭桥处不宜与另一个钢刀相交，否则模切时会很不稳定，如图8—24所示。

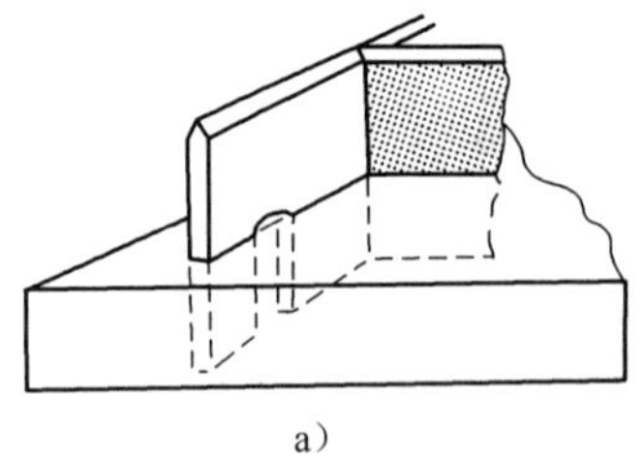

a)

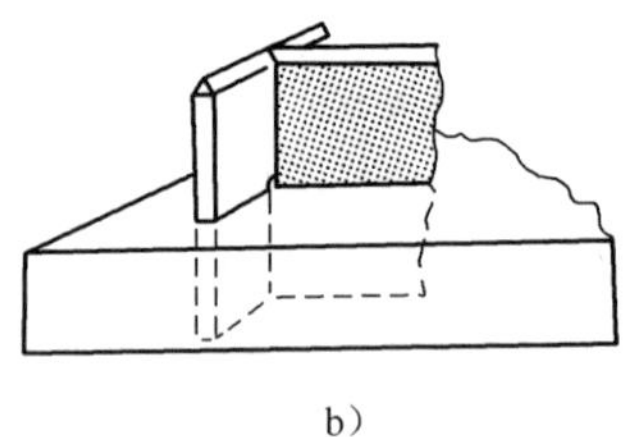

b)

图 8—24　刀线搭桥处的处理

a) 正确　b) 错误

4) 开连接点。模切版的制作过程中，开连接点是一项不可少的工序。开连接点就是在模切刀刃口处开出一定宽度的小口，在模切过程中，使废边在模切后仍有局部连在整个印张上而不散开，保证下一步走纸顺畅。连接点的宽度有大小不同的规格，一般卡纸为0.4 mm，瓦楞纸则为瓦楞纸自身厚度加上 0.5 mm。

开连接点需要借助专用的刀线打孔机，即砂轮磨削，如图 8—25 所示，开连接点的位置不能在刀线冲孔处。

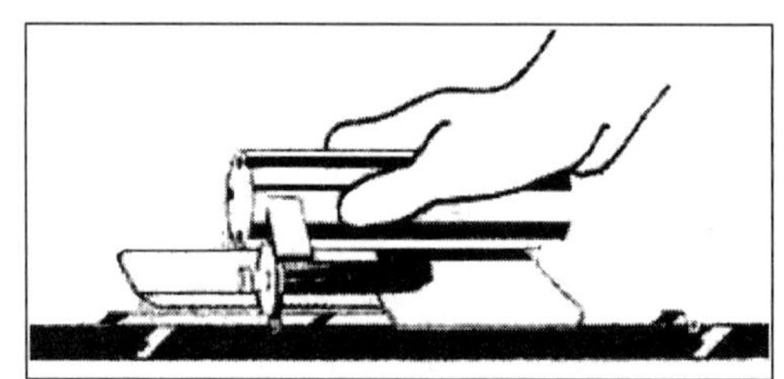

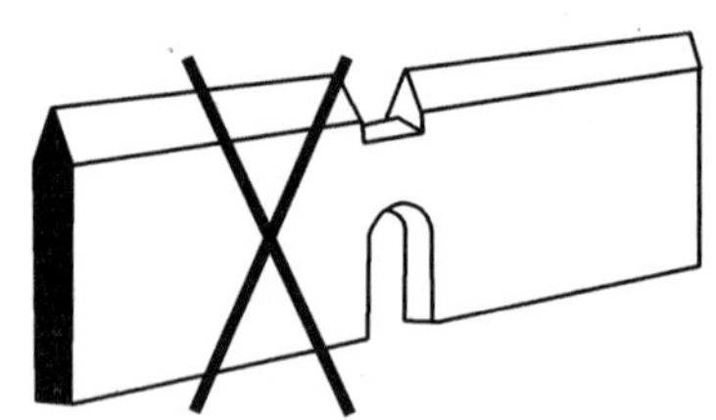

图 8—25　开连接点

4. 粘贴海绵胶条

组合拼版完成后，为了防止钢刀在模切过程中卡住纸板，影响纸板走纸，需要在钢刀两侧粘贴具有一定弹性的海绵胶条。海绵胶条在模切中有很重要的作用，直接影响模切的速度与质量，所以，应根据具体模切产品及有关条件，选用不同硬度、尺寸、形状的海绵胶条。

(1) 海绵胶条与钢刀的位置关系

1) 高度。钢刀与纸板分离是利用海绵胶条的弹性回弹特性，所以海绵胶条应略高于钢刀。海绵胶条的硬度不同，高度也有所不同。一般用于模切纸板的特硬胶条距钢刀 0.5 mm，普通胶条距钢刀 1.2 mm，用于模切瓦楞纸的海绵胶条距钢刀 1.5～2 mm，如图 8—26 所示，其高度差可用海绵胶条和版基的总高度 (b') 减去钢刀高度 (b) 求出。

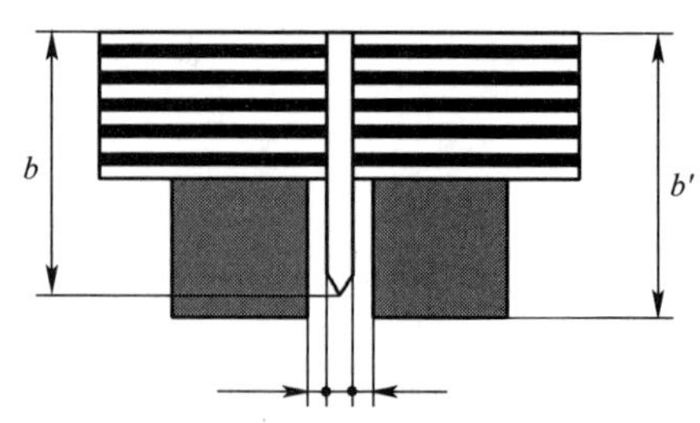

图 8—26　海绵胶条与钢刀的高度关系

2) 宽度。海绵胶条本身的宽度一般为 7 mm。在模切时海绵胶条会被压缩变形，如图 8—27 所示。如果距离钢刀过近，胶条在受压时会产生侧向分力，容易将纸边拉毛，影响模切效果；如果距离模切刀太远，则起不到防止纸板粘刀的作用。因此，海绵胶条距钢刀的距离以 1～2 mm 为宜。

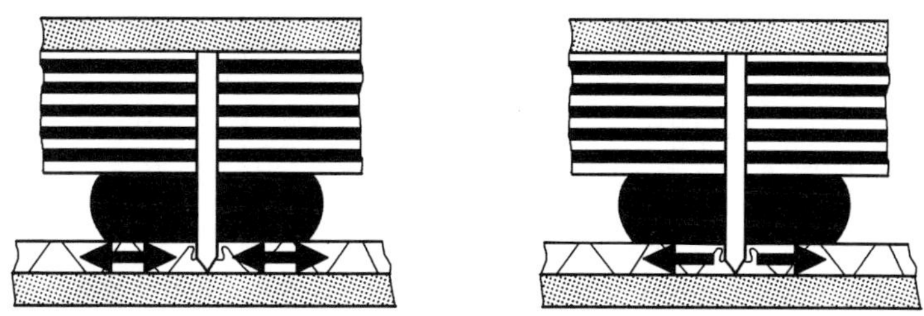

图 8—27　钢刀与海绵胶条的距离关系

(2) 不同硬度海绵胶条的应用

硬度是材料的一种机械性质，是衡量材料软硬程度的指标。海绵胶条的硬度一般采用肖氏（Shore）硬度表示，硬度越高，表示材料局部抵抗塑性变形的能力越大。

在模切版的钢刀两侧粘贴海绵胶条时，应根据纸板的硬度和钢刀在盒型中所处的位置关系决定采用何种硬度的海绵胶条。

(3) 粘贴海绵胶条

直线钢刀两侧的海绵胶条一般为长方形，可由剪刀剪得，但结构复杂的连续钢刀处所粘贴海绵胶条要由高压水枪切割机切得，切割机的图形信息由绘制轮廓图处得到。粘贴海绵胶条时一般都采用热熔胶，要求黏合剂固化时间很短。另外，模切版咬口处第一条钢刀之前不能粘贴海绵胶条。尤其在瓦楞纸模切版中，在一条很长的普通位置的钢刀两侧可将海绵切断，分段粘贴，以节约材料。

5. 制作压痕底模

(1) 压痕底模的作用

在对奥利奥饼干包装盒进行压痕的过程中，需要在每条钢线对应的底版处加设压痕底模，如图 8—28 所示，合压时在钢线和压痕底模的共同作用下，纸板被挤压变形，这样可以使压痕线清晰漂亮，确保纸盒折叠后无褶皱和裂痕，并且使盒形尺寸更准确。

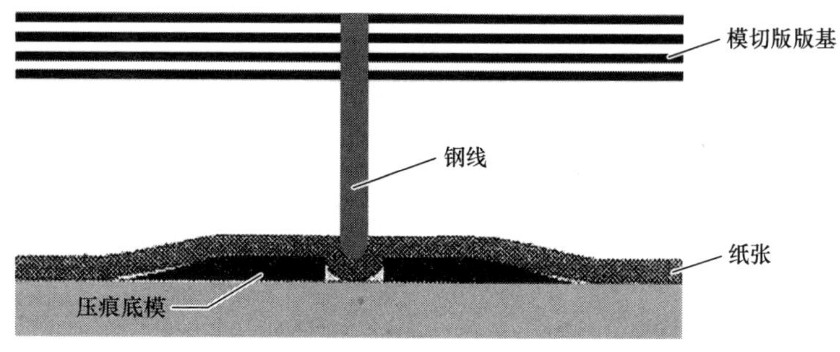

图 8—28　压痕

(2) 压痕底模的类型

目前压痕底模的类型主要有石膏压痕底模、纤维压痕底模、金属压痕底模和压痕条模。其中石膏压痕底模的制作较为落后；纤维压痕底模主要使用纸板制成，耐压强度一般；金属压痕底模是直接在底模钢板上电加工出压痕模槽，制作成本高，适用于批量特别大的情况；压痕条模由于工艺简单，压痕质量稳定，成本低，是目前最常用的压痕底模。

下面介绍压痕条模的结构、安装方法及易出现的质量问题。

1）压痕条模的结构。如图 8—29 所示为压痕条模的结构，它由压痕模、定位塑料条、强力底胶片和保护胶帖组成。

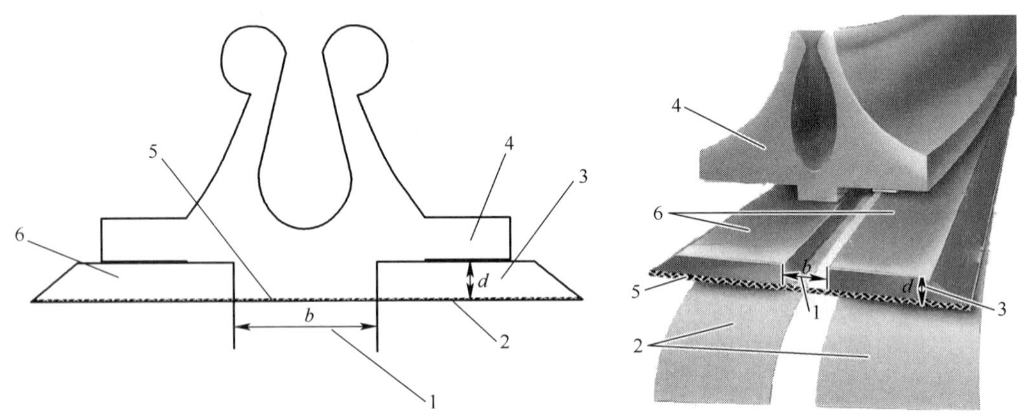

图 8—29 压痕条模的结构

1—压痕模槽宽度 2—保护胶帖 3—压痕模厚度 4—定位塑料条 5—强力底胶片 6—压痕底模

压痕底模是主要部分，由它完成承印物的压痕。定位塑料条用于在安装粘贴压痕模时确定压痕模的准确位置。强力底胶片用于把压痕模粘贴在模切压痕底板上。保护胶帖用于在日常运输和保存中保护底胶。

压痕底模的型号标准为 $A\times B$，前面数字为压痕模厚度，后面数字为压痕模槽宽度。

2）压痕条模的安装使用方法。选择好粘贴压痕底模的规格后，按图 8—30 所示的步骤进行安装。

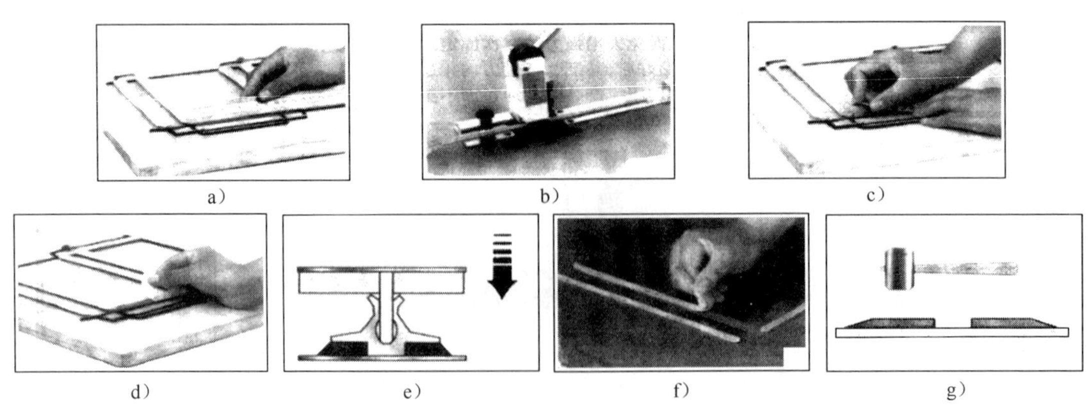

图 8—30 压痕条模的安装步骤

a）量取 b）裁切 c）定位 d）剥贴 e）装版 f）清理 g）加固

①量取。根据奥利奥饼干包装盒盒型模切版上钢线的尺寸，量取所需各条压痕条模的长度。

②裁切。用压痕条模裁切机按所需长度将压痕条模切开，切开后的压痕条模两端成 90°夹角。

③定位。压痕条模裁切完成后，将定位塑料条卡在模切版的钢线上。

④剥贴。压痕条模位置固定好后，将压痕条模底层的保护胶贴剥离。

⑤装版。把卡好压痕条模的模切版安装到模切机上定位紧固，将模切机慢慢开动一次，压痕底模即粘贴到模切压痕底板上，重压使其粘牢。

⑥清理。压痕条模贴好后，撕去定位胶条，清理干净，完成整个模切压痕底板的粘贴工作。

⑦加固。压痕条模贴好后，可用橡胶锤击打压痕底模，使压痕底模与钢板黏结得更牢固，从而免去用强力胶二次固定的工作。

压痕条模贴好后，与纸张运行方向相逆的压痕模尖角部分，可用砂纸打磨出圆角，使模切压痕产品顺利通过而不至于损坏产品表面。

3）粘贴压痕条模质量故障及排除方法。使用粘贴压痕条模，在模切压痕过程中，钢刀与钢线距离较小时，会出现“抢纸”现象，工作时，压痕条模受到水平方向的力，严重时使压痕条模产生移动，影响产品模切压痕质量，可采取如下方法排除故障：

①选用较硬的海绵胶条。工作时，海绵胶条压住纸张，保证纸张位置，使钢线抢不动纸。但是海绵胶条也不能过硬，过硬会损坏纸张，或使刀模变形，以钢刀与钢线刚好抢不动纸张为宜。

②在不影响压痕质量的前提下，可选用较小规格的压痕条模。

三、模切设备

模切机根据压印形式不同，分为平压平型、圆压平型和圆压圆型三种类型，其中平压平型用得较多。模切机可将模切压痕、凹凸压印、烫金和分盒集于一身，组成多功能设备，很受印刷企业欢迎。

1. 平压平型模切机

平压平型模切机又分为立式和卧式两种，规格有四开、对开、全开等。

立式平压平型模切机多为手工续纸，劳动强度较大，生产效率较低，模切压痕幅面较小，适合小批量生产。卧式平压平型模切机由于具有换版容易、安全防护好、自动化程度高、模切精度高、价格适当、操作维修简便等优势，应用最为广泛，如图 8—31 所示。

图 8—31　卧式平压平型模切机

近年来国外卧式平压平型模切机发展迅速，模切速度可达 12 000 张/h 以上，模切精确度达到 0.01 mm；国内上海、唐山等厂家生产的模切机产品有的已接近或达到国际先进水平，国内同类产品模切速度可达到 9 000 张/h，模切精度达到 0.10～0.15 mm，但价格只相当于国外同类产品价格的 1/3 或 1/4。

卧式平压平型模切机主要由输纸装置、模切压痕装置、清废装置和收纸装置组成。

(1) 输纸装置

卧式平压平型模切机都采用自动输纸装置，所以也称为自动模切机。

自动输纸装置有气动式和摩擦式两种形式。

1) 气动式输纸装置工作可靠性强，生产率高，定位精度高，适合于高速自动化生产，目前被广泛采用。气动式输纸装置主要由传动机构、分纸机构、输纸机构、输纸台机构、定位机构、检测机构和气路系统组成，与平张纸印刷机输纸部分相似，如图 8—32 所示。

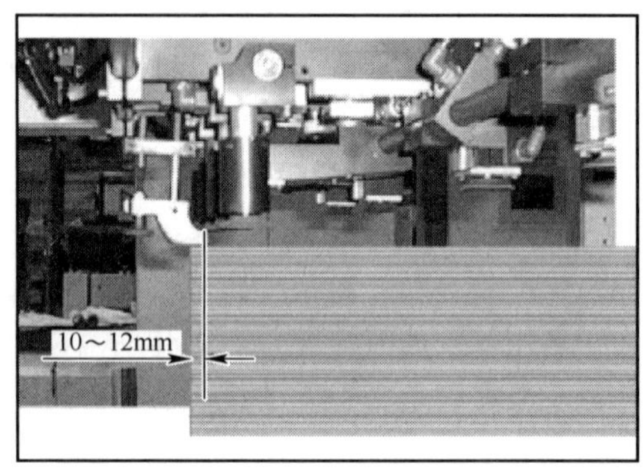

图 8—32　气动式输纸装置

2) 摩擦式输纸装置主要用于小面积纸板或瓦楞纸板的输纸，从底端走纸，顶部上纸，故只能实现间歇输纸，速度较慢。

(2) 模切压痕装置

模切压痕装置由模压版压盘（模切版）、压印平板压盘（压印板）和传动机构组成。模切压痕的原理如图 8—33 所示。

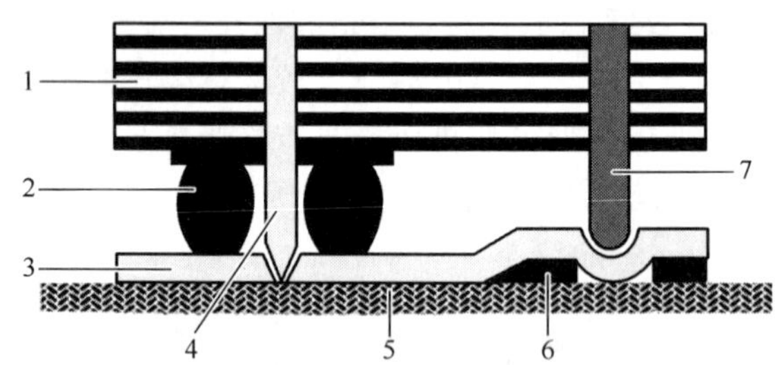

图 8—33　模切压痕的原理

1—版基　2—海绵胶条　3—模切材料　4—钢刀

5—底板　6—压痕底模　7—钢线

模压版压盘也称上压盘，压盘面安装模切压痕版；压印平板压盘也称下压盘，上面安装压印平板；传动机构是模切压痕装置的驱动机构。传动机构使下压盘上下移动，带动压印平板上下移动，模切压痕印版静止不动，使模切材料受压完成模切压痕工作。为了使模切压痕到位，加压时，整个平台受力均匀，保证上下两个平台工作表面平行。

有的模切压痕机（如海德堡 105 型）是靠凸轮传动，上盘由凸轮带动实现离合压，下盘固定不动。

（3）清废装置

印刷品模切后挂连的废纸板称为尾料，自动化程度较高的模切机装有清废装置，它能去除模切成品之外的废纸边。

自动清废装置主要由中清废版、上清废版、下清废版和分离版等 4 个部分组成，其工作原理如图 8—34 所示。清废时上清废版销钉和下清废版顶针相对运动，将纸张夹住并向下移动，在中清废版的辅助作用下将废料敲落。

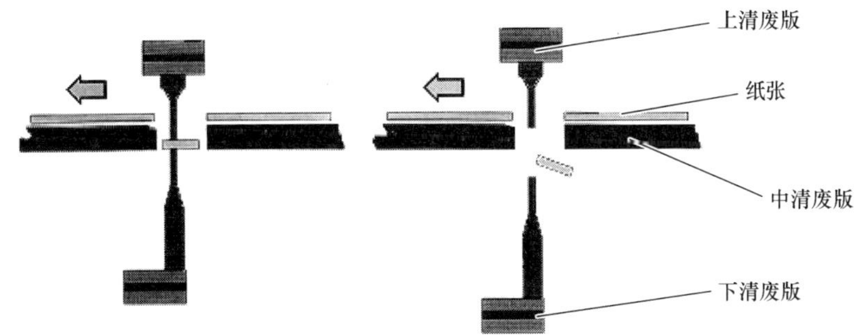

图 8—34　自动清废装置工作原理

中清废版由 12 mm 厚的胶合板制成，将包装结构图中对应的废料都挖空，并沿轮廓裁切得到，结构如图 8—35 所示。

上清废版是由胶合板上镶嵌清废线、木块、波形钢线和模切弹垫得到，结构如图 8—36 所示。

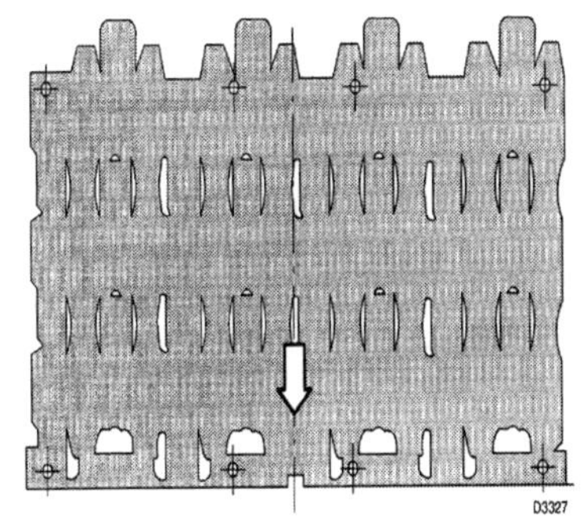

图 8—35　中清废版的结构

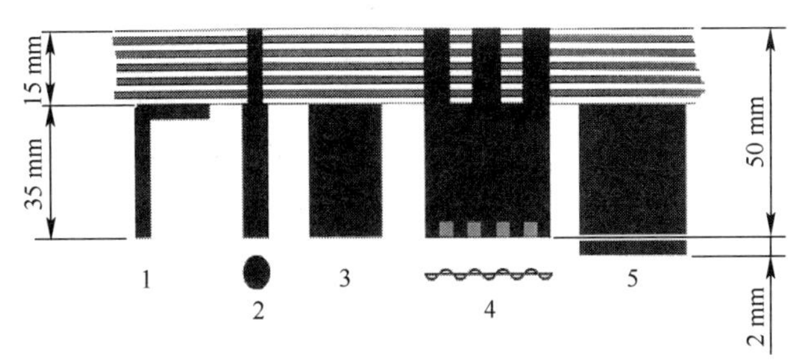

图 8—36　上清废版的结构

1、2—清废线　3—木块　4—波形钢线　5—模切弹垫

下清废版的基础是一个钢制挂杆框架，是一种带弹簧的顶针挂杆，与上清废版配合一起使用，如图 8—37 所示。

分离版的作用是将前废边与盒型整体分离。分离版采用胶合板制成，形状与模切版上第一条钢刀的形状完全吻合，如图 8—38 所示。

（4）收纸装置

收纸装置由传送装置、收纸台、收纸台升降机构和不停机收纸装置等组成，可实现模切产品的整齐堆积和不停机收纸。

图 8—37　下清废版

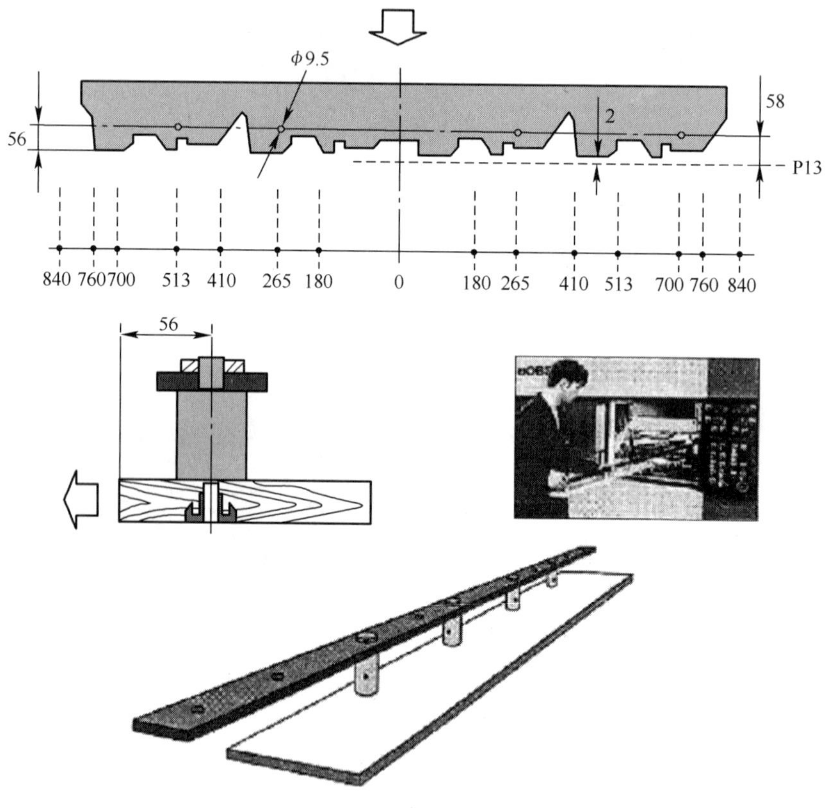

图 8—38　分离版

2. 圆压平型模切机

模切机的模切压痕装置与模切垫板一个是滚筒，一个是平板，这种模切机称为圆压平型模切机。圆压平型模切机将钢刀和钢线安装在滚筒上，采用滚筒型印版专用的钢刀钢线，所以生产效率要高于平压平型模切机，这种模切机的特点是只需要较小压强，适合定量小于400 g/m^{2}的纸板。圆压平型模切机主要应用在纸张模切、电化铝薄膜烫金产品中。

3. 圆压圆型模切机

圆压圆型模切机的版台和压切机构的工作部分都是圆筒形的。工作时送纸辊将纸板送到模压版滚筒与压印滚筒之间，在压力作用下完成模切压痕。由于圆压圆型模切机工作时滚筒是连续旋转的，因而其生产效率是各类模切机中最高的。但模切版必须要弯曲成曲面，制版、装版比较麻烦，成本也较高，技术上有一定难度，所以圆压圆型模切机多用于批量较大的瓦楞产品模切和商标联机模切。

四、模切故障与质量分析

1. 模切刃口不光

产生原因是：钢刀质量不佳，刃口不锋利，模切适应性差；钢刀刃口磨损严重，未及时更换；模切压力调整时，钢刀处垫纸处理不当，模切时压力不合适；机器压力不够。

解决方法是：根据模切纸板的性能，选用不同质量特性的钢刀，提高其模切适应性；经常检查钢刀刃口及磨损情况，及时更换新的钢刀；重新调整钢刀压力并更换垫纸；适当增加模切机的模切压力。

2. 模切压痕位置不合适

产生原因是：排列模切刀位置不符合印刷产品要求；模切与印刷的位置不对正；操作中纸板变形或伸长，套印不准；纸板叼口规矩不一；模切操作中输纸位置不严格统一。

解决方法是：根据产品要求，重新校正模板，调整印刷与模切位置；减少印刷和材料本身缺陷对模切质量的影响；调整模切输纸定位规矩，使其输纸位置保持一致。

3. 模切后纸板粘连模切版

产生原因是：钢刀周围填塞的海绵胶条过软，引起回弹力不足，或海绵胶条硬度选用不合适；钢刀刃口不锋利，纸张厚度过大，导致夹刀或模切时压力过大。

解决方法是：根据模切版钢刀分布情况，合理选用不同硬度的海绵胶条，注意粘塞时要疏密分布适度；适当调整模切压力，必要时更换钢刀。

4. 压痕不清晰或有暗线、炸线

暗线是指不应有的压痕，炸线是指由于压痕压力过重导致沿线折叠时纸板断裂。

产生原因是：垫纸过低或过高；模切机压力调整不当；纸质差，纸张含水量过低，脆性增大；钢线选择不合适。

解决方法是：重新计算并调整钢线垫纸厚度；适当调整模切机的压力大小；检查钢线选择是否合适。

5. 压痕线不规则

原因之一是排刀、固刀紧度不合适。钢线太紧，底部不能同压板平面实现理想接触，压痕时易出现扭动；钢线太松，压痕时易左右窜动。原因之二是钢线垫纸上的压痕槽太宽，纸板压痕时钢线会产生一定的晃动。

解决方法是：更换钢线垫纸，排刀、固刀紧度应适宜；将压痕的槽适当开窄；增加钢线垫纸厚度，调整槽角。

技能训练

模 切 操 作

一、认识模切机

1. 目的和要求

（1）了解全自动模切机的基本结构。

（2）掌握模切版的拆装方法。

2. 设备和材料

全自动模切机、模切版、扳手。

3. 训练步骤和工艺要求

（1）了解卧式平压平型全自动模切机的结构

学生分组，每组3～5人，在卧式平压平型全自动模切机上认识以下机构，并观察它们的基本结构。

1）输纸机构（飞达、输纸台、输纸操作按钮和导纸轮等）。

2）定位机构（前规、侧规、传输皮带、毛刷轮和双张控制器等）。

3）模切机构（核心机构，包括模切版、压痕底模、传送链条和控制面板等）。

4）清废机构（上清废版、中清废版和下清废版等）。

5）收纸机构（收纸台和盒片分离机构）。

6）咬口分离机构。

（2）训练模切版的拆装

学生分组进行练习：

1）拆版。点动机器，把机器角度点到70°，取出塑料薄膜和模切纸。把框架翻转180°，并松开两边的螺钉，取出模切版和固定版的几个小螺钉。

2）装版。先固定版的几个小螺钉，把模切版放入框架中按住，旋转两边的螺钉把它夹紧，直至套筒扳手的角度自动弯曲为止。然后把框架翻转回来，把模切纸放在框架上。模切纸的中线必须与框架的中线重合，底线也必须与框架的第一条模切线平齐，铺上塑料薄膜，最后把框架推到机器里，用套筒把螺钉锁紧。

二、模切压力的调节

1. 目的和要求

（1）了解模切压力对模切质量的影响。

（2）掌握模切压力的计算方法。

（3）掌握模切压力的调节方法。

（4）掌握模切压力的检验与微调。

2. 设备和材料

全自动模切机、模切版、复写纸、模切样张。

3. 训练步骤和工艺要求

（1）讨论模切压力对模切质量的影响

3～5人为一小组，讨论模切压力对模切质量的影响。结合理论知识（模切压力过大，钢刀变钝、变形，模切底版损伤，模切精度下降；模切压力过小，纸板模切不透）。

（2）模切压力的计算

模切压力的大小一定程度上取决于刀模上钢刀和钢线的长度，刀模上的钢刀和钢线过多，则模切时单位长度钢刀、钢线的压力达不到切断和压出痕迹深度时所需的最小压力。所以，模切压力与装线长度的关系十分重要。小组根据模切版上钢刀、钢线的长度，计算模切压力：

$$P=KLF$$

P——模切压力，N；

K——修正系数，一般取 1.3；

L——钢刀或钢线的总长度，mm；

F——单位长度钢刀或钢线的模切力，N/mm。

（3）模切压力的调节

根据模切版上的钢刀、钢线分布，估计一个粗略的压力，再慢慢递加，模切的压力直到大约有 2/3 的钢刀切透为止。学生应使用不同厚度的纸板动手调节对应的模切压力。

（4）模切压力的检测和微调

通过压复写纸的方法检测模切压力的大小和均匀性。压出颜色过浅的地方，说明压力过小。

微调可大面积修正，也可利用修正胶带细微修整。微调完毕后再试压模切，直到压力均衡为止。

知识拓展

我国模切压痕设备的发展

在众多印后加工设备中，我国模切机产品的技术和产业化已经达到较高的水平，其主要标志表现在以下几个方面：一是模切机的进口额下降，出口额在不断提高；二是模切机的品种基本可以满足国内印刷包装业的生产需求，国内已经可以制造出市场上常见的各种模切设备和联动模切单元；三是模切设备制造商队伍逐渐壮大，制造全自动和商标模切机的企业数量已经超过 20 家，半自动立式模切机的制造企业更是数不胜数。总结起来，我国模切设备的发展有如下特点：

一、自动化、智能化、数字化

随着人力资源成本的不断提高和印刷行业利润的一再下滑，如何提高效率、减少辅助操作时间，已经是模切设备制造商必须考虑的问题。因此，多个可编程控制器之间的数据通信、LCD 智能操作显示屏、人机对话、数字伺服等技术都将不断运用。同时，作为印后表面整饰加工工艺，模切压痕与数字印刷设备组成生产线可以进行个性化处理和按需加工，模切压痕与印前、印刷一起成为数字化印刷流程中不可缺少的一环，因此，模切也将被纳入数字化工作流程的范畴，提高模切设备在这方面的兼容能力，也是国产设备的发展方向。

二、加强关键技术的研究

由于模切设备机构的特殊性，其关键技术与其他印刷包装机械有较大的区别，制约和影响国产模切设备精度和速度的关键技术是未来一段时间需要加强研究的方向。例如，牙排的间歇运动驱动机构、共轭凸轮驱动活动平台机构、侧规定位装置和工作压力在线检测功能等关键技术问题都值得深入研究。

三、安全、人性化、环保

由于模切工艺的特殊性，安全是设备制造商必须考虑的问题。目前国内多数厂家都能够按照欧洲安全标准（CE）的要求进行设计制造。然而，存在的矛盾是：设备制造商按照欧洲安全标准要求设计产品的防护措施，却给操作者带来了操作和调整的不便。因此，在保证机器使用者安全的前提下，既能与世界安全标准接轨，又能提高产品的可操作性，人性化、工业设计的理念应当逐步确立。还有就是环保，降低国产产品的噪声、能耗，以及产品的全生命周期设计，都是未来努力的方向。

四、紧跟国际趋势，探索圆压圆模切技术

由于平压平设备的模切过程是间歇式，生产效率进一步提高受到限制，而圆压圆型模切机为连续式工作，模切速度可以大幅提高。国外已经就圆压圆型模切机进行了大量的技术探索，并取得了较大进展。数据表明，有国外企业进行了圆压圆模切试验，模切速度可以达到12 000张/h，我国也有的企业生产圆压圆型模切机，主要针对瓦楞纸盒，加工精度较低，模切速度仅为6 000张/h。针对卡纸成型的联机圆压圆型模切机已经开发出相应的产品，主要应用在柔性版印刷机生产线、凹版印刷生产线和不干胶标签生产线。随着印刷科技的发展，尤其是圆压圆模切滚筒加工工艺水平的不断提高，圆压圆模切的应用范围必将更加广泛，生产效率将进一步提高。

总之，从全球包装印刷业整体发展趋势，尤其是彩盒制造业发展趋势来看，我国模切设备的发展仍有相当广阔的前景。巨大的市场空间在给设备制造商带来丰厚利润的同时，用户趋于理性的选择也对设备制造商提出了更高的要求。因此，国产模切设备制造企业需要从提高自身产品品质、加快技术改进入手，不断提高产品的市场竞争力，向着更加智能、安全、高效、多功能的方向不断发展。

实践操作题

1. 参观一台带有联机上光装置的印刷机，了解其上光装置的组成结构。
2. 观察几种上光质量有问题的产品，分析其出现问题的原因及排除方法。
3. 观察并写出平压平型自动模切机（如海德堡105型）的主要结构。
4. 观察并写出海德堡105型模切机模切版的拆装方法。
5. 观察几种模切质量不合格的产品，分析其出现的问题及解决方法。

思考练习题

1. 简述上光的作用。
2. 上光涂料的基本要求有哪些？
3. 上光涂料的干燥方式有哪些？对应的干燥装置是什么？
4. 上光涂料的类型有哪些？
5. 常见的涂布方式有哪几种？
6. 简述模切版的制作流程。

7. 写出如图 8—39 所示模切版及压痕条模各结构的名称。

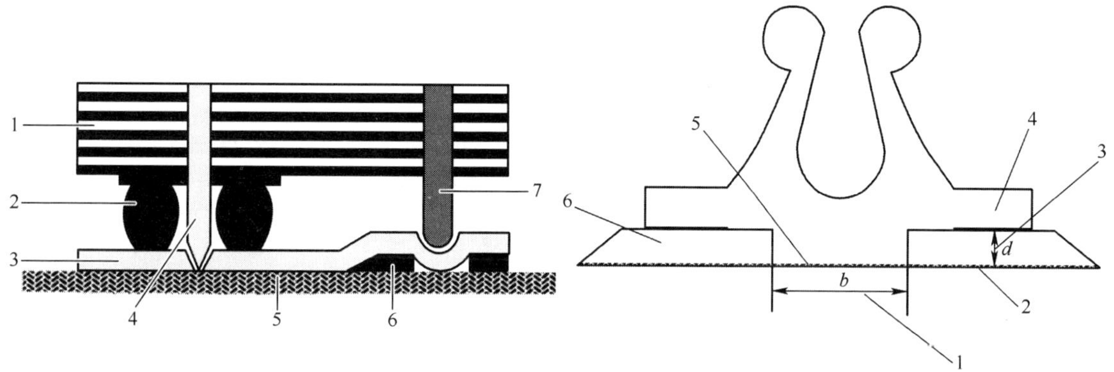

图 8—39 模切版及压痕条模

8. 模切组合拼版有哪些注意事项？
9. 海绵胶条的作用是什么？
10. 清废装置由哪几部分组成？